公路网交通事故风险评估与安全管理技术

王　琰　李　琳　吴京梅
侯德藻　姜　明　刘兴旺　等著

人民交通出版社

内 容 提 要

本书以“山区公路网安全保障技术体系研究与示范工程”课题研究成果为基础，首先介绍了山区公路交通事故特征，其次阐述了山区公路网交通安全风险评估的信息采集技术与装备、交通安全风险评估技术与系统软件，再次阐述了山区公路网交通安全保障措施与对策、交通安全保障措施的效果评估技术、交通安全保障决策分析技术，最后介绍了山区公路网安全保障技术的具体应用范例。

本书可供山区公路管理、养护技术人员学习和参考。

图书在版编目(CIP)数据

公路网交通事故风险评估与安全管理技术/王琰等著. —北京：人民交通出版社，2012.5

ISBN 978-7-114-09739-3

Ⅰ. ①公… Ⅱ. ①王… Ⅲ. ①公路网—交通运输事故—风险评价—研究 ②公路网—交通管理—研究 Ⅳ. ①U491

中国版本图书馆 CIP 数据核字(2012)第 063422 号

书　　名：公路网交通事故风险评估与安全管理技术
著 作 者：王　琰　李　琳　吴京梅　侯德藻　姜　明　刘兴旺　等
责任编辑：吴有铭　李　农
出版发行：人民交通出版社
地　　址：(100011)北京市朝阳区安定门外外馆斜街 3 号
网　　址：http://www.ccpress.com.cn
销售电话：(010)59757973
总 经 销：人民交通出版社发行部
经　　销：各地新华书店
印　　刷：化学工业出版社印刷厂
开　　本：787×1092　1/16
印　　张：19.75
字　　数：500 千
版　　次：2012 年 5 月　第 1 版
印　　次：2012 年 12 月　第 2 次印刷
书　　号：ISBN 978-7-114-09739-3
定　　价：90.00 元

丛书编委会名单

序　　言

汽车作为人类工业文明的伟大发明之一，拓展了人类的生活空间，提高了人类的生活质量，解放和发展了生产力，促进了现代经济的发展和繁荣。但在人类发明和使用汽车已有百年历史的今天，以汽车为主要载体的现代道路交通却无法回避这样一个事实：道路交通事故已成为影响人类生命和健康的重要因素。据世界卫生组织预计，如果不立即采取有效行动，到2030年，交通事故将成为威胁人类的第五大“杀手”。采取积极有效措施，减少交通事故导致的死亡和受伤，已成为世界各国政府的共识。

文明因生命而传承，世界因生命而精彩。在以科学发展观为主题的我国社会主义现代化建设总体战略中，“以人为本”是核心，“安全发展”是重要理念。改革开放30多年来，我国经济实现了高速增长，社会面貌发生了翻天覆地的变化，城市化进程不断加快，机动化水平快速提高，这些都决定了我国的人、车、路、环境、管理等影响道路交通安全的因素比任何国家都要复杂。如何在加快建设适度超前的道路运输网络、支撑经济和社会持续稳步发展的同时，实现道路交通的安全发展，为广大人民群众提供安全、高效的交通环境和运输服务，是我们面临的一项严峻挑战。

为有效降低道路交通事故率，科技部、公安部、交通运输部三部门联合组织开展了国家级重大科技支撑项目——《国家道路交通安全科技行动计划》一期研究，重点实施了《重特大道路交通事故综合预防与处置集成技术开发与示范应用》项目研发工作。这一项目以前所未有的科研资源投入和大规模的示范应用，开创了我国道路交通安全科技研发与应用的新局面。该丛书是在归纳总结科技行动计划一期项目，由交通运输部负责的课题二《山区公路网安全保障技术体系研究与示范工程》研究工作基础上编写的，是项目的重要成果之一。丛书由课题承担单位交通运输部公路科学研究院组织编写，凝聚了交通运输行业50家项目参与单位、300多名科研人员的智慧与心血。

理论研究的生命力在于指导工作实践。丛书从人的因素出发，围绕山区公路重特大交通事故的预防和人员生命保障，对公路设计、交通安全设施设置、公路安全运营管理、恶劣气象条件下的公路通行保障、施工区安全管理、公路网交通安全风险评估等技术进行了研究，全面介绍了我国山区公路交通安全技术的最新发展和安全保障综合解决方案，既是一套理论研究专著，又是一套先进实用的工具书，具有重要的指导意义和实用价值。希望这套丛书的出版发行，能够为公路交通行业广大建设者和管理人员提供有益的借鉴，促进我国山区公路交通安全保障技术水平迈上一个新台阶。

二〇一二年三月

丛书前言

自人类进入汽车社会以来，道路交通事故就如影随形，道路交通安全问题已经成为当今世界一个严重的社会问题。为了遏制道路交通事故的发生，降低道路交通事故的危害，人类做出了不懈的努力。进入21世纪，国际社会对道路交通安全问题愈发重视，在全球范围内掀起了提高道路交通安全性的新高潮。但是遏制道路交通事故发生、缓解道路交通安全压力仍是一项长期、漫长和艰巨的任务。

与世界各国相比，我国的道路交通安全问题显得尤为严重。统计数据显示，2001年至2003年我国连续3年交通事故死亡人数超过10万人，占全世界交通事故死亡人数的10%以上，高居世界第一，而同期的汽车保有量只占世界的2%。自2003年开始，我国政府首次全面部署道路交通安全工作，逐步形成了政府统一领导、有关部门各司其职、齐抓共管、综合治理、标本兼治的工作格局，采取了一系列系统性和针对性措施，在短时间内遏制了我国道路交通事故高发的态势，使我国道路交通安全形势得到迅速改善。截至2011年，道路交通事故六大指标已连续7年大幅下降，2011年我国道路交通事故死亡人数已降至6.2万余人，比最高峰2002年降低了43%。虽然道路交通安全形势逐步好转，但由于影响我国道路交通安全的诸因素还没有发生根本性的改变，交通事故仍然存在伤亡惨重，万车死亡率居高不下，重特大交通事故特别是群死群伤的特大恶性事故时有发生的特点，这与改善民生的要求，与发达国家的情况相比还存在较大差距。

国际经验表明，科技进步和新技术应用是解决道路交通安全问题的重要手段。为构建安全和谐的道路交通环境，充分发挥科技创新对交通安全保障的重要支撑作用，2008年2月18日，科技部、公安部和交通部正式在人民大会堂共同签署《国家道路交通安全科技行动计划》合作协议，旨在动员和集成相关科技、产业和政府资源，通过科技创新建立和完善我国道路交通安全保障技术、措施和标准体系，提升道路交通可持续发展能力，以全面提高我国道路交通安全保障水平。它标志着我国最大规模的一次道路交通安全科技合作行动正式全面启动。

《山区公路网安全保障技术体系研究与示范工程》课题是《国家道路交通安全科技行动计划》第一期项目《重特大道路交通事故综合预防与处置集成技术开发与示范应用》的重要组成部分。课题从我国交通安全问题最严重的山区公路网出发，但不局限于山区公路，围绕重特大交通事故的预防和人员生命保障，对公路设计、交通安全设施设置、公路安全运营管理、恶劣气象条件下的公路通行保障、施工区安全管理、公路网交通事故风险评估等技术进行了研究，目的是在充分分析我国山区公路网交通安全的现状和特点的基础上，通过自主创新和山区国省干线安全保障技术的集成应用，形成可用、实用的山区公路网交通安全保障成套技术及装备，组织大规模的示范工程，提高山区公路网对交通事故的主动和被动防护能力，并在此基础上形成一系列标准、规范和技术指南，以促进整个交通行业安全水平的提升。

《山区公路网安全保障技术体系研究与示范工程》课题在科技部、交通运输部和公安部三部委的高度重视下，调动了在各相关方向有专长的科研单位、高校、企业及交通运输行业主管单位等 50 家单位、300 余位研究人员参加研究、示范工程建设及标准规范制修订工作，取得了丰富的研究成果，并通过“产、学、研、用”相结合的方式，保证研究成果达到了“实际、实用、实效”的要求。本丛书是对《山区公路网安全保障技术体系研究与示范工程》课题成果的总结，是《国家道路交通安全科技行动计划》项目的重要成果之一。本丛书从驾驶行为、道路安全设计、路侧安全及防护、速度管理、公路网交通事故风险评估与安全管理、恶劣气象条件下公路运行安全保障、施工作业区安全管理等方面，介绍了我国山区公路交通安全技术的最新发展和安全保障综合解决方案，为公路行业的运营管理及交通安全改善工作提供指导，有助于进一步提升山区公路交通安全保障能力，具有重要的指导意义和实用价值。

丛书有幸得到交通运输部冯正霖副部长的题序，感谢冯正霖副部长对丛书的指导和认可。正如他在序言中所说，“在以科学发展观为主题的我国社会主义现代化建设总体战略中，‘以人为本’是核心，‘安全发展’是重要理念。”“如何在加快建设适度超前的道路运输网络，支撑经济和社会持续稳步发展的同时，实现道路交通的安全发展，为广大人民群众提供安全、高效的交通环境和运输服务，是我们面临的一项严峻挑战。”“希望这套丛书的出版发行，能够为公路交通行业广大建设者和管理人员提供有益的借鉴，促进我国山区公路交通安全保障技术水平迈上一个新台阶。”

丛书在编写过程中，得到了交通运输部公路局李华、成平、李春风、李健，交通运输部科技司赵冲久，交通运输部公路科学研究院周伟、王笑京、高海龙、蔚晓丹等领导的鼎力支持，得到了交通运输部杨盛福、中交第一公路勘察设计研究院有限公司陈永耀、交通运输部公路科学研究院陈国靖等专家的热情指导，交通运输部公路科学研究院等 50 家课题参加单位领导、同仁给予了大力配合，在此表示衷心的感谢！丛书中参阅了大量的国内外文献，引述文献已尽量予以标注，但难免存在疏漏，在此对各文献作者一并致谢!

在今后一段时期内，我国仍将处于机动化水平快速提高的进程中，机动车数量和居民人均出行量将进一步快速增长，道路交通安全形势仍然不容乐观，改善道路交通安全的压力和难度将逐步增大，保障道路交通安全的任务仍十分艰巨。希望通过我们大家的共同努力，为我国交通安全事业的发展贡献微薄之力。

前　　言

道路交通安全问题已经成为世界上很多国家面临的主要社会问题之一。2008年2月18日，科学技术部、公安部、交通部在北京人民大会堂签署合作协议，联合启动“国家道路交通安全科技行动计划”。这是中国最大规模的一次道路交通安全科技合作行动，通过建立官方三部委的联合工作机制，成立领导小组和专家组，安排专项及配套资金，开展道路交通安全领域关键技术研发，并组织实施示范工程，构建适合中国国情的道路交通安全技术保障体系。“山区公路网安全保障技术体系研究与示范工程”（课题编号：2009BAG13A02）是此次道路交通安全科技合作行动的主要内容。作者以该课题的研究成果为基础，对山区公路交通安全保障相关理论方法、实用技术及工程措施进行了总结和提炼，撰写了这本专著。

本书第一章总体描述了山区公路交通事故特征，包括事故形态、时空分布、事故相关的驾驶员、车辆及道路特征等。第二章阐述了公路网交通安全风险评估的信息采集技术及装备，包括公路网基础数据、事故数据、线形数据、交通安全设施数据、路侧环境数据、交通运行数据和气象数据七大类风险评估相关数据的采集要素、采集方法、采集设备等内容。本章所阐述的采集技术及装备能够实现上述40多项风险评估相关数据的同步、连续和标准化采集，为进行公路网交通安全风险评估提供优质的数据源。第三章首先从共性和一般性的角度阐述了基于我国国情的通用山区公路网交通安全风险评估技术，包括风险评估建模理论方法、建模结果和系统软件；然后从个性和特殊性的角度阐述了山区公路养护施工区交通安全评价技术。第四章阐述了山区公路网交通安全保障措施，包括标志设置相关的措施、车速管理措施、农村公路安全保障措施、养护作业区安全保障措施和路侧危险物处置措施五类单项措施及针对山区公路典型安全隐患路段的安全保障措施集成技术。第五章阐述了公路交通安全保障措施的效果评估理论方法，包括区域公路网安保工程的宏观效果评估方法和具体措施的微观效果评估方法，并提供了标志设置措施、车速管理措施和农村公路安保措施的效果评估案例。第六章阐述了公路网交通安全保障决策分析技术，包括实现安保效果最大化和安保成本最小化两种决策目标的分析模型及决策系统软件。第七章阐述了山区公路交通安全保障相关理论方法、实用技术及工程措施在典型山区公路网上的示范应用。

本书内容丰富、涉及面广，有多位课题研究人员参与编写。第一章由李琳、王琰主笔，第二章由米晓艺主笔，第三章由王琰、张铁军、刘振清主笔，第四章由吴玲涛、姜明、刘兴旺、吴京梅、侯德藻、刘振清主笔，第五章由王琰、姜明、刘兴旺、吴京梅、李金海主笔，第六章由李琳主笔，第七章由吴京梅、郭占洋、邬洪波、张巍汉、姜明主笔。全书由王琰和李琳统稿。

本书的编著出版旨在与道路交通管理人员、研究学者、安保工程实施人员以及相关的技术咨询人员分享山区公路交通安全保障的理论成果与实践经验，推动我国道路交通安全水平的快速提升。

本书的撰写及相关的课题研究，得到了李华、杨盛福、陈永耀、陈国靖、李爱民、唐琤琤、周荣贵、陈忠仁、黎峰、谢尔庚、张毅春、黎晓波、孔迪等领导及专家的悉心指导和大力协助，在此表示衷心感谢！

由于时间仓促，且道路交通安全涉及多领域知识的交叉融合，加之作者学识水平有限，书中难免有诸多不足之处，敬请各位读者批评指正。

作　者

2011 年 12 月

目　　录

第一章　山区公路交通事故特征

山区公路地形、地质条件复杂，路线的平、纵、横等要素都受到限制，各项技术指标往往难以充分满足安全行车的要求；桥梁、隧道、连续下坡和急弯路段比例很高，这些路段往往是交通事故多发路段，而且事故后果往往非常严重且救援困难。本章基于我国典型山区公路交通事故数据，深入分析山区公路交通事故特征，对于提高山区公路交通安全水平具有重要意义。

第一节　山区公路交通事故发生时间分布特征

一、季度分布特征

山区公路交通事故季度统计分布如图 1-1 所示。可以看出，山区公路交通事故在季度分布上呈现平均的趋势，一、二季度交通事故略多，三、四季度交通事故略少。

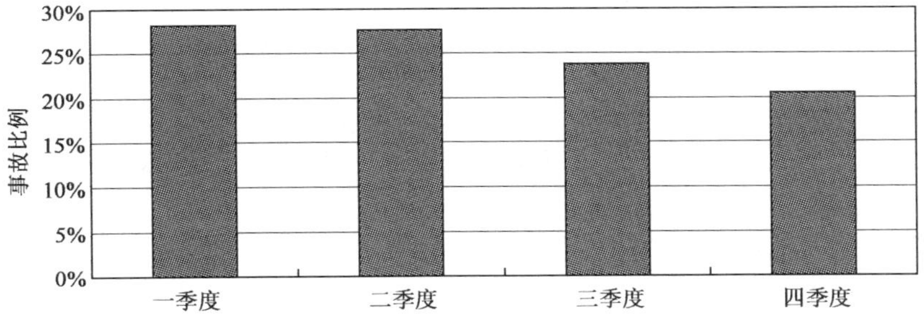

图 1-1　山区公路交通事故季度分布图

二、月度分布特征

山区公路交通事故月度统计分布如图 1-2 所示。可以看出，山区公路交通事故在月度分布上呈现平均的趋势，1 月份和 6 月份交通事故略多，10 月份和 11 月份交通事故略少。

图 1-3 为三个不同地区的典型山区公路重特大交通事故月度统计分布图。可以看出，各月份之间事故发生数量差异不明显，4 月份至 10 月份事故相对较少，而 11 月份至次年 3 月份的事故相对较多，即夏季事故数量较少，而冬季事故较多。

三、周分布特征

山区公路交通事故周统计分布如图 1-4 所示。可以看出，山区公路交通事故在周分布上呈现平均的趋势。

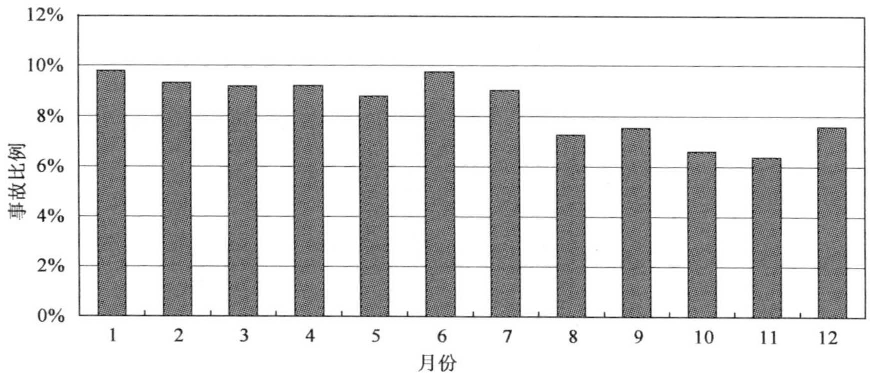

图 1-2 山区公路交通事故月度分布图

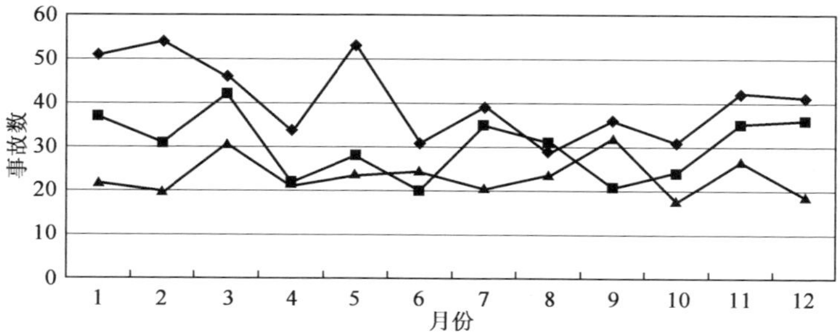

图 1-3 山区公路重特大交通事故月度分布图

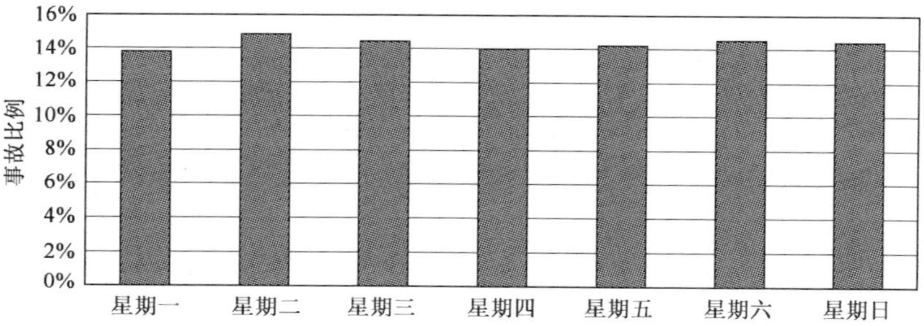

图 1-4 山区公路交通事故周分布图

四、小时分布特征

山区公路交通事故总数与死亡事故数小时统计分布如图 1-5 所示。可以看出，山区公路交通事故小时分布呈现马鞍形，在每日的 10～11 时和 15～16 时呈现高峰，在 3～4 时呈现低谷。死亡事故总体上与事故总量分布一致，死亡事故在 8～9 时、13～14 时和 20～21 时较多。

山区公路重特大交通事故小时分布如图 1-6 所示。重特大交通事故主要集中于下午 2 时至晚上 12 时之间，夜间 1 时至凌晨 6 时之间事故相对较少，凌晨 6 时至下午 2 时之间交通事故呈逐渐增长趋势。

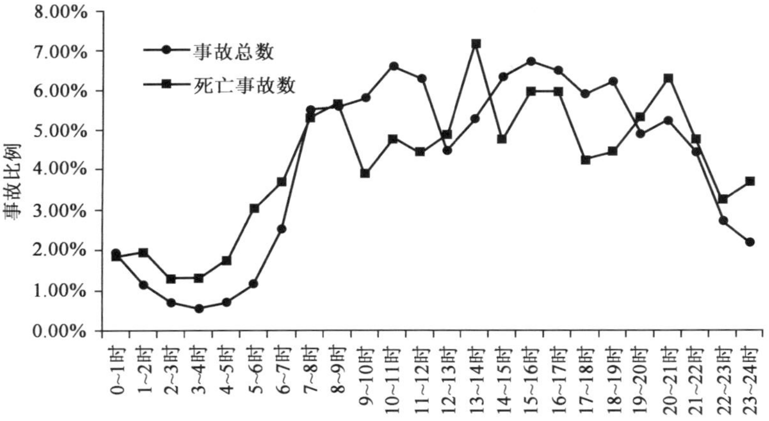

图 1-5　山区公路交通事故小时分布图

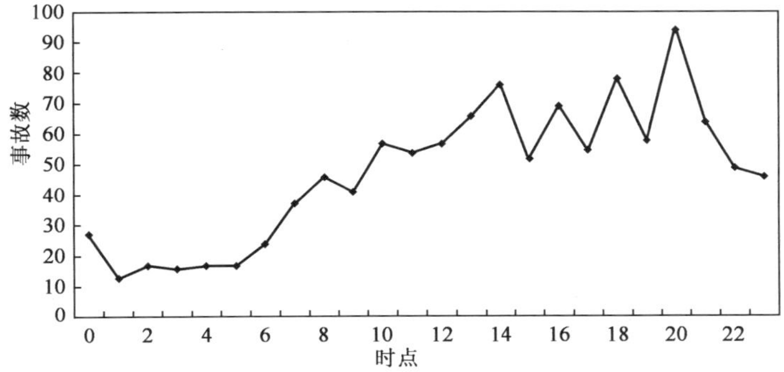

图 1-6　山区公路重特大交通事故小时分布图

山区公路特大交通事故小时分布如图 1-7 所示。特大交通事故发生时间主要集中在 12～15 时这个时段，20 时～次日 3 时发生的特大交通事故较少，其余时段发生频率相差不多。

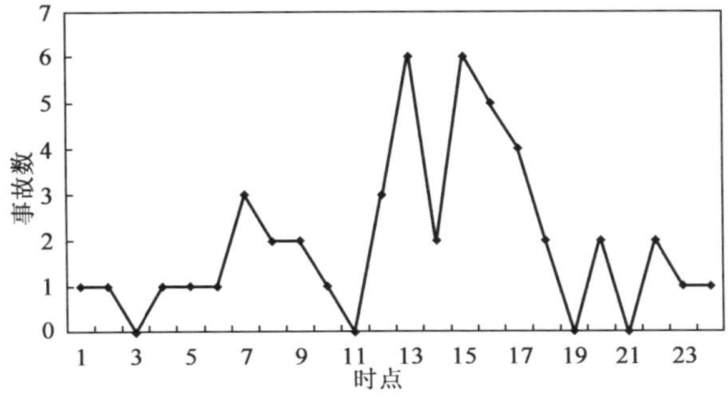

图 1-7　山区公路特大交通事故小时分布图

第二节　山区公路交通事故形态分布特征

山区公路交通事故和死亡事故形态统计分布如图 1-8 所示。可以看出，山区公路交通事故以正面相撞、刮撞行人和侧面相撞为主，分别占到 28%、25%和 19%。死亡事故的事故形态分布与总体事故基本一致。

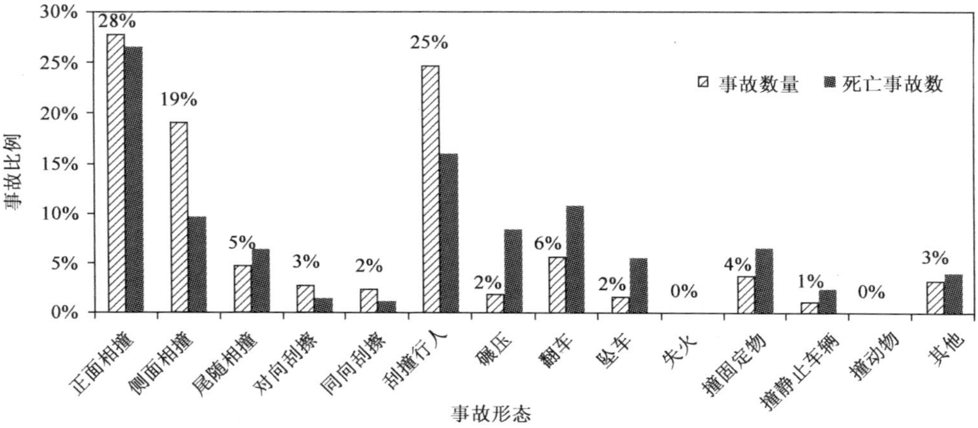

图 1-8 山区公路交通事故形态统计图

山区公路重特大交通事故形态统计分布如表 1-1 和图 1-9 所示。重特大交通事故形态主要是刮撞行人和正面相撞，分别占总数的 28.7%和 25.8%；其次是翻车、撞固定物、侧面相撞、撞静止车辆和尾随相撞，所占比例分别为 12.1%、9.2%、5.5%、5.2%和 4.7%；驶出路外、坠车、同向刮擦和对向刮擦比例相对较低。

山区公路重特大交通事故形态统计 表 1-1

事故形态	同向刮擦	坠车	撞动物	驶出路外	碾压	对向刮擦	撞固定物
合计(起)	21	31	1	7	9	12	106
比例	1.9%	2.6%	0.1%	0.7%	0.8%	1.1%	9.2%
事故形态	翻车	尾随相撞	刮撞行人	撞静止车辆	正面相撞	侧面相撞	其他
合计(起)	139	53	323	58	290	62	19
比例	12.1%	4.7%	28.7%	5.2%	25.8%	5.5%	1.7%

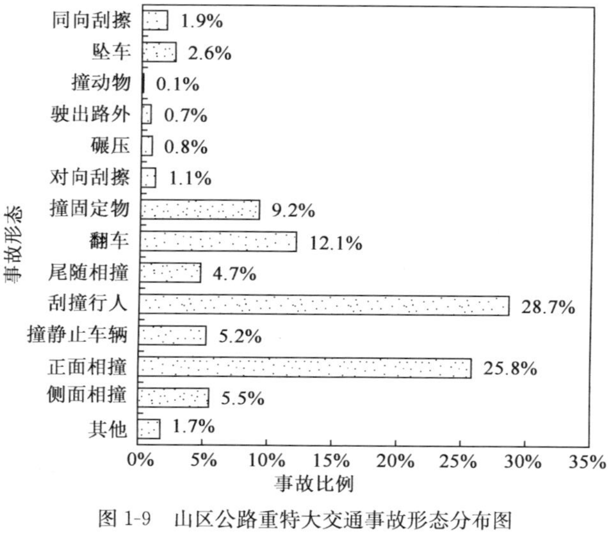

图 1-9 山区公路重特大交通事故形态分布图

山区公路特大交通事故形态统计分布如表 1-2 和图 1-10 所示。特大交通事故形态以坠车、正面相撞、翻车为主，分别占总数的 46.8%、21.3%、19.1%，撞固定物、对向刮擦、刮撞行人事故所占比例较小。

山区公路特大交通事故形态统计　　表 1-2

事故形态	比　例	事故形态	比　例
坠车	46.8%	撞固定物	6.4%
正面相撞	21.3%	对向刮擦	4.3%
翻车	19.1%	刮撞行人	2.1%

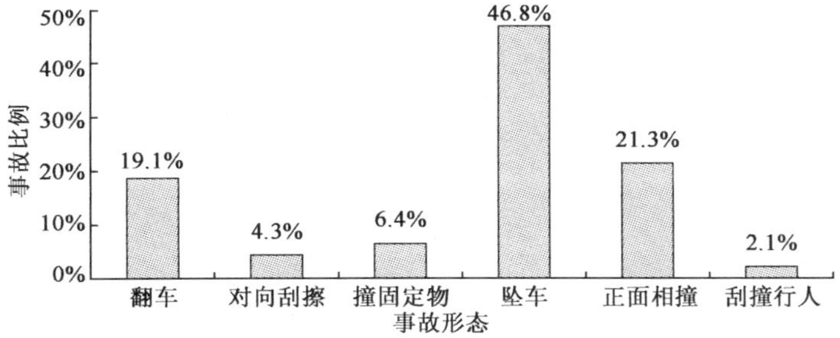

图 1-10　山区公路特大交通事故形态分布图

第三节　山区公路重特大交通事故驾驶员特征

一、驾驶员年龄特征

山区公路重特大交通事故主要责任驾驶员年龄呈偏正态分布，比例最高的是 31～35 岁，如图 1-11 所示。

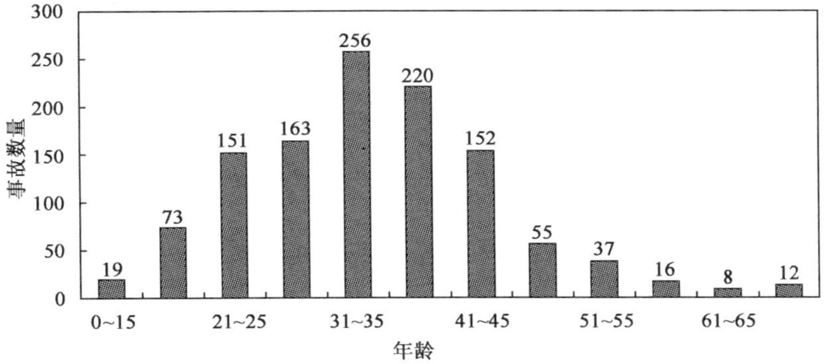

图 1-11　山区公路重特大交通事故主要责任驾驶员年龄分布

山区公路特大交通事故主要责任驾驶员年龄同样呈偏正态分布，比例最高的也是 31～35 岁，如图 1-12 所示。

二、驾驶员驾龄特征

山区公路重特大交通事故主要责任驾驶员驾龄呈递减趋势，驾龄越长所占比例越低。根据驾驶员驾龄分段统计结果，驾龄 0～5 年之间的比例最高，如图 1-13 所示；根据驾驶员 1～5

年的统计分析结果，驾龄为 1 年的比例最高，如图 1-14 所示。

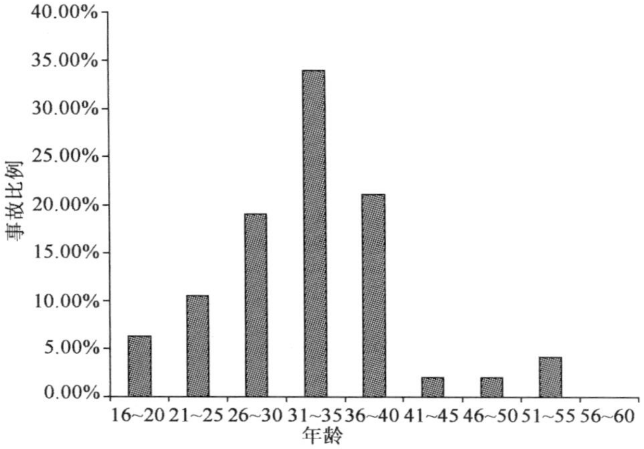

图 1-12　山区公路特大交通事故主要责任驾驶员年龄分布

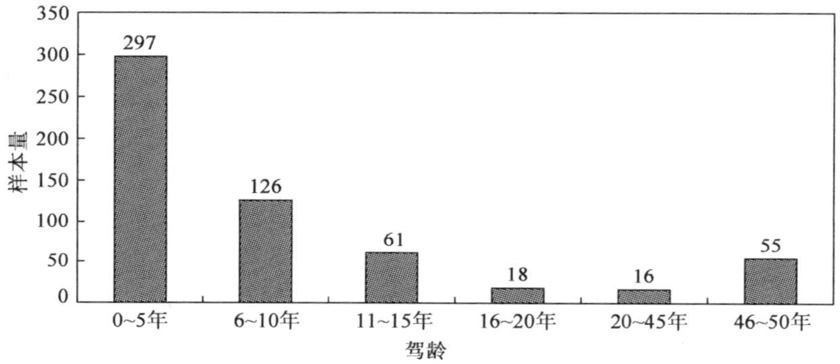

图 1-13　山区公路重特大交通事故主要责任驾驶员驾龄总体分布

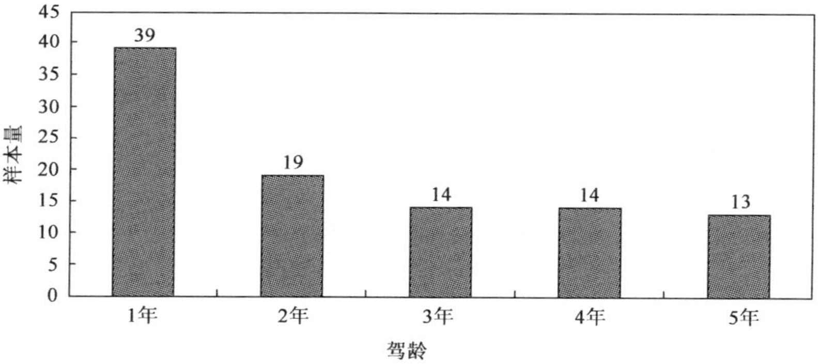

图 1-14　山区公路重特大交通事故主要责任驾驶员驾龄在 5 年以内的分布

三、驾驶员违法行为特征

山区公路重特大交通事故中驾驶员的主要违法行为从多到少依次为超速、超载超限、未戴安全头盔、酒后驾驶、违法占道、未按规定让行、违法超车，各类违法行为事故数量占事故总数量的比例分别为 19.2%、13.9%、13.0%、10.7%、10.6%、8.6%、6.1%，这些违法行为约占违法行为总数的 70%。违法会车、违法停车、违反交通信号、疲劳驾驶、空挡滑行等违法行为比例相对较低，如表 1-3 和图 1-15 所示。

山区公路重特大交通事故驾驶员违法行为统计　　表 1-3

违法行为类别	各类违法行为比例(%)	违法行为类别	各类违法行为比例(%)
超速	19.2%	非法停车	2.5%
超载超限	13.9%	违反信号	2.2%
未戴安全头盔	13.0%	未设标志	2.0%
酒后驾驶	10.7%	疲劳驾驶	1.3%
违法占道	10.6%	未系安全带	1.0%
未按规定让行	8.6%	违法载人	0.9%
违法超车	6.1%	非机动车违法	0.9%
未保持安全车距	4.0%	违法装载	0.7%
违法会车	2.9%	空挡滑行	0.2%

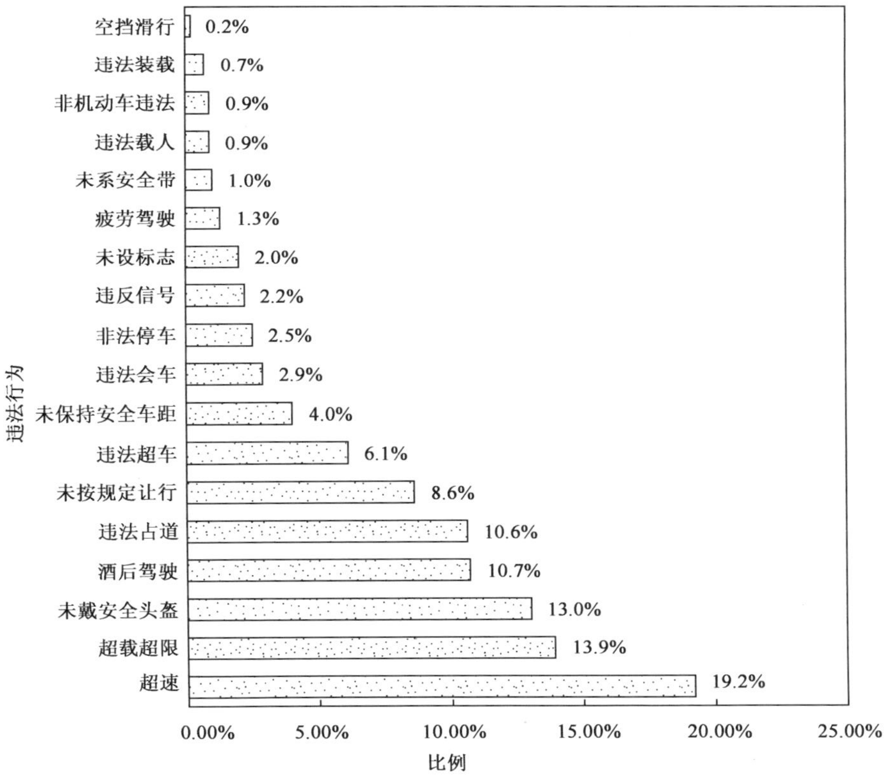

图 1-15　山区公路重特大交通事故驾驶员违法行为分布情况

山区公路特大交通事故中驾驶员的违法行为分析汇总见表 1-4。可以看出，驾驶员的主要违法行为为超速、超载超限以及违法占道行驶。

山区公路特大交通事故驾驶员违法行为统计　　表 1-4

违法行为类别	各类违法行为比例(%)	违法行为类别	各类违法行为比例(%)
超速	38.89%	疲劳驾驶	5.56%
超载超限	25.00%	酒后驾驶	2.78%
违法占道行驶	8.33%	未按规定让行	2.78%
违法会车	5.56%	违法超车	2.78%
无证驾驶	5.56%	违法装载	2.78%

第四节　山区公路重特大交通事故车辆特征

一、事故车型分布特征

山区公路重特大交通事故主要肇事车型所占比例由高至低分别是摩托车、小型客车、中型货车、小型货车、大型货车、其他类型车辆、大型客车和中型客车，如图 1-16 所示。

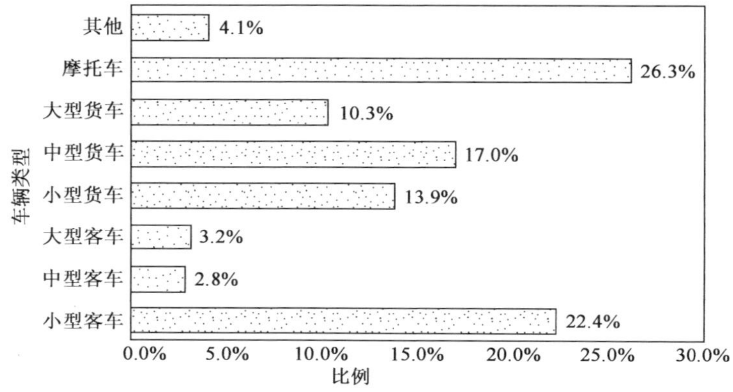

图 1-16　山区公路重特大交通事故主要肇事车型分布

山区公路重特大交通事故次要肇事车型中，摩托车事故尤为突出，所占比例达到了 40.4%，其他比例比较高的车型包括小型客车、中型货车、大型货车，比例均在 10%以上，如图 1-17 所示。

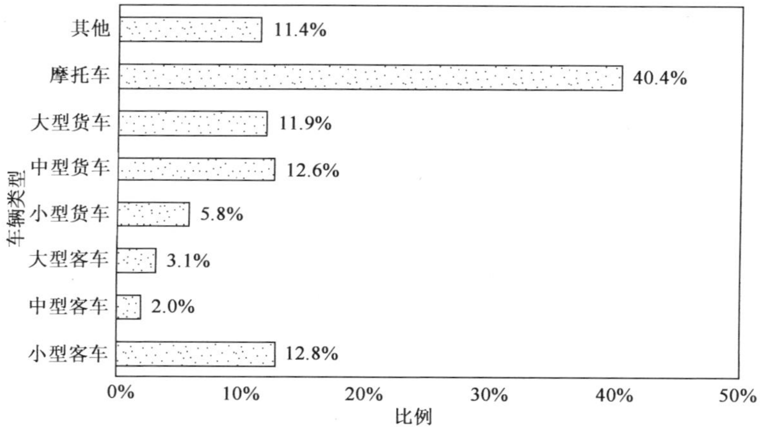

图 1-17　山区公路重特大交通事故次要肇事车型分布

山区公路特大交通事故主要肇事车型分布的比例如表1-5和图1-18所示。主要肇事车型以小型客车及大型货车为主，分别占总数的36.17%和17.02%。

山区公路特大事故主要肇事车型统计　表1-5

车　型	比　例	车　型	比　例
小型客车	36.17%	中型货车	6.38%
中型客车	12.77%	大型货车	17.02%
大型客车	8.51%	摩托车	10.64%
小型货车	8.51%		

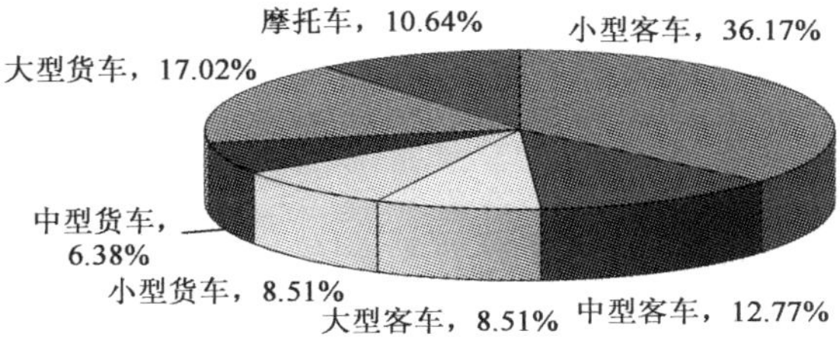

图1-18　山区公路特大交通事故主要肇事车型分布

二、事故车辆故障特征

山区公路重特大交通事故肇事车辆的故障类型包括车辆性能和机件不符合、制动不良、机件故障、制动失效、车辆改装、转向失效、报废车辆。各故障类型导致的事故数占事故总量的比例由高到低分别为4.8%、2.6%、1.7%、1.5%、1.0%、0.8%、0.4%，如表1-6和图1-19所示。

山区公路重特大交通事故车辆故障类型统计　表1-6

车辆故障类别	比例(%)	车辆故障类别	比例(%)
车辆性能和机件不符合	4.8	车辆改装	1.0
制动不良	2.6	转向失效	0.8
机件故障	1.7	报废车辆	0.4
制动失效	1.5		

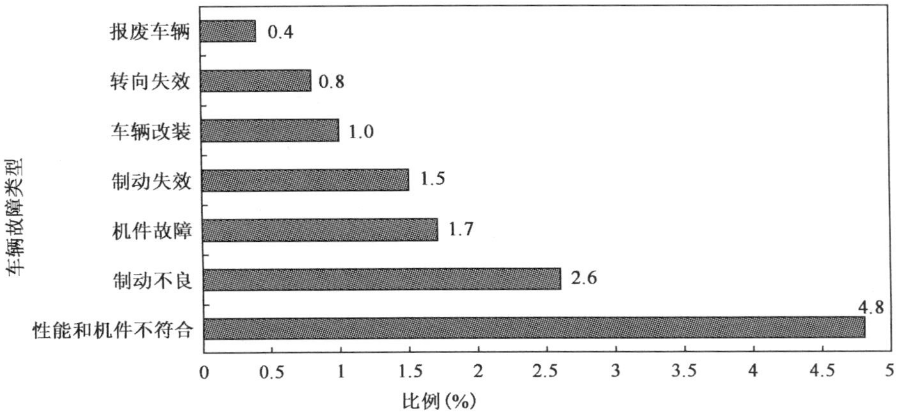

图1-19　山区公路重特大交通事故车辆故障类型分布

山区公路特大交通事故中，主要的车辆故障类型包括机件故障、转向失效、制动不良、制动失效几种类型，各故障类型导致的事故占事故总量的比例分别为 11.11%、4.44%、2.22%、2.22%，见表 1-7。

山区公路特大交通事故车辆故障类型统计 表 1-7

车辆故障类型	比例(%)	车辆故障类型	比例(%)
机件故障	11.11	制动不良	2.22
转向失效	4.44	制动失效	2.22

第五节 山区公路重特大交通事故道路特征

一、事故发生路段形式特征

山区公路重特大交通事故中，79.8%发生在普通路段，除此之外，发生在三路交叉口和桥梁路段的事故也相对较多，其比例分别是 9.9%和 6.3%，发生在其他路口路段类型的比例合计为 4.0%，如图 1-20 所示。80.85%的特大交通事故发生在普通路段，发生在其他路口路段类型的特大交通事故比例合计为 19.15%，鲜有特大交通事故发生在交叉口路段。

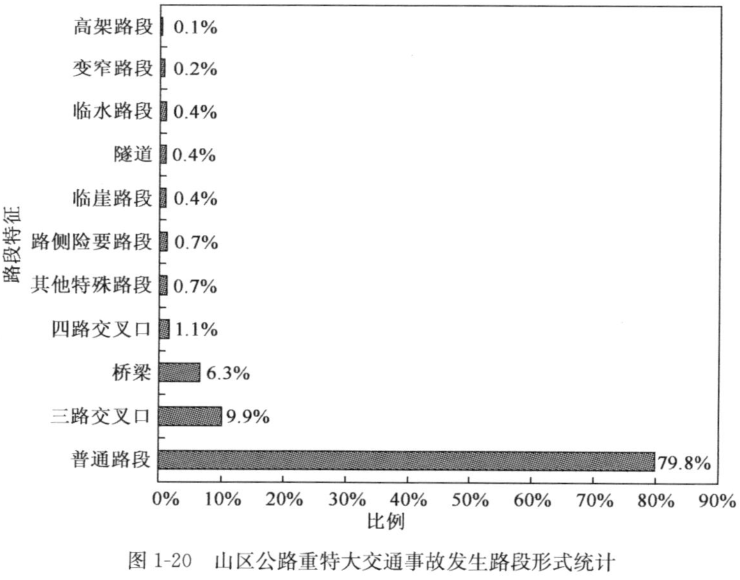

图 1-20 山区公路重特大交通事故发生路段形式统计

通过典型重特大交通事故案例的深入分析，山区公路各种路段形式发生的事故量、事故致死人数、事故致伤人数、致死率、起均致死人数等指标见表 1-8。可以看出，三路交叉口、四路交叉口、变窄路段、临水路段、临崖路段虽然事故率较低，但其事故起均致死人数却明显高于其他路段。普通路段虽然具有较高的事故比例，但是其起均致死人数约为 1.23，远小于上述路段。

各种路段形式发生的重特大交通事故统计　　表 1-8

路段形式	事故数	死亡人数	受伤人数	致死率	起均致死人数
变窄路段	2	4	0	100%	2.00
临水路段	4	7	51	12%	1.75
临崖路段	5	8	40	17%	1.60
普通路段	899	1102	953	54%	1.23
桥梁	71	100	30	77%	1.41
三路交叉口	16	114	57	67%	7.13
四路交叉口	4	14	6	70%	3.50
隧道	5	9	4	69%	1.80

二、事故发生地点线形特征

山区公路交通事故发生地点道路线形统计分布如图 1-21 所示。从交通事故发生地点道路线形统计可以看出，山区公路交通事故主要发生在平直路段，占一半以上，其他事故大部分发生在一般弯、一般坡以及一般弯坡路段，分别占 12.4%、12.7%和 12.5%。

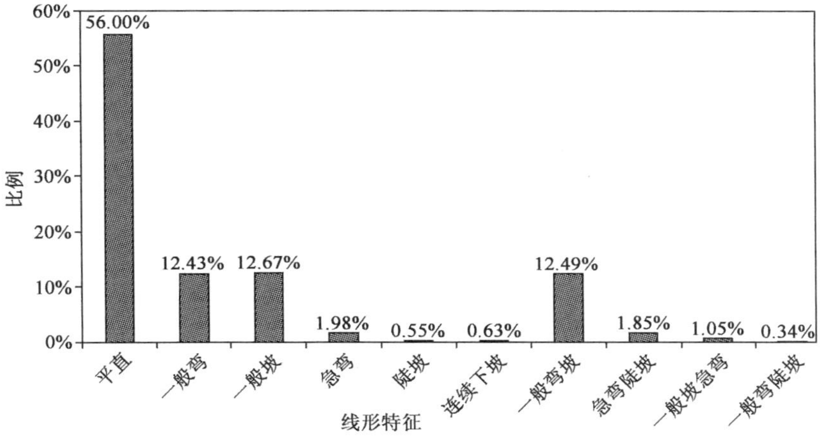

图 1-21　山区公路交通事故发生地点道路线形统计

山区公路重特大交通事故发生地点道路线形统计分布如图 1-22 所示。其中平直路段事故比例最高，占总事故的 51.5%，其次是一般弯、一般坡和一般弯坡路段，三者合计占总事故数的 31.8%，急弯、陡坡和急弯陡坡合计占总事故数的 14.4%，以上组合占总事故数的 97.7%。

山区公路特大交通事故发生路段主要集中在弯坡和弯道路段，分别占 42.55% 和 25.53%，其中急弯陡坡路段事故发生频率最高，达到 25.53%，见表 1-9。

山区公路特大事故发生路段线形统计　　表 1-9

道路地形	事故数	发生频率	道路地形	事故数	发生频率
平直	9	19.15%	一般弯坡	5	10.64%
一般坡	4	8.51%	急弯陡坡	12	25.53%
一般弯	8	17.02%	一般坡急弯	3	6.38%
急弯	4	8.51%	其他	2	4.26%

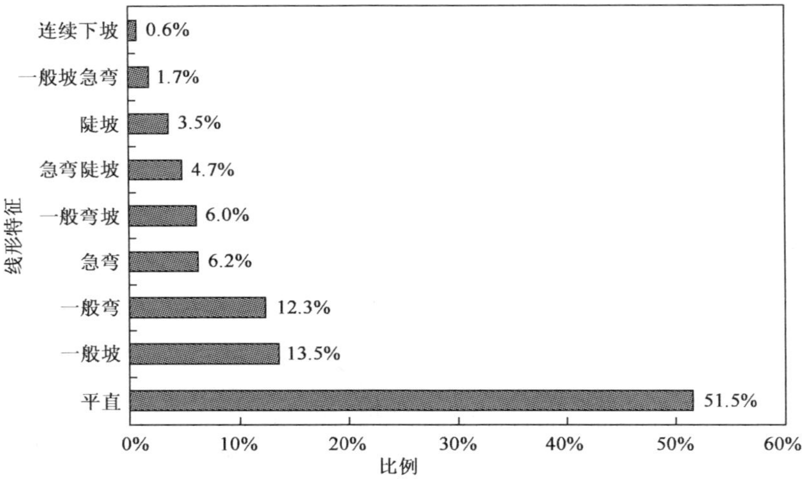

图 1-22　山区公路重特大交通事故发生地点道路线形统计

通过全部交通事故、重特大交通事故和特大交通事故发生路段的线形特征对比分析，易见急弯陡坡路段发生严重交通事故的概率最大，远高于其他线形的路段。一般弯、一般弯坡、急弯和一般坡路段发生严重交通事故的概率也较大。平直路段发生严重交通事故的概率相对较小。

第二章　公路网交通安全风险评估数据采集技术与装备

数据采集是开展公路网交通安全风险评估的基础。公路网交通安全风险评估工作涉及的数据种类繁多。能否全面、精确地采集风险评估相关数据是关系到风险评估结论正确与否的关键。本章主要基于多年来开展道路安全领域相关工作的经验，按照“实用可行”的要求，重点对公路网基础数据、交通事故数据、公路线形数据、交通安全设施数据、路侧环境数据、交通运行数据和气象数据等七大类风险评估相关数据的采集技术与装备进行阐述。

第一节　公路网基础数据采集技术

公路网交通安全风险评估相关的基础数据主要包括以下内容：

(1)所处省份；

(2)公路行政等级；

(3)公路技术等级；

(4)路线所经县级以上行政区域；

(5)路线长度；

(6)交叉口；

(7)桥隧比例；

(8)地形地貌；

(9)气候特征。

公路网基础数据主要通过以下三种途径获取：

(1)与公路管理部门沟通直接获取公路网路线走向、技术等级等基础数据；

(2)通过互联网查询公路网所在地区地形地貌、气候特征等数据；

(3)运用 Google Earth 等地图工具获取公路网路线走向、路网结构、交叉口等数据。

第二节　交通事故数据采集技术

交通事故是交通运行过程中不安全因素的集中体现。在山区公路网交通安全风险评估研究中，交通事故数据是最重要、最直接的基础资料。交通事故数据的采集主要从公安交通管理部门获得。一般从公安交通管理部门事故管理系统中直接提取数据，对于尚未电子化的数据采用数码照相机对事故原始档案资料进行拍照(图 2-1)，然后进行关键信息提取和电子化处理。交通事故包括轻微、一般、重大和特大事故，在进行数据处理时应区别对待。需要注意的是，对于每一起交通事故都应按照表 2-1 所示的数据项进行充分的数据挖掘，尤其是对重特大交通事故。

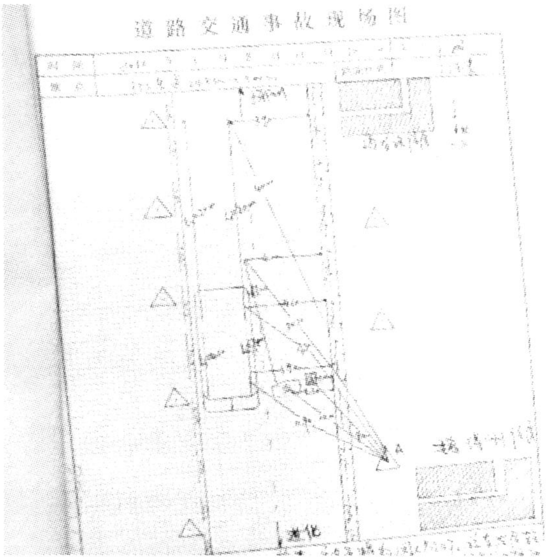

图 2-1　事故原始档案资料翻拍图

交通事故数据深度挖掘数据项

表 2-1

项　　目	深度挖掘内容
基本信息	事故时间(精确至小时)、事故地点(精确至公里桩)、天气状况、事故形态、简要案情
事故人员	事故中每一位相关人员的年龄、性别、驾龄
肇事车辆	车型、是否营运、核载、实载、车辆寿命、行驶里程、车辆状况等
道路信息	路段类型、路面情况、道路半径、纵坡度、路面宽度、硬路肩宽度、车道数、交通控制方式、视距情况、安全设施情况(包括护栏、标志、标线等)、路侧危险等级、护栏形式、车辆驶出路外的位置(曲线段内侧还是外侧)、驶出角度等
受伤人员	受伤人数、每一位伤者的受伤位置、与何部位碰撞致伤、受伤程度等
死亡人员	死亡人数、每一位死者的致死原因等
受损车辆	受损车辆数，每一辆受损车辆的受损部位、损坏程度等
路产损失	损坏的道路设施名称、损坏程度等
事故原因(人)	按照《中华人民共和国道路交通安全法》等法规，核定每一位肇事方的违法行为
事故原因(车)	按照现行《机动车运行安全技术条件》(GB 7258)等标准，核定每一辆肇事车的制动系、传动系、转向、灯光等车辆状况
事故原因(路)	按照现行《公路工程技术标准》(JTG B01)、《公路安全保障工程实施技术指南》等，核查是否存在道路方面的缺陷，如因缺乏安全设施加重了事故的后果等
事故原因综合分析	应用哈顿矩阵分析法，全面分析人、车、路、管理等因素在事故前、中、后中分别扮演的角色，给出事故的主因、次因以及诱因

交通事故信息的采集以及电子化处理是一项十分繁重的任务。为了减少工作的重复性，也便于后续的数据复核、详细分析等工作，在进行交通事故信息的采集以及电子化处理时应做好事故信息的编号和数据库系统规划工作。

第三节　公路线形数据采集技术与装备

公路线形数据包括公路平、纵、横线形三类数据，采样步长不大于 10m，各类数据的要素如下：

(1)平曲线：起终点桩号、曲率、长度、转角值；

(2)竖曲线：起终点桩号、变坡点桩号、坡度、曲率；

(3)横断面：横断面形式、车道数、路基宽度、路面宽度、路肩类型、路肩宽度、横坡。

公路平、纵、横线形数据的获取主要以安装全球定位系统的道路线形检测车 Gipsi－trac 为主。道路线形检测车如图 2-2 所示。

图 2-2　道路线形检测车外观及内部设备图

Gipsi-trac 系统包括：

(1)用于测量距离、速度和加速度的传感器；

(2)用于测量纵坡的加速度计；

(3)用于测量横坡的加速度计；

(4)用于测量方向变化的陀螺仪；

(5)用于获得绝对终点的 GPS 接收器；

(6)用于采集、汇总数据的微处理器。

这些部件源于惯性、测算系统。便携式计算机在 DOS 状态下，运行 Gipsi. exe 程序即可运行系统。操作人员通过 Gipsi-trac 程序控制系统运行：

(1)一系列标定程序；

(2)对 GPS 接收器的一系列初始化程序；

(3)PC 机选择文件用的菜单；

(4)基于检测数据的文字与图形显示。

采集的线形数据被传送到计算机，经过后处理以报告格式输出；另外，系统还允许操作人员同时在线形数据采集过程中利用计算机进行后处理，以校验所采集数据的准确性。应用 Gipsi-trac 系统采集的道路线形数据如图 2-3 所示。

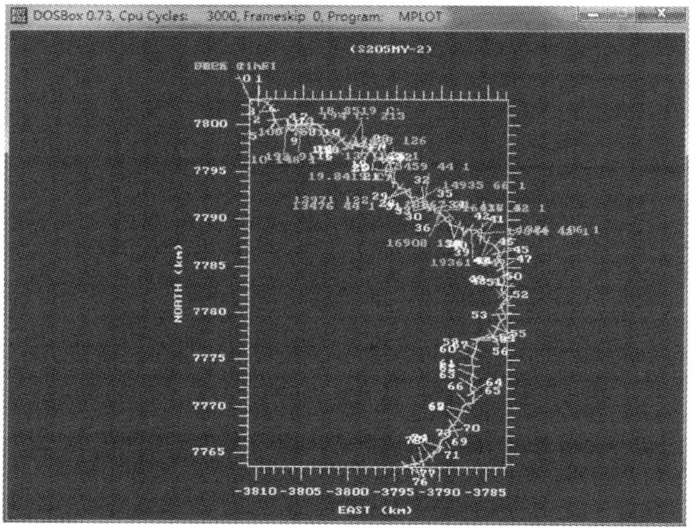

图 2-3　应用 Gipsi-trac 系统采集的道路线形数据

第四节　公路交通安全设施数据采集技术与装备

公路交通安全设施数据主要包括标志、标线、中央分隔带设施、路侧警示设施、路侧防护设施等的数据，采样步长不大于 10m，各类数据的采集要素如下：

(1)标志：设施位置、类型、视认性、光度性能；

(2)标线：设施位置、类型、清晰度、光度性能；

(3)中央分隔带设施：类型、位置、完好程度；

(4)路侧警示设施：类型、位置、完好程度；

(5)路侧防护设施：类型、防护级别、位置、完好程度。

公路交通安全设施数据采用集成安装在道路线形检测车上的视频图像采集系统和车载标志标线快速检测系统采集。

一、道路线形检测车视频图像采集系统

视频图像采集系统采用全自动镜头(图 2-4),可在车辆正常行驶条件下连续拍摄道路沿线设施的高分辨率视频。全自动镜头可通过监控软件来实时地调节焦点、焦距和光圈以提高图像质量,镜头的数量和安装位置可选。

通过观察拍摄的道路视频结合相应的图像处理软件,能够实现对道路设施(包括标志、标线、护栏、减速设施、路肩、边坡、边沟以及隔离设施等)的编目,并可实现道路设施几何尺寸的测量功能,获取交通安全设施的位置、几何尺寸(宽度、高度、面积)等关键信息(图 2-5)。

此外,该系统所采集的视频数据能够与公路里程、GPS 数据很好地匹配在一起,易于实现设施信息查看和定位。

图 2-4　视频图像采集系统图

图 2-5　图像采集系统采集的道路视频图

二、车载标志标线光度性能快速检测系统

道路线形检测车的视频图像采集系统能够实现标志标线外观和位置数据的采集,但无法进行标志标线光度性能数据的采集。

车载标志逆反射性能快速检测系统通过红外灯源和高解析度、高感红外立体相机对车前方的交通标志牌进行拍照,并通过数据分析软件采集交通标志的光度性能(图 2-6)。该系统主要包括以下几个部分:高感红外工业相机、红外脉冲照明系统、同步控制系统、工业控制用计算机、手持式逆反射系数测量仪、交通标志光度性能采集软件、交通标志光度性能分析软件。系统各部分功能如下:

(1)高感红外工业相机:用于采集红外立体影像;

(2)红外脉冲照明系统:以特定角度为公路交通标志的逆反射性能分析试验提供照明;

(3)同步控制系统:对高感红外工业相机和红外脉冲照明系统进行同步控制;

(4)手持式逆反射系数测量仪:能够进行多角度测量的逆反射系数测试仪,用于建立逆反射系数、亮度和距离的关系函数;

(5)交通标志光度性能采集软件(图 2-7):实时采集红外立体影像并进行实时显示;

(6)交通标志光度性能分析软件(图 2-8):对采集的红外立体影像进行分析,并显示分析结果。

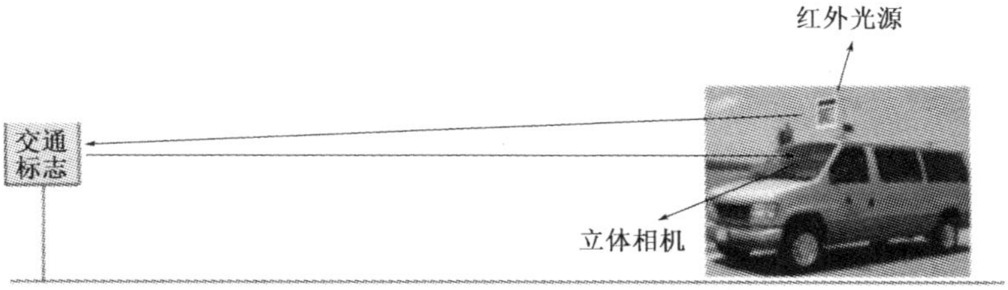

图 2-6　车载标志光度性能快速检测示意图

图 2-7　车载标志光度性能采集软件图

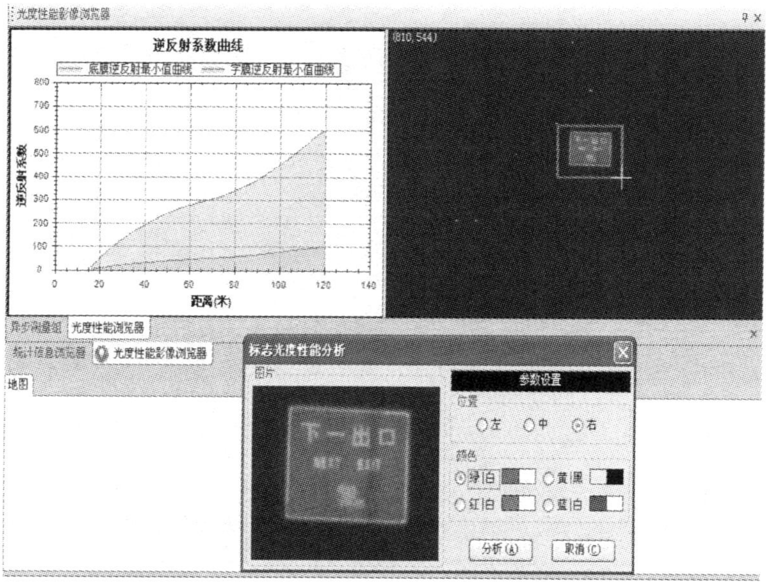

图 2-8　车载标志光度性能分析软件图

车载标线光度性能快速检测系统（图 2-9）采用最新型的扫描式 HeNe 激光光源、精准的角度调整器和光强测试系统，并结合高速高精度数据采集系统进行公路标线的逆反射系数测试，可提供实时的道路标线测试，不受白天夜晚或行车速度快慢的影响。该测试系统依据 ASTM E1710 和 CEN 30m（离地 6in，约 15cm）测试规范，可以实现 1.1m 的扫描宽度以适用于各种尺寸的道路标线测试，在 100km/h 的车速下每公里采集超过 700 个有效数据。系统组成及各部分功能如下：

图 2-9　车载标线光度性能快速检测设备图

（1）扫描式激光光源：以特定角度为公路交通标线的光度性能测试提供入射光源；

（2）角度调整器：对光源角度及光强测试系统角度进行调整；

（3）光强测试系统：对公路交通标线的光度性能进行测试；

（4）数据采集软件：对测试数据进行采集、存储。

第五节　路侧环境数据采集技术与装备

公路路侧环境数据采样步长不大于 10m，各类数据的采集要素如下：

（1）路侧形式；

（2）边坡坡度；

（3）路侧净空。

路侧环境数据同样采用集成安装在道路线形检测车上的视频图像采集系统获取。

第六节　交通运行数据采集技术与装备

一、交通量数据采集

交通量数据的采集包括连续式的交通量调查设备自动采集和间歇式的人工采集两种方式，主要从公路管理部门获取。

根据公路管理部门提供的交通量记录表格，确定交通量数据采集的要素内容，具体见表 2-2。

二、运行速度信息采集

采集公路运行速度信息时，可以根据实际情况，选用以下三种设备：雷达测速枪、气压管式交通调查仪和便携式路侧激光交通调查仪。

1. 雷达测速枪

雷达测速枪的最大优点是非常便捷，适合于短时间内随机性的车速调查；其缺点是比其他两种设备测量精度低，而且测量的时候测量人员需要站在路边，对过往车辆的正常运行常常会产生一定的干扰（图 2-10）。

交通量信息采集要素表　　表 2-2

变量名称	含义	变量名称	含义
年	交通量采集年份	拖挂车	
填报单位		汽车自然数	
路线编号		汽车当量数	
路线名称		小型拖车	
观测站代表路段长度		大型拖车	
观测站名称		拖拉机自然数	
观测站编号		拖拉机当量数	
桩号	观测站所在里程桩号	机动车自然数	
技术等级	路段道路等级	机动车当量数	
路基宽度		人力车	
路面宽度		畜力车	
月份	交通量以月平均形式采集	人力、畜力车自然数	
小型货车		人力、畜力车当量数	
中型货车		自行车自然数	
大型货车		自行车当量数	
小型客车		混合车辆自然数	
大型客车		混合车辆当量数	

注：除特殊注明外，本表的交通量单位为自然车辆数。当量数是指将各类型车辆自然数按对应的车辆换算系数换算成标准车型的交通量。

2. 气压管式交通调查仪

气压管式交通调查仪的常用型号是 MetroCount5600(简称 MC5600)，单台或者多台设备组合使用可以采集各种情况下的交通数据。MC5600 的优点是能够采集的数据类型多，精度高；缺点是采集数据之前需要花费一定的时间进行安装。MC5600 现场采集如图 2-11 所示。

图 2-10　应用雷达测速枪采集速度数据

图 2-11　应用 MC5600 采集双车道公路交通运行数据

利用MC5600采集交通运行数据之前应注意提前设置所采集地点的相关信息，在安装气压管时应选择路面较平坦的位置，并注意保持气压管适当的松紧度，连接好气压管和路旁单元后还应通过指示灯检查设备的工作状态。数据采集完毕后应及时将数据导出，并关闭设备。图2-12为MC5600采集到的数据，数据中包含了每一辆车的行驶方向、通过时间、轴数、速度等数据。

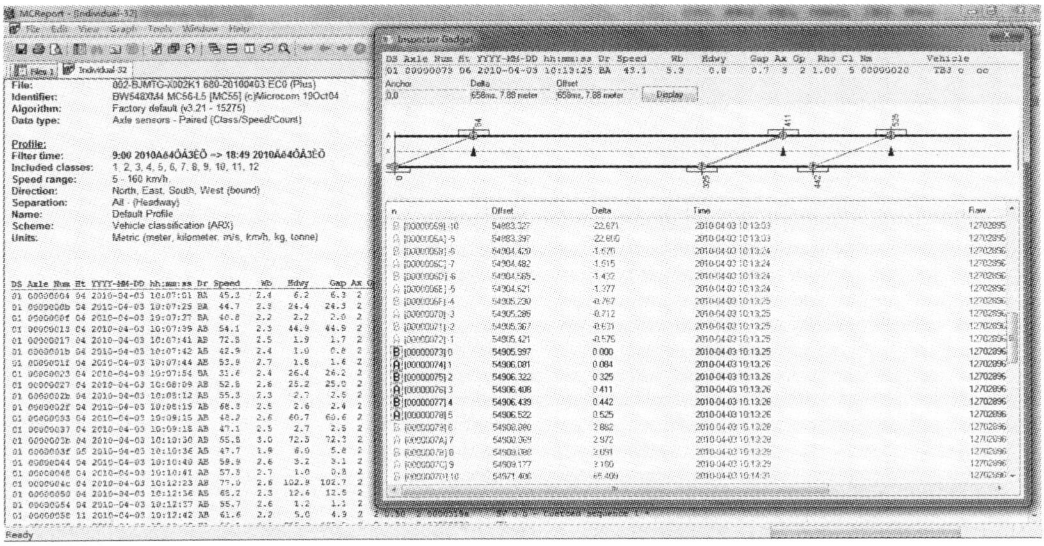

图2-12　MC5600采集到的交通运行数据图

3. 便携式路侧激光交通调查仪

RLU11路侧激光交通调查仪(图2-13)采用非接触方式安装在路侧，可采集交通流量、车速、车型等交通参数，其车型按轴距划分。由于该设备采用了非接触式技术，因此不需要在路上铺设传感器，从而提高了人员的安全性，同时也不需要封闭道路，适用于交通量大且车速较快的情况。

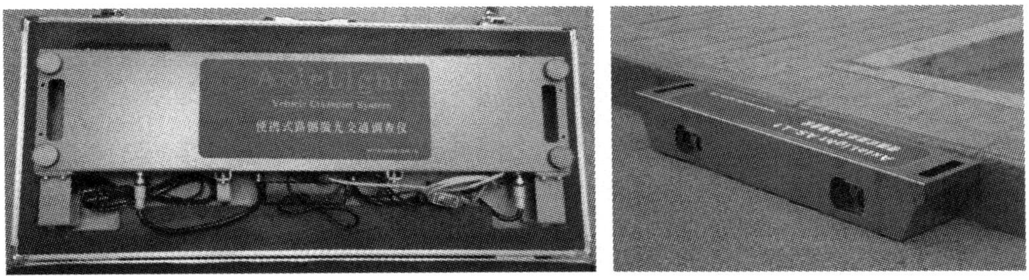

图2-13　便携式路侧激光交通调查仪

第七节　气象数据采集技术

气象数据主要指典型的影响道路交通安全的灾害性天气信息，通过现场勘查和与管理人员座谈获取。灾害性天气信息包括的内容见表2-3。

灾害性天气信息表 表 2-3

灾害性天气类型	对应数据信息	备　注
雾	年均雾日数	能见度小于 50m 为雾日
暴雨	年均暴雨日数	24h 降雨量大于 50mm 为暴雨日
冰雪	年均结冰日数	—
大风	年均大风日数	风力等级大于 7 级为大风日

第三章　山区公路网交通安全风险评估技术与系统软件

掌握公路网交通安全风险水平和时空分布特点，是科学、有序地开展山区公路网交通安全保障工作、提升路网整体安全水平的重要基础和依据。

本章主要介绍山区公路网交通安全风险评估的理论、方法、技术和软件。首先从共性和一般性的角度阐述基于我国国情的通用山区公路网交通安全风险评估技术，包括风险评估建模理论方法、建模结果和系统软件。针对客车、货车、摩托车、行人等各类公路用户，通过研究山区双车道公路基础设施条件和交通运行特征等因素与交通安全的相互影响，基于山区公路基础设施、交通运行数据以及交通事故数据，研究评估指标与交通事故发生率和严重程度之间的量化关系，最终建立了综合交通事故、设施和交通运行指标的山区公路网交通安全风险量化评估模型。建立的模型既充分反映了建模区域山区公路的安全特点，也兼顾了在全国范围内的推广和应用需求。其次从个性和特殊性的角度阐述山区公路养护施工区交通安全评价技术。值得一提的是，第三节的专项安全评估技术成果可以纳入通用风险评估模型中，作为养护施工区风险评价相关指标的量化依据，而通用风险评估模型依托各专项安全评估技术的不断研发而逐步改进和完善。

第一节　风险评估概述

一、风险评估的概念

从广义的角度，风险评估就是对各种危险的严重程度进行评估，找出高风险区和关键风险因素，推算出总体的风险水平，并通过评估使这些风险控制在可接受的范围内。

基于安全系统工程的理论，风险评估也是对系统所处的发生事故和面临灾害的危险状态进行估计和评定，也就是说，风险评估是指在对过去损失资料进行分析的基础上，进行系统辨识和安全分析，对系统的安全性或危险性，按一定的标准、规范、安全指标予以衡量，对危险的程度进行分级，以便据此结合现有的条件和水平，提出控制系统危险性的安全措施。

关于风险评估还有很多其他的理解：如 Lave 认为，风险评估的目的是生成与特定风险诱因有关的信息，这些诱因具有不确定性，但有可能产生影响。风险评估的最终结果是对风险的判断，它以模型影响的概率分布表现出来。风险评估的不同阶段随着风险来源的不同而改变。Kolluru 与 Brooks 的观点是，风险评估是用来说明什么处在危急中，计算想要的结果和不想要的结果的可能性，将两种组成成分合并到一维中。刘新立认为风险评估是指在对过去损失资料进行分析的基础上，运用概率论和数理统计的方法对某一（或几个）特定风险事故发生的概率(或频数)和风险事故发生后可能造成损失的严重程度作定量分析。

基于安全工程理论关于风险评估的定义,结合公路网的实际特点,本文的路网风险评估内涵为以道路基础信息、交通运行信息为基础,针对路网各组成部分进行的交通安全风险评级工作。

二、风险评估研究概况

1. 国外安全风险评估研究

安全风险分析与评价最初起源于20世纪30年代的美国保险业。第二次世界大战后,随着工业过程日趋大型化和复杂化,尤其是化学工业的发展,生产中的火灾、爆炸和毒气泄漏等重大事故不断发生,事故预防和安全风险分析日益受到重视。全面的安全风险分析系统研究始于20世纪60年代。1964年美国道化学公司首先开创了化工生产危险度安全评价方法。该公司提出火灾爆炸指数法后,世界各地都竞相研制,进一步推动了这项技术的发展,并在此基础上又提出了一些不同的风险分析与评价方法,如英国帝国化学公司在吸收了道化学公司评价方法的优点后,于1976年提出了蒙德评价法。同时,日本劳动省也提出了"六阶段评价法",前苏联提出了化工过程危险评价法等。这些方法均为指数法,至今仍在发展之中。

20世纪60年代后期,随着航空、航天、核工业等高技术领域的发展,以概率风险评估为代表的系统安全分析评价技术迅速发展。英国在20世纪60年代中期就建立了故障数据库和可靠性服务所来开展概率风险研究工作。1975年美国正式发表了商用核电站轻水反应的风险分析报告。此后,这类风险分析技术在许多工业发达国家的许多项目得到了广泛的应用,并推出了一系列以概率论为基础的安全评估方法。在1986年前苏联切尔诺贝利核电站发生爆炸事故以后,安全风险分析与评价技术更是得到了各国的普遍重视,推动了这项技术的进一步发展。

2. 国内安全风险评估研究

我国于20世纪80年代初期开始安全风险与评价研究工作。化工、冶金、机电、航空、交通等行业陆续开始在企业中实施安全风险分析与评价工作。1988年,机械电子工业部颁布《机械工厂安全性评价标准》,该标准在机械行业100多家工厂进行了应用,取得良好的效果;1990年,贵州省冶金防护研究所完成了《工业企业安全性评价——全面安全管理的事故隐患评价法》;1992年,化工部制定了《化工厂危险程度分级》;1995年,劳动部、北京理工大学完成《易燃、易爆、有重大危险源的安全评价技术》。与此同时,我国很多的科研院校、企业也相继开展了安全风险分析研究工作。其中北方交通大学、东北大学、武汉环保院、鞍山钢铁公司等提出了一些有价值的安全风险评价理论及方法,如指数法、模糊综合评判法、概率法、安全检查表等;计算机数据库、安全控制论等也得到了应用。目前,我国对安全风险分析的研究方兴未艾,科研院所及有关企业正在进行深层次的探讨研究,以便更准确地对本领域的系统进行定性、定量安全风险分析与评价。

三、风险评估的分类与方法

1. 风险评估的分类

目前,对风险评估尚无标准的分类方法。比较常见的风险评估种类有:

(1)按风险因子分类:风险因子的性质可以是自然因素(包括物理因素、化学因素、生物因素),也可以是社会因素(包括政治因素、经济因素等)。

(2)按风险危及对象分类:可危及的对象有人、生态系统及社会行为;危及人的一般为健康风险评估,健康风险评估又可依据健康损害的种类分为致癌风险评估、生殖风险评估、致畸风险评估等;危及生态系统的一般为环境风险评估;危及社会行为的一般为工程风险评估、投资风险评估、保险风险评估等。

(3)按风险评估结果性质分类:分为定量风险评估、半定量风险评估及定性风险评估。

2. 风险评估的方法

正确的风险评估方法是风险管理成功的必要条件,风险评估要达到识别风险、量化风险和制订有效的规避措施的目标,必须选择行之有效的方法。风险评估的方法在处理人类行为或自然事件所带来的潜在损害方面,已经成为了成熟的、强有力的工具。风险评估技术方法选择主要有如下准则:一是必须以用最少的时间、资金和人力支出获得最大效用为目标;二是以整个风险分析为目标的应用或决策过程;三是风险分析技术的实际输出,技术输出的精确程度、详细层次等应当完全与风险决策所需的信息相匹配。为更好地掌握项目风险评估技术,同时能指导在实践中对评价方法的选择,相关研究对风险评估进行了初步的总结,主要讨论风险评估方法的选用。表 3-1 是常用的风险评估和分析的工具,主要从应用范围、条件、优劣几个方面对常用的风险评估方法进行了比较。

3. 风险评估的流程

虽然由于风险来源和组织文化的不同,构建风险评估程序时也会存在非常明显的差别,但是任何风险评估仍有三个核心组成部分是相同的,即风险源识别、风险评估和风险等级的评定。

风险评估的一般流程如图 3-1 所示。

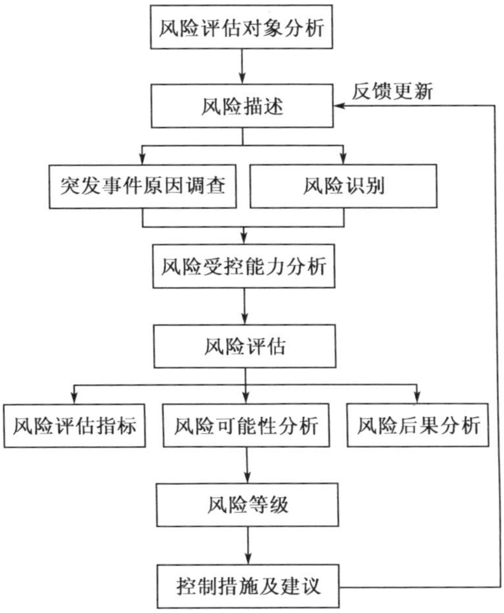

图 3-1　风险评估流程图

风险评估方法比较

表 3-1

序号	方法名称	应用范围		应用方式		优劣比较
		风险识别	风险评价	定性分析	定量分析	
1	故障树	▲		△		采用该方法简单易行，常用于直接经验很少的风险识别
2	头脑风暴	▲		△		适合于所探讨的问题比较单纯、目标比较明确的情况。如问题牵涉面太广，包含的因素太多，首先要进行分析和分解
3	专家调查	▲	△	△		该方法能集中大多数专家的意见，但偏于保守，可能妨碍新思想的产生
4	情景分析	▲		△		适用于提醒决策者注意某种措施政策可能引起的风险或危机性的后果；研究某些关键性因素对未来过程的影响；提醒注意某种技术的发展会带来哪些风险
5	核对表	▲		▲		该方法优点在于使工作变得较为简单，容易掌握；但对单个风险来源描述不足，没有揭示风险来源之间的相互依赖关系
6	面谈	△		△		通过风险管理人员和项目相关人员直接交流面谈，有助于识别那些在常规计划中容易被忽视的风险因素
7	风险矩阵	△	▲	△	▲	可进行定性和定量分析
8	敏感性分析		▲			主要用于确定型风险因素，在决策阶段使用该法较为常见
9	态势分析（SWOT）	▲	△	△		可随环境变化做动态系统分析，减少决策风险，可操作性强
10	蒙特卡罗		△		▲	可大大简化复杂问题的计算，显著提高计算效率，但是费用比较高，一般在进行较精细的系统分析时才使用
11	影响图		△		▲	可以和其他很多技术结合使用，方法直观
12	层次分析	△	▲	△	▲	适用于多目标决策的系统，可以应用于很多领域，能给决策者提供直观量化的支持
13	贝叶斯		▲	△	△	一般比较适用于历史数据缺乏或不足的情况，通过一定的数学手段，使决策所依据的信息更接近于实际，减少了决策风险，但是风险始终没有消除
14	模糊综合评价		▲	△	△	综合评价模糊性事务或对象的通用方法，它可使带有主观评判的结果更符合客观实际，方法简便易行
15	外推法	△	△	△		适用于没有历史资料的情况，也可以通过历史经验和数据或者类似项目的数据进行推断

注：△表示辅助应用；▲表示主要应用；空白表示没有应用或应用很少。

四、风险评估在交通行业的应用

真正将风险理论引入道路交通中始于20世纪末21世纪初，早期的文献较少。2002年陈艳艳、刘小明、任福田将风险评价与管理引入交通路网灾害影响分析当中，主要是针对地震、洪水等自然灾害、恶劣气候及严重交通事故等交通路网灾害进行了风险评价，进而可根据风险程度及减灾措施的效益成果来评价减灾措施的可行性。这里仅仅用风险度量的方法对交通路网的自然灾害进行初步的评价，其意义在于将风险度量引入道路交通灾害的评价中。

何寿奎在综合考虑交通安全风险影响因素的前提下，从设施脆弱性、道路运行承载能力、环境条件、人员、组织与管理方法、车辆六个方面建立了城市交通安全风险三级评价指标体系，利用D—S论据融合法确定指标权重，进行交通安全风险的模糊多属性评价并进行实证分析。该研究将风险评价引入道路交通安全的研究中，提出城市交通安全风险评价指标体系，选择了相应的评价方法，提出了确定各地区的交通安全风险评价等级的思路与方法。这些内容的研究使得道路交通安全的风险研究突破了前期研究范围，向纵深和内涵两方面发展。

马海红等人在《奥运交通风险评价与实例分析》一文中给出了奥运交通风险的定义，明确了奥运交通风险评价对象的具体内容，提出奥运交通风险评价以风险事件识别、风险事件分析、风险等级划分、应对措施制订为主线的工作流程，针对评价对象进行风险事件的详细识别，以道路积水风险事件为例，进行评价实例分析。该研究首次将道路交通安全风险的理论研究转向技术应用，为道路交通安全风险技术应用进行了有益的探索。

吴义虎等从唯象学的观点，用汽车追尾的概率来评估追尾风险的大小，建立了汽车追尾概率预测模型。王金梅等为了进行全红清空时间对交叉口内闯红灯违规和滞留车辆影响的风险评估，分别建立了有全红和无全红的经验模型。

Kim等收集了1997～2002年间发生在美国北卡罗来纳州脚踏车与汽车碰撞的事故资料进行风险评估，将事故严重程度分成4个等级(分别为死亡、重伤、轻伤、极可能受伤/未受伤)，并以多元罗吉特模式探讨影响事故严重程度的因素，分析发现不良天气、黑暗无街灯的环境、对撞、与速度有关的碰撞、遭卡车撞击、汽车驾驶员或骑自行车人酒醉驾车及骑自行车的老年人等因素有较高致死概率。

施伯杰指出，公路驾驶员的行为以及公、铁路管制设备的妥善与否，可能是造成平交道交通事故的关键因素。故针对平交道风险因素进行分析，利用文献回顾探索过去有关平交道事故风险评估、风险因素等的分析方法与成果，并利用切实的资料收集，辅以提供的设备故障、平交道事故等统计资料，构建故障树与事件树等图形，来分析平交道风险因素与可能造成的后果。

除了前述研究成果外，关于交通安全风险评估技术，国内还有交通部西部交通科技建设项目“西部地区公路交通安全评价”和“公路交通安全手册研究”进行的相对系统的研究。这两个项目从定性和定量两个方面构建了我国公路交通安全评价的体系，完成了高速公路、有中央分隔带四车道公路和双车道公路的安全性预测模型的构建，针对平面交叉口、互通式立交、一般公路路段和高速公路路段分别编制了安全评价清单和评价程序。

其他研究中直接针对安全风险评估的很少，多与安全评价相关。如刘东等提出道路交通安全综合评价指标体系总体框架和19项具体评价指标，并界定了评价指标的含义和评价的具体内容。刘涛等对国内外道路交通安全水平的评价和预测方法进行了对比和分析，提出了适合国内现阶段管理体制的以模糊数学综合评价模型为基础的评价和预测方法。该方法采用模糊评价综合模式计算评价目标区8个评价指标最大概率所对应的等级，通过层次分析计算各指标间的权重系数，在此基础上计算得到区域道路交通安全的综合评价指标——道路安全指数IRS。运用时间序列预测法、灰色系统预测法和回归分析法预测8个评价指标的变化及未来的IRS值。朱顺应等用因子分析法和层次分析法组合起来对道路交通安全进行评价（F-AHP）。用因子分析法来构造评价指标间的层次关系，用其分析值度量同层指标的重要性；采用层次分析法计算各层次指标对目标的权重。用线性加权法对评价对象的安全水平进行客观评价。周志刚在分析现有各种道路交通事故评价指标的基础上，采用主成分分析方法，构造了山区公路交通事故评价指标，该指标能凸显该地区交通事故的变化趋势和主要特征。范翔讨论了山区公路事故特点，给出山区公路事故多发点的鉴别方法。从设计角度出发，采用理论与实际相结合的方法探讨了公路几何线形、路面、交叉口、交通设施以及特殊环境对山区公路交通安全的影响，提出山区公路模糊综合评价法，根据山区公路的特点在理论上建立了山区公路模糊综合评价指标体系。

综合国内外的研究情况，在风险评估基本理论框架下，风险评估在越来越多的领域内得到了实际应用。尽管公路交通安全风险研究刚刚开始，但其在交通领域的应用需求和前景十分广泛，建立一套实用的、具备可操作性的路网风险评估流程，以及综合定量和定性成果的评估模型，对于公路交通安全水平的改善意义重大。

第二节　山区公路网通用交通安全风险评估技术

山区公路网通用交通安全风险评估模型包括基于事故的风险评估模型和基于道路交通设施特征的风险评估模型两类。基于事故的风险评估模型应用较为直观简便，但容易受事故数据质量的影响而导致评估结果可靠性降低。基于道路交通设施特征的风险评估模型从道路本身的角度衡量风险水平，能够更为深刻地揭示道路自身条件存在的安全隐患，且评估结果不受事故数据的影响，但应用较为复杂。在实际工作中，通常综合应用两种模型来取得更为全面可靠的评估结果。

一、基于事故的风险评估模型

基于事故数据进行公路网的交通安全风险评估，首先需要将公路网划分成若干特征相似的评估路段，然后针对每个评估路段计算其评估指标值，最后按照风险分级标准确定公路网中各评估路段的风险等级。

1.评估路段划分

评估路段划分的合理与否直接关系到评估结果的合理性和可靠性。

基于事故数据偶发性、小概率的特点，为保障评估的可靠性，评估路段的划分应符合以下条件：

(1)路段的公路基础设施特征应相似，如具有相同的车道数、车道宽度、技术等级等。

(2)路段的设计车速和交通量相同或相似。具体来说，同一评估路段内，设计速度差异小于 10km/h，交通量差异小于 2 000 或 20%。

(3)路段的管理主体应相同。

(4)路段长度一般应大于 10km。

(5)每个路段的全部事故数或伤亡事故数在评估期限内(一般为 3 年)应大于 20 起。

(6)路段年平均日交通量 AADT 通常要大于 2 000。

路段划分的方法与步骤如下：

(1)按照交通量观测站起终点、交叉口起终点、公路技术状况表中路段起终点三类特征点划分路段。

(2)将划分好的路段，对应事故数据表、交通量统计表和公路路线基本情况明细表查找相应的路段特征信息。

(3)对照评估路段的条件，筛选出不符合条件的路段。

(4)对于不符合评估条件的路段，按照合并条件与相邻路段合并。

(5)合并后的路段，重新计算路段特征值，其中 AADT 采用里程加权平均值，设计速度取较小值。

与相邻路段合并的条件：

(1)技术等级相同。

(2)车道数相同。

(3)管理主体相同。

(4)设计速度差异小于 10km/h。

(5)交通量差异小于 2 000 或 20%。

2. 评估指标

基于事故对公路网中各路段的交通安全风险进行评估是最直接的评估方法。根据国内外常用的事故指标对比，结合我国事故数据的特征，确定采用以下两项事故指标进行风险评估。从保障风险评估的准确性、可靠度和实用性等多方面分析，事故统计年限一般不少于 3 年。

(1)路段每年每公里发生的重特大事故数 R_1，反映了路网中各路段的总风险，如下式：

$$R_1 = \frac{N}{L \times T} \tag{3-1}$$

式中：N——路段在统计年限内发生的重特大事故总数；

L——路段的长度(km)；

T——事故统计的年限。

(2)路段每年每车公里发生的重特大事故数 R_2，反映了单个道路用户在路网中各路段所面临的风险，如下式：

$$R_2 = \frac{N \times 10^7}{L \times T \times 365 \times \mathrm{AADT}} \tag{3-2}$$

式中：N——路段在统计年限内发生的重特大事故总数；

L——路段的长度(km)；

T——事故统计的年限；

AADT——路段年平均日交通量。

3. 风险分级标准

基于事故的风险评估等级的划分采用如下统计分析方法。不同风险等级的指标阈值根据初始评估年份公路网中风险的累计分布规律来确定，一旦各风险等级的阈值确定，将在一定时期内保持固定不变，从而反映出在一定的公路安全改善措施条件下公路网风险等级随时间的变化以及公路网风险等级的空间分布变化。表3-2是一种风险评估等级划分方法的示例。

基于事故的风险评估等级划分方法示例 表3-2

风险等级	相应比例	风险等级	相应比例
低	低风险路段占路网中所有路段的30%	较高	较高风险路段占路网中所有路段的20%
较低	较低风险路段占路网中所有路段的20%	高	高风险路段占路网中所有路段的10%
中	中等风险路段占路网中所有路段的20%		

二、基于道路交通设施特征的风险评估模型

1. 模型的内涵

道路交通系统是由人、车、路和环境多因素相互作用而构成的复杂系统，每种因素都可能是诱发交通事故的原因，其中，交通事故的发生与道路交通设施特征具有内在的、密切的联系。事故在公路沿线的不均匀分布特征有力地证明了道路交通设施本身的安全性能对公路交通系统的运行安全具有重要影响。

前述基于事故的风险评估模型通过事故的统计分析所得到的评估结果，难以体现安全问题的根源。此外，作为不同的道路交通管理者，其关注的重点不同，执法部门关注的是行人和驾驶员的安全特性，车辆管理部门关注的是车辆的安全特性，而公路管理部门关注的是公路设施的安全性能。构建基于道路交通设施特征的风险评估模型，通过对道路交通设施特征的安全影响进行科学的评估，可以明确道路交通设施本身的安全状况，便于除去人、车方面的因素而重点从道路因素角度识别路网中潜在的安全隐患路段，从而能够为公路网基础设施安全性能的持续改善和提高提供更加可靠的依据，为公路安全保障工程的深入开展提供技术支持。

基于我国山区公路网道路交通人文环境特征，针对主要的道路用户(包括客车、货车、摩托车、行人)，深入分析主要的重特大事故类型(包括碰撞、追尾、路侧事故、行人事故等)的致因和形成机理，研究和辨识与各类重特大事故发生的概率和严重程度相关的公路基础设施和交通运行特征因素，从而构建基于道路交通设施特征的风险评估指标体系。基于收集的大量公路基础设施特征、交通运行特征和相应的重特大事故数据，研究各项评估指标与重特大事故发生的概率和严重程度之间的定量相关关系，建立风险评估指标的量化模型。最终构建了基于道路交通设施特征的风险评估模型。

基于事故的风险评估和基于道路交通设施特征的风险评估具有本质的区别。首先，二者的评估对象不同，前者是对人、车、路构成的公路交通系统的整体安全状况进行评估，而后者只是对公路交通系统中的道路本身的安全性能进行评估；其次，二者的评估目的不同，前者是为了掌握整个公路交通系统的安全状况从而采取相应的综合措施提高公路交通系统整体的安全水平，后者是为了掌握公路交通系统中公路设施的安全状况从而采取相应的道路工程措施提高公路设施的安全水平。另一方面，二者又有一定的联系。首先，评估方法有联系，公路交通系统中的人、车、路是相互影响、相互作用的，对公路设施的安全特性进行评估，不能离开人、车相关因素进行孤立的分析，而且也只有针对特定的道路用户和特定的交通流，评估公路基础设施的安全特性才是有意义的；其次，评估结论有联系，如果排除人、车因素的差异，二者的评估结果应当具有一致性。

正是基于上述内涵分析，将基于道路交通设施特征的风险评估值定义为公路交通基础设施安全性能指数。

2. 建模思路

纵观国内外道路交通安全研究组织及学者在相关技术领域的研究，得到广泛认同的主要有两种风险评估的建模思路和方法：一种以美国AASHTO研究出版的《公路安全手册》中的事故预测模型为代表；另一种是以国际道路评估组织iRAP在全球推广的风险评估模型为代表。

1)美国的事故预测模型

美国的事故预测模型建模以两个假设为基础：

第一个假设认为事故与交通量是正相关的，在交通量较低的情况下，事故率较低，随着交通量的增大，事故率增长速度加快，但当交通量增大到一定程度，事故率增长变缓，甚至趋于下降趋势。相关研究举例如下。

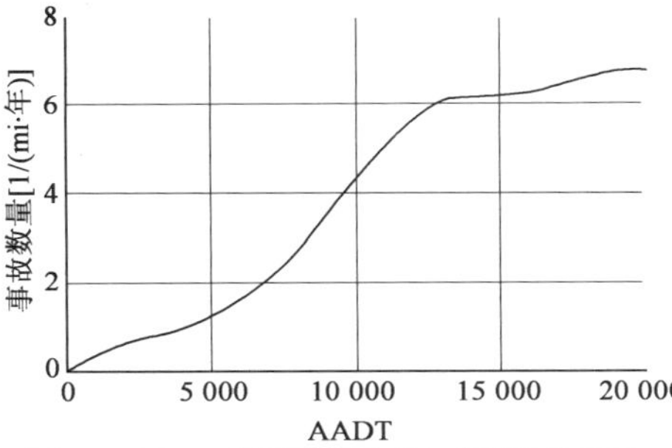

图 3-2　Hauer得到的事故率与交通量的关系

注：1英里＝1.609km。

Hauer用非参数的Kernel回归分析得到了事故率与交通量的关系，如图3-2所示。

Kononov用神经网络—径向基函数得到的事故率与交通量的定量关系模型如图3-3所示。

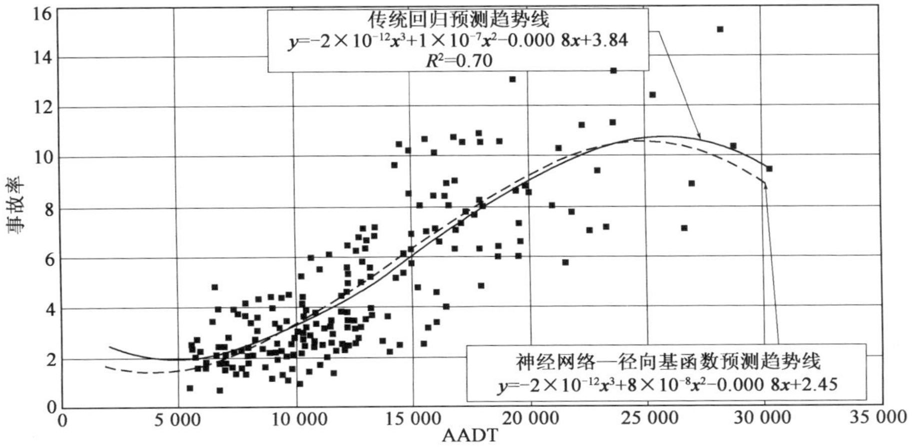

图 3-3　Kononov得到的事故率与交通量的定量关系模型

第二个假设认为道路交通事故这一随机变量服从泊松分布或负二项分布。如果假设随机变量服从泊松分布，则其方差和均值应该是相等的。然而从事故数据的分析来看，这种假设并不总是成立，很多情况下，事故数据的方差大于均值。因此，负二项分布更多地被用来描述事故模型。

在上述假设的基础上，选取海量的具有代表性的道路交通特征数据和事故数据，将道路分为属性相同或相似的若干段，针对每一分段提取与安全相关的特征变量，如交通量、平曲线、路面宽度、路肩宽度以及路面摩阻系数等，采用极大似然法来估计事故预测模型中的待估参数，一般采用泊松对数极大似然函数来估计。

设事故预测模型为：

$$\mu = \mathrm{AADT}^{\beta_0}(1+\beta_1\mathrm{AADT}+\beta_2\mathrm{AADT}^2+\cdots) \tag{3-3}$$

式中：μ——由事故预测模型预测的某路段的期望事故率[起/(km・年)]；

β——待估回归参数。

因为 μ 服从泊松分布，其均值和方差都为 μ，即

$$E(y)=\mu, Var(y)=\mu, \sigma=\sqrt{\mu}$$

设路段 i 的事故率观测值为 y_i，则其概率为 $P(x=y_i)=\frac{\mu_i^{y_i}}{y_i!}e^{-\mu_i}$，从而各路段事故率观测值的联合概率分布，即泊松似然函数为 $L(\mu_P)=\prod_{i=1}^{n}\left(\frac{\mu_i^{y_i}e^{-\mu_i}}{y_i!}\right)$，两端取对数得泊松对数极大似然函数如下式：

$$\ln(L)=\sum_{i=1}^{n}(y_i\ln\mu_i-\mu_i-\ln y_i!) \tag{3-4}$$

该模型以事故频率与年平均日交通量的回归关系为基本模型，辅以标定系数和修正系数。标定系数使模型符合当地条件，修正系数考虑了年平均日交通量以外的其他影响因素（主要是道路几何设计和交通控制特征）。修正系数通过历史事故数据、回归分析、横向比较、前后分析和专家评价等方法来获得。事故修正因素包括单项因素，也包括组合因素。如，对于双车道公路路段，事故修正因素包括车道宽度、路肩宽度和类型、平曲线、坡度、车道密度、超车道、双向左转车道和路侧设计；对于双车道公路交叉口，事故修正因素包括偏角、交通控制、单独的左转车道、单独的右转车道和交叉口视距。该方法还考虑了历史事故资料的存在情况，用经验贝叶斯方法将上诉预测模型与事故资料相结合，对安全性能进行更为准确的预测。该模型的基本表达式如下：

$$N_{\mathrm{rs}}=N_{\mathrm{br}}C_{\mathrm{r}}(\mathrm{AMF}_{1\mathrm{r}}\mathrm{AMF}_{2\mathrm{r}}\cdots\mathrm{AMF}_{n\mathrm{r}}) \tag{3-5}$$

式中：N_{rs}——经过修正后的预测事故率(1/年)；

N_{br}——在基本条件下的预测事故率(1/年)；

$\mathrm{AMF}_{1\mathrm{r}}\cdots\mathrm{AMF}_{n\mathrm{r}}$——事故修正系数；

C_{r}——公式针对特定区域的标定系数。

运用上述建模方法，分别针对不同类型的路段建立相应的事故预测模型。事故预测模型预测的事故率代表了各类路段期望的风险水平，即路段在一定交通量下的期望事故率。某路段的实际事故率与期望水平的偏离程度反映了该路段的风险水平。如，根据偏离程度，以 1.5 倍标准差的偏离量为界限，将路段的风险水平分为 4 个等级，如图 3-4 所示。路段的风险等级定性描述见表 3-3。

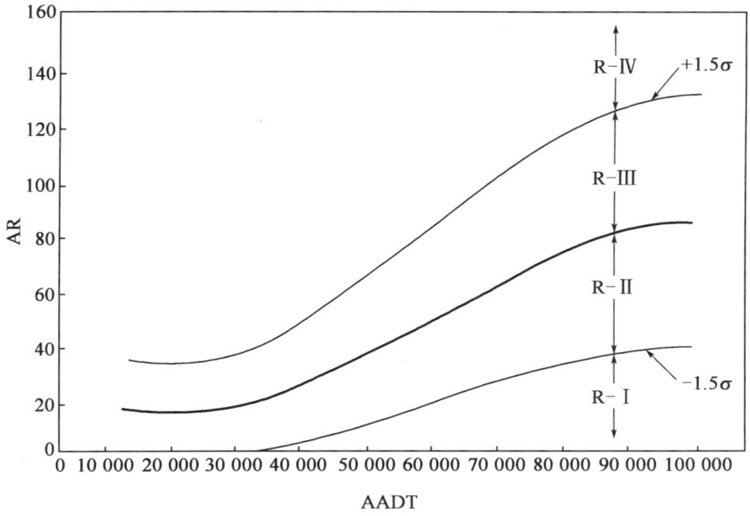

图 3-4　路段风险等级划分示意图

注:图中 AADT 指年平均日交通量,AR 指事故率。

2)iRAP 的风险评估模型

iRAP 的风险评估模型将道路事故风险抽象为一个空间三维模型。三维坐标分别为可能发生事故的行为数量(Exposure,通常指年平均日交通量)、事故发生的概率和严重程度。这三个因素的乘积决定了道路事故的总风险,如图 3-5 所示。

根据图 3-5,风险评估指标的选取可以从事故发生概率和严重程度两个方面考虑,深入分析各类道路用户发生各类型事故的影响因素,并进而构建评估指标体系。iRAP 风险评估模型中的指标体系如图 3-6 所示。

路段风险等级定性描述　　表 3-3

风险等级	定 性 描 述
R-Ⅰ	风险很低,事故率再降低的潜力不大,维持既有水平即可
R-Ⅱ	风险低于期望水平,在维持既有水平的基础上,可适当采取措施进一步降低风险
R-Ⅲ	风险高于期望水平,事故率再降低的潜力较大,须采取改善措施
R-Ⅳ	风险很高,事故率再降低的潜力很大,安全问题急需改善

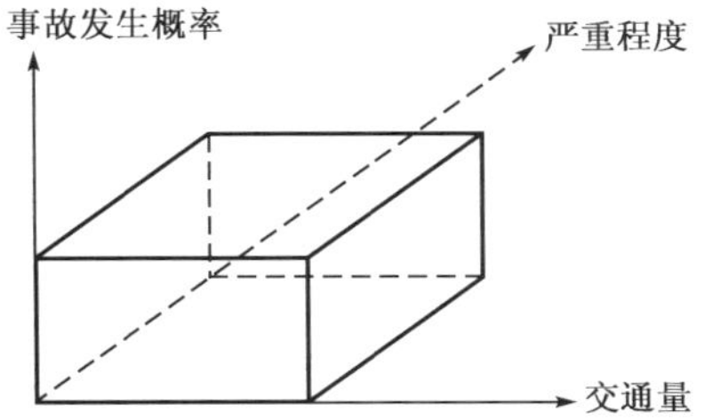

图 3-5　道路交通事故风险三维模型

基于各评估指标与事故发生概率和严重程度的相关关系研究成果,对评估指标进行量化,最终构建风险评估模型。如 iRAP 风险评估模型中平曲线弯曲程度这一指标的量化值见表 3-4。

3. 评估路段划分

基于道路交通设施特征进行风险评估时,同样应按照一定的原则(道路设施和交通流特征的相似性)将公路网划分成若干评估路段。

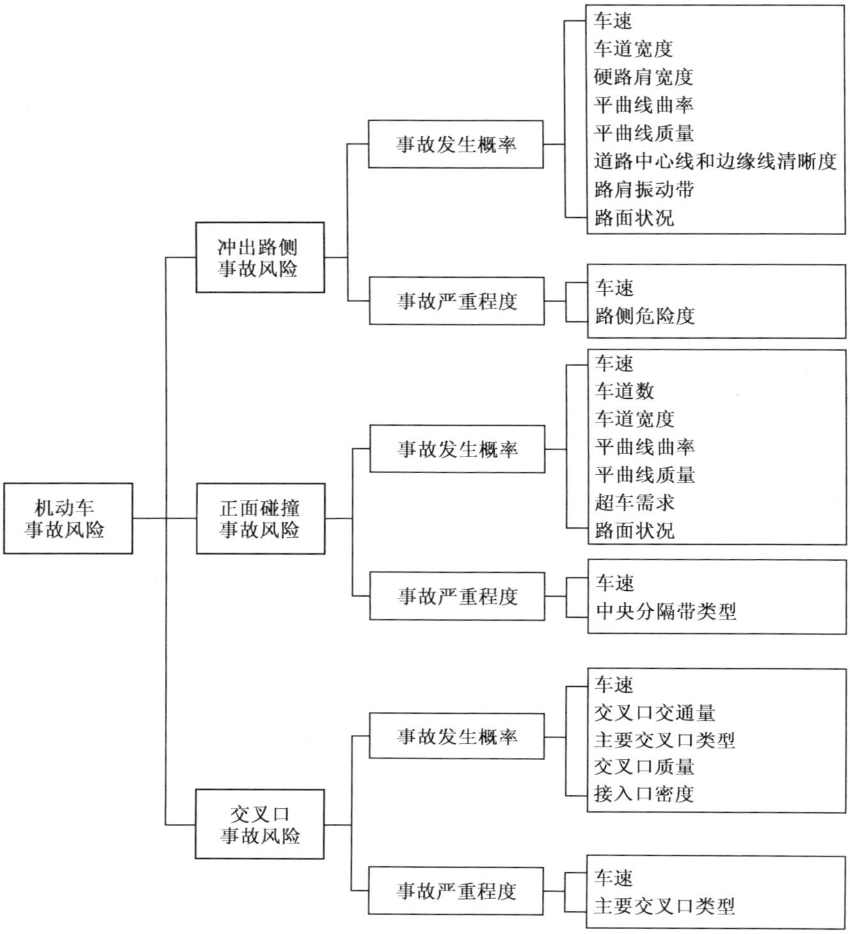

图 3-6 iRAP 风险评估模型指标体系

iRAP 风险评估模型指标量化示例 表 3-4

平曲线弯曲程度	风险系数	平曲线弯曲程度	风险系数
直线或轻微弯曲	1.00	急弯	3.50
中等弯曲	2.20	非常急的弯	6.00

首先，根据道路交叉情况以及道路两侧村庄的分布将公路网划分成普通路段、交叉口路段和村庄路段三种类型的路段（分类标准详见 2007 年“西部地区公路交通安全评价”课题研究报告），村庄路段和交叉口路段在原有物理长度的基础上两侧各外延 100m。

1）平面交叉路段

平面交叉路段以平面交叉口中心两侧各 100m 作为平面交叉路段的起终点，采用拓宽设计的平面交叉路段，以交叉口拓宽段两侧各 100m 作为平面交叉路段的起终点（图 3-7）。平面交叉路段即为一个评估路段。

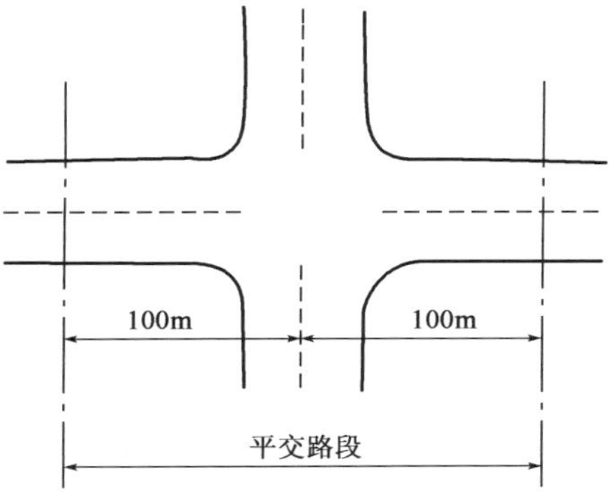

图 3-7 平面交叉路段划分示意图

2)村庄路段

村庄路段以村庄起点和终点各向外扩展 100m(图 3-8)。村庄路段即为一个评估路段。

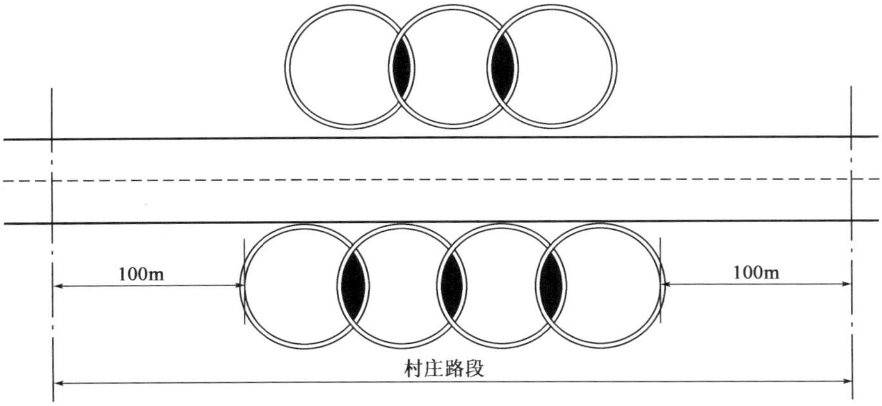

图 3-8 村庄路段划分示意图

3)基本路段

进行公路基础设施安全性能评估时，首先划分出平面交叉路段和村庄路段，其余为普通路段。

在此基础上，将普通路段依据公路技术状况、交通量、线形、路侧、桥隧结构物等特征，进一步划分成具有特征一致性的评估路段。交叉口路段和村庄路段即为一个评估路段，不需进一步划分。

4. 山区公路网交通安全风险评估模型结构设计

采用前述道路交通事故风险空间三维模型的建模思路来构建山区公路网交通安全风险评估模型。三维坐标分别为可能发生事故的行为数量(即交通曝露度，通常采用年平均日交通量进行计算)、事故发生的概率和伤亡严重程度。

1)模型结构形式确定

根据道路交通伤害三维模型图，初步确立基于道路交通设施特征的风险评估模型的结构形式如下：

(1)针对各种事故类型的发生概率和严重程度相关各项指标是相互独立的,各项指标对事故伤害(即各类型事故单项风险)的影响效果是相乘的关系;

(2)基于道路交通设施特征的风险为各类型事故单项风险的总和。

因此,公路交通基础设施安全性能指数 RPS 的计算公式如下:

$$
\begin{aligned}
\mathrm{RPS} &= \mathrm{RPS}_1 + \mathrm{RPS}_2 + \cdots + \mathrm{RPS}_n \\
&= P_1 \times S_1 \times \mathrm{expo}_1 + P_2 \times S_2 \times \mathrm{expo}_2 + \cdots + P_n \times S_n \times \mathrm{expo}_n \\
&= \prod_{i=1}^{a} P_i^1 \times \prod_{j=1}^{b} S_j^1 \times \mathrm{expo}_1 + \prod_{i=1}^{c} P_i^2 \times \prod_{j=1}^{d} S_j^2 \times \mathrm{expo}_2 + \cdots + \prod_{i=1}^{e} P_i^n \times \prod_{j=1}^{f} S_j^n \times \mathrm{expo}_n
\end{aligned} \tag{3-6}
$$

式中:RPS——针对某道路用户和某类型路段,其道路交通基础设施特征所对应的安全性能指数;

RPS_i——针对某道路用户和某类型路段发生频度较高的第 i 种事故类型,其道路交通基础设施特征对应的安全性能指数;

expo_i——针对某道路用户和某类型路段的交通曝露度;

P_i——针对某道路用户和某类型路段,其道路交通基础设施特征所对应的与第 i 种事故类型发生频率相关的风险系数;

S_j——针对某道路用户和某类型路段,其道路交通基础设施特征所对应的与第 j 种事故类型发生严重程度相关的风险系数;

P_i^1——针对某道路用户和某类型路段,与第 1 种事故类型发生频率相关的第 i 个因素对应的风险系数;

S_j^1——针对某道路用户和某类型路段,与第 1 种事故类型发生严重程度相关的第 j 个因素对应的风险系数。

根据山区公路用户和交通事故类型的分析,山区公路网交通安全风险评估涉及的道路用户主要有客车、货车、摩托车和行人,涉及的路段类型主要有普通路段、村庄路段和交叉口路段,涉及的事故类型主要有碰撞事故、追尾事故、路侧事故和行人事故。对于事故形态,基于公安交通管理部门的事故形态分类标准,主要进行如下归类:

(1)碰撞事故:包括正面碰撞和对向刮擦、侧碰、二次碰撞。

(2)追尾事故:包括追尾和同向刮擦。

(3)路侧事故:包括冲入沟中和冲出路外、撞固定物、撞静止车辆等。

(4)行人事故:指有行人参与的事故。

(5)其他事故:包括碾压、翻车、侧滑、其他等。

2)总体风险值计算

总体风险值计算公式如下:

$$
\begin{aligned}
\mathrm{RPS} &= \sum \mathrm{RPS}_i \\
&= \sum \mathrm{RPS}_1 + \sum \mathrm{RPS}_2 + \sum \mathrm{RPS}_3
\end{aligned} \tag{3-7}
$$

式中:RPS_1——普通路段风险分值;

RPS_2——交叉口路段风险分值;

RPS_3——村庄路段风险分值。

其中,某类型路段的风险值计算公式如下:

$$
\begin{aligned}
\mathrm{RPS}_i &= \sum \mathrm{RPS}_{in} \\
&= \sum P_{in} \times S_{in} \times \mathrm{expo}_{in} \\
&= P_{i1} \times S_{i1} \times \mathrm{expo}_{i1} + P_{i2} \times S_{i2} \times \mathrm{expo}_{i2} + \cdots + P_{in} \times S_{in} \times \mathrm{expo}_{in}
\end{aligned}
\tag{3-8}
$$

式中：RPS_i——i 类单元风险分值；

RPS_{in}——i 类单元的 n 类事故形态风险分值；

P_{in}——i 类单元的事故形态 n 对应事故概率；

S_{in}——i 类单元的事故形态 n 对应严重程度；

expo_{in}——i 类单元的事故形态 n 对应曝露程度。

$i=1$，普通路段；$i=2$，交叉口路段；$i=3$，村庄路段。$n=1$，碰撞事故；$n=2$，追尾事故；$n=3$，路侧事故；$n=4$，行人事故。

某影响因素对应的事故概率系数计算公式如下：

$$
\begin{aligned}
P_{in} &= \mathrm{BP}_{in} \times P_{in\mathrm{r}} \\
&= \mathrm{BP}_{in} \times P_{in1} \times \cdots \times P_{inm}
\end{aligned}
\tag{3-9}
$$

式中：BP_{in}——P_{in} 的基础事故概率；

$\mathrm{BP}_{in\mathrm{r}}$——$P_{in}$ 的实际事故概率；

P_{inm}——P_{in} 的第 m 个影响因素的实际事故概率系数。

某影响因素对应的事故严重程度系数计算公式如下：

$$
\begin{aligned}
S_{in} &= \mathrm{BS}_{in} \times S_{in\mathrm{r}} \\
&= \mathrm{BS}_{in} \times S_{in1} \cdots \times S_{inm}
\end{aligned}
\tag{3-10}
$$

式中：BS_{in}——S_{in} 的基础事故严重程度；

$\mathrm{BS}_{in\mathrm{r}}$——$S_{in}$ 的实际事故严重程度；

S_{inm}——S_{in} 的第 m 个影响因素的实际事故严重程度。

3）用户风险计算

在实际应用中，有时需要从不同道路用户角度来评估路网的安全水平。根据事故形态与事故相关道路用户的对应关系，不同道路用户的风险值，可按事故形态分布特征进行折算。经过统计分析，山区公路不同事故形态对应的道路用户构成比例见表 3-5。

不同事故形态对应的道路用户构成比例（%）　　表 3-5

事故形态	用户		
	客车	货车	摩托车
碰撞	32.47	27.32	40.21
追尾	33.33	29.17	37.50
路侧	75.00	25.00	0

根据上述分析，山区公路不同道路用户的风险计算公式如下：

$$\mathrm{RPS}_{客车} = 0.325\mathrm{RPS}_{碰撞} + 0.333\mathrm{RPS}_{追尾} + 0.750\mathrm{RPS}_{路侧} \tag{3-11}$$

$$\mathrm{RPS}_{货车} = 0.273\mathrm{RPS}_{碰撞} + 0.292\mathrm{RPS}_{追尾} + 0.325\mathrm{RPS}_{路侧} \tag{3-12}$$

$$\mathrm{RPS}_{摩托车} = 0.402\mathrm{RPS}_{碰撞} + 0.375\mathrm{RPS}_{追尾} \tag{3-13}$$

（1）客车用户风险计算

对客车用户风险分值的计算，按各事故形态中客车用户构成比例进行折算。

$$\begin{aligned}RPS_{ki} &= \sum RPS_{kin} \\ &= 0.325P_{i1} \times S_{i1} \times expo_{i1} + 0.333P_{i2} \times S_{i2} \times expo_{i2} + 0.750P_{i3} \times S_{i3} \times expo_{i3}\end{aligned} \tag{3-14}$$

式中：RPS_{ki}——i类单元客车风险分值；

RPS_{kin}——i类单元的客车的n类事故形态风险分值；

P_{in}——i类单元的事故形态n对应事故概率；

S_{in}——i类单元的事故形态n对应严重程度；

$expo_{in}$——i类单元的事故形态n对应曝露程度。

$i=1$，普通路段；$i=2$，交叉口路段；$i=3$，村庄路段。$n=1$，碰撞事故；$n=2$，追尾事故；$n=3$，路侧事故。

(2)货车用户风险计算

对货车用户风险分值的计算，按各事故形态中货车用户构成比例进行折算。

$$\begin{aligned}RPS_{hi} &= \sum RPS_{hin} \\ &= 0.273P_{i1} \times S_{i1} \times expo_{i1} + 0.292P_{i2} \times S_{i2} \times expo_{i2} + 0.325P_{i3} \times S_{i3} \times expo_{i3}\end{aligned} \tag{3-15}$$

式中：RPS_{hi}——i类单元货车风险分值；

RPS_{hin}——i类单元的货车的n类事故形态风险分值；

P_{in}——i类单元的事故形态n对应事故概率；

S_{in}——i类单元的事故形态n对应严重程度；

$expo_{in}$——i类单元的事故形态n对应曝露程度。

$i=1$，普通路段；$i=2$，交叉口路段；$i=3$，村庄路段。$n=1$，碰撞事故；$n=2$，追尾事故；$n=3$，路侧事故。

(3)摩托车用户风险计算

对摩托车用户风险分值的计算，按各事故形态中摩托车用户构成比例进行折算。

$$\begin{aligned}RPS_{mi} &= \sum RPS_{min} \\ &= 0.402P_{i1} \times S_{i1} \times expo_{i1} + 0.375P_{i2} \times S_{i2} \times expo_{i2}\end{aligned} \tag{3-16}$$

式中：RPS_{mi}——i类单元摩托车风险分值；

RPS_{min}——i类单元的摩托车的n类事故形态风险分值；

P_{in}——i类单元的事故形态n对应事故概率；

S_{in}——i类单元的事故形态n对应严重程度；

$expo_{in}$——i类单元的事故形态n对应曝露程度。

$i=1$，普通路段；$i=2$，交叉口路段；$i=3$，村庄路段。$n=1$，碰撞事故；$n=2$，追尾事故。

(4)行人风险计算

仅考行人事故一种事故形态，直接计算，不需折算。

5. 山区公路网风险评估指标体系

所谓风险评估指标，即风险评估模型中与事故发生概率和严重程度相关的因素。

从事故发生概率和严重程度两个方面考虑，深入分析山区公路网各类道路用户在各类路段上发生各类型事故的影响因素，并考虑数据的可获取性，构建评估指标体系，见表3-6～表3-9。

客车风险评估指标　　表 3-6

事 故 类 型	碰撞事故/追尾事故		路 侧 事 故		交叉口事故	
风险评估指标	发生概率	严重程度	发生概率	严重程度	发生概率	严重程度
	运行车速	运行车速	运行车速	运行车速	运行车速	运行车速
	路基宽度		路基宽度	路侧危险度	主要交叉口的交通量	
	弯坡标志		硬路肩宽度		交叉口交叉角度	
	平曲线弯曲程度		平曲线弯曲程度			
	纵坡		纵坡			
	接入口密度		接入口密度			
	大型客车比例		大型客车比例			
	路面中心线		道路边缘线			
	超高		路侧警示设施			
	照明					

货车风险评估指标　　表 3-7

事 故 类 型	碰撞事故/追尾事故		路 侧 事 故		交叉口事故	
风险评估指标	发生概率	严重程度	发生概率	严重程度	发生概率	严重程度
	运行车速	运行车速	运行车速	运行车速	运行车速	运行车速
	路基宽度		路基宽度	路侧危险度	主要交叉口的交通量	
	弯坡标志		硬路肩宽度		交叉口交叉角度	
	平曲线弯曲程度		平曲线弯曲程度			
	纵坡		纵坡			
	接入口密度		接入口密度			
	货车比例		货车比例			
	路面中心线		道路边缘线			
	超高		路侧警示设施			
	照明					

摩托车风险评估指标　　表 3-8

事 故 类 型	碰撞事故/追尾事故		路 侧 事 故		交叉口事故	
风险评估指标	发生概率	严重程度	发生概率	严重程度	发生概率	严重程度
	运行车速	运行车速	运行车速	运行车速	运行车速	运行车速
	路基宽度		路基宽度	路侧危险度	主要交叉口的交通量	
	弯坡标志		硬路肩宽度		交叉口交叉角度	
	平曲线弯曲程度		平曲线弯曲程度			
	纵坡		纵坡			
	接入口密度		接入口密度			
	摩托车比例		货车比例			
	路面中心线		道路边缘线			
	超高		路侧警示设施			
	照明					

行人风险评估指标 表 3-9

事故类型	沿公路步行的事故		横穿公路的事故	
风险评估指标	发生概率	严重程度	发生概率	严重程度
	运行车速	运行车速	运行车速	运行车速
	路基宽度		人行横道线	
	道路边缘线		行人横穿程度	
	照明		照明	

6. 风险评估指标的量化

明确基于道路交通设施特征的风险评估模型的基本结构和指标体系之后，最重要的研究内容是对各项风险评估指标进行量化，量化工作基于国内外道路交通安全相关研究成果，并对采集的山区公路网相关数据进行深入分析。

风险评估指标的量化可采用以下多种方法相结合，综合确定指标的量化值。

(1)基于事故预测模型建模结果直接确定；

(2)基于国内外道路交通安全相关研究成果确定；

(3)征求行业领域专家意见。

1)基于事故预测模型的风险指标量化

基于事故预测模型的风险指标量化，首先需构建事故预测模型，该事故预测模型是若干风险评估指标的函数；然后通过调整事故预测模型中风险评估指标的取值，即可得到不同的风险评估指标取值对应的事故预测值。设定其中某一风险评估指标取值对应的事故预测值为标准值，则其他风险评估指标取值对应的事故预测值与该标准值的比值即为风险指标量化值。

(1)事故预测模型的建立

借鉴国内外事故预测模型的相关研究成果，采用贝叶斯模型、泊松系列模型、LOGIT 系列模型、模糊理论与层次分析法组合应用模型等，基于山区公路网风险评估相关数据，构建山区公路事故预测模型。此处仅以山区公路普通路段的碰撞事故预测模型为例进行说明。其他事故预测模型的研究成果可参见“山区公路网安全保障技术体系研究与示范工程”(课题编号：2009BAG13A02)的相关研究报告。

通过建模分析，山区公路普通路段碰撞事故预测模型的表达公式如下：

$$\begin{aligned}\lambda_{pt-pz} &= \text{jcexpo}\cdot\exp(x_{it}\beta)\\ &=\text{jcexpo}\times\exp(-2.846+\text{ldtz}+\text{lmlx}+0.054g-0.052\text{zxzrbl}+0.068\text{dkzrbl}+\\ &\quad 0.064\text{mtzrbl}+0.015\text{hczrbl}+\text{zlbz}+\text{byx}+\text{zxx}+\text{zmss}+\text{rxhdx}+\\ &\quad \text{hengc}+0.015\text{jrkmd})\end{aligned} \tag{3-17}$$

其中：$\text{ldtz}=\begin{cases}0 & \text{ldtz}=0\\ -0.526 & \text{ldtz}=1\\ 0.373 & \text{ldtz}=2\end{cases}$，$\text{lmlx}=\begin{cases}0 & \text{lmlx}=0\\ -0.931 & \text{lmlx}=1\\ -0.757 & \text{lmlx}=2\\ -0.891 & \text{lmlx}=3\end{cases}$

$$zlbz=\begin{cases}0 & zlbz=0\\0.292 & zlbz=1\\0.654 & zlbz=2\end{cases},byx=\begin{cases}0 & byx=0\\0.340 & byx=1\\0.555 & byx=2\end{cases}$$

$$zxx=\begin{cases}0 & zxx=0\\-0.03 & zxx=1\\-0.493 & zxx=2\end{cases},zmss=\begin{cases}0 & zmss=0\\-0.404 & zmss=1\end{cases}$$

$$rxhdx=\begin{cases}0 & rxhdx=0\\-0.590 & rxhdx=1\end{cases},hengc=\begin{cases}0 & hengc=0\\0.378 & hengc=1\end{cases}$$

式中：jcexpo——机动车自然交通量曝露度；

ldtz——路段特征，0为普通路段，1为桥梁路段，2为隧道路段；

lmlx——路面铺层特性，0为沥青表面处治，1为沥青混凝土，2为水泥混凝土，3为沥青碎石；

g——加权纵坡值；

zxzrbl——自行车自然比例；

dkzrbl——大型客车自然比例；

mtzrbl——摩托车自然比例；

hczrbl——货车自然比例；

zlbz——指路标志，0为没有，1为较少，2为较多；

byx——边缘线，0为没有，1为模糊，2为清晰；

zxx——中心线，0为没有，1为模糊，2为清晰；

zmss——照明设施，0为没有，1为有；

rxhdx——人行横道线，0为没有，1为有；

hengc——路段是否与村庄相接，0为不相接，1为相接；

jrkmd——接入口密度。

(2)风险指标量化分析

基于建立的事故预测模型，根据风险评估指标特点，分成连续型变量和离散型变量两类，分别采用不同的方法进行量化分析。

①离散型变量的量化分析

对于离散型变量，直接从构建的山区公路事故预测模型中提取风险因数，即风险评估指标取不同离散值对应的事故预测值与标准值的比值。

以道路中心线这一风险指标为例，其取值为0、1、2三个离散值，分别代表没有、模糊和清晰三种状态。以没有道路中心线这一状态为标准，当道路中心线为模糊或清晰状态时，对应的事故预测值分别为标准值的0.970和0.671倍。则道路中心线这一风险指标的量化值见表3-10。

道路中心线对应的事故概率系数 表3-10

风险指标值	描 述	事故概率系数
0	没有	1
1	模糊	0.970
2	清晰	0.671

②连续型变量的量化分析

对于连续型变量，首先对风险指标值分布情况进行分析。以纵坡为例，纵坡分布箱图如图3-9所示。箱图表示累计第25位到75位的变量，中间水平实线表示中间值，最低端水平实线表示下交界值，最高端水平实线表示上交界值，圆点表示异常值和极端值。

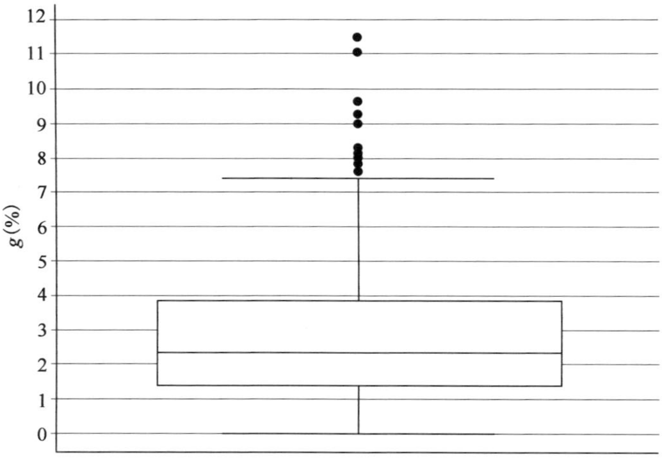

图3-9　纵坡样本数据分布箱图

根据事故预测模型，设定纵坡取2.5%时的事故预测值作为标准值，纵坡值每增加一个单位事故值增加5.5%。取中位数对应纵坡为标准值，对应到纵坡分布情况(0%、50%、75%、100%)，分成4类，风险因数取值为区间两个端点间中间值对应标准坡度影响情况。如纵坡取值1.5%<g≤2.5%时，对应的风险因素计算为1+0.055×[(0+1.5)/2−2.5]=0.904。同样可得纵坡在其他取值范围对应的事故概率系数值，见表3-11。

纵坡对应的事故概率系数　　表3-11

风险指标值(%)	描　述	事故概率系数
≤1.5	无坡	0.904
1.5<g≤2.5	缓坡	0.973
2.5	标准坡	1
2.5<g≤4	较陡坡	1.041
>4	陡坡	1.179

2)基于国内外相关研究成果的风险指标量化

由于公路交通安全风险评估涉及的因素众多，为了尽可能构建较为完善的风险评估模型，将国内外已有的相关研究成果通过适当的方法纳入风险评估模型中是非常必要的。

国内外与风险评估密切相关的研究成果主要有2003年"西部地区公路交通安全评价"、2004年"公路交通安全手册研究"、2004年"公路交通安全应用技术研究"，美国"公路交通安全手册"、"NCHRP Report 617"、"iRAP用户手册"等。如iRAP风险评估模型中运行速度对应的事故严重度系数见表3-12。

运行速度对应的事故严重度系数　　表 3-12

路段类型	事故形态	特征值	特征描述	事故严重度系数
全部路段	追尾、路侧、碰撞事故	1	40	0.11
		2	50	0.17
		3	60	0.25
		4	70	0.34
		5	80	0.44
		6	90	0.56
		7	100	0.69
		8	110	0.84
		9	120	1
	行人事故	1	40	0.19
		2	50	0.35
		3	60	0.58
		4	70	0.82
		5	80	1
		6	90	1
		7	100	1
		8	110	1
		9	120	1

3)山区公路风险评估指标量化值汇总

综合上述方法，可以确定基于道路交通设施特征的风险评估指标的量化值，并通过征求专家意见，最终确定山区公路网交通安全风险评估指标量化值，见表 3-13、表 3-14。表中带 * 的为 2003 年“西部地区公路安全评价”和 2004 年“公路安全手册研究”两个项目的引用成果，带 ** 的为 NCHRP Report 617 引用成果，带 *** 的为 iRAP 风险评估模型引用成果，其余为“山区公路网安全保障技术体系研究与示范工程”（课题编号：2009BAG13A02）的研究成果。

山区公路网交通安全风险评估指标对应的事故概率系数　　表 3-13

指标	路段类型	特征值	特征描述	事故概率系数				
				全部事故	追尾事故	碰撞事故	路侧事故	行人事故
路段特征	普通路段	0	非桥隧路段	1		1		
		2	隧道路段	1.194		1.452		
路基宽度	村庄路段	0	路基宽度较窄(≤10m)	1		1		1
		1	路基宽度较宽(>10m)	0.599		0.518		0.372
	交叉口路段	0	路基宽度较窄(≤10m)	1		1		
		1	路基宽度较宽(>10m)	0.162		0.122		
弯坡标志	普通路段	0	无	1	1		1	
		1	有	0.882	0.329		0.379	

续上表

指标	路段类型	特征值	特征描述	事故概率系数				
				全部事故	追尾事故	碰撞事故	路侧事故	行人事故
照明	普通路段	0	没有	1		1		
		1	有	0.725		0.668		
	村庄路段	0	没有	1	1			1
		1	有	0.473	0.137			0.690
	交叉口路段	0	没有	1 **				
		1	有	0.96 **				
路面中心线	普通路段	0	没有	1		1		
		2	清晰	0.710		0.671		
	村庄路段	0	没有	1	1	1		1
		2	清晰	0.352	0.271	0.359		0.173
路面边缘线	普通路段	0	没有				1	
		2	清晰				0.699	
	村庄路段	0	没有				1	
		2	清晰				0.674	
人行横道线	普通路段	0	没有	1		1		
		1	有	0.740		0.554		
	村庄路段	0	没有			1		
		1	有			0.708		
路段是否与村庄相接	普通路段	0	与村庄不相接	1		1		1
		1	与村庄相接	1.339		1.459		1.804
行人横穿程度	村庄路段	0	低	1				1
		1	中	1.711				1.723
		2	高					1.974
交叉口交叉角度	交叉口路段	0	90°	1		1		
		1	60°	4.259		4.156		
		2	30°	3.958		3.387		
纵坡	普通路段	≤1.5	无坡	1.000	1 **			
		1.5<g≤2.5	缓坡	1.069	1 **			
		2.5<g≤4	较陡坡	1.143	1.10 **			
		>4	陡坡	1.306	1.10 **			
接入口密度	普通路段	0	标准	1.000	1.000 *	1.000		1.000
		0<jrkmd≤4	较多	1.030	1.237 *	1.030		1.044
		jrkmd>4	多	1.102	1.994 *	1.102		1.152

续上表

指标	路段类型	特征值	特 征 描 述	事故概率系数				
				全部事故	追尾事故	碰撞事故	路侧事故	行人事故
摩托车比例	普通路段	0<mtzrbl≤4	很低	0.826		0.726	0.578	
		4<mtzrbl<7	较低	0.944		0.909	0.848	
		7	标准	1.000		1.000	1.000	
		7<mtzrbl≤9	较高	1.039		1.066	1.116	
		mtzrbl>9	高	1.234		1.421	1.829	
	村庄路段	0<mtzrbl≤4	很低	0.635		0.799	0.476	0.484
		4<mtzrbl<7	较低	0.873		0.935	0.800	0.805
		7	标准	1.000		1.000	1.000	1.000
		7<mtzrbl≤9	较高	1.095		1.046	1.160	1.156
		mtzrbl>9	高	1.647		1.281	2.262	2.220
	交叉口路段	0<mtzrbl≤4	很低	0.606		0.685		
		4<mtzrbl<7	较低	0.846		0.882		
		7	标准	1.000		1.000		
		7<mtzrbl≤9	较高	1.043		1.032		
		mtzrbl>9	高	1.396		1.286		
大型客车比例	普通路段	2≤dkzrbl≤6	很低	0.701		0.666		0.663
		6<dkzrbl<10	较低	0.888		0.873		0.872
		10	标准	1.000		1.000		1.000
		10<dkzrbl≤14	较高	1.126		1.145		1.147
		dkzrbl>14	高	1.704		1.838		1.854
货车比例	普通路段	19<hcbl≤42	很低	0.835	0.721	0.782	0.407 *	0.698
		42<hcbl<47	较低	0.973	0.952	0.963	0.873 *	0.947
		47	标准	1.000	1.000	1.000	1.000 *	1.000
		47<hcbl≤64	较高	1.097	1.183	1.135	1.588 *	1.203
		hcbl>64	高	1.381	1.794	1.551		1.900
	村庄路段	19<hcbl≤42	很低	0.721	0.733	0.676	0.080 *	0.721
		42<hcbl<47	较低	0.952	0.954	0.942	0.683 *	0.952
		47	标准	1.000	1.000	1.000	1.000 *	1.000
		47<hcbl≤66	较高	1.207	1.196	1.253	4.267 *	1.207
		hcbl>66	高	1.922	1.861	2.187		1.922
	交叉口路段	19<hcbl≤42	很低	0.137 *				
		42<hcbl<47	较低	0.740 *				
		47	标准	1.000 *				
		47<hcbl≤66	较高	3.140 *				
		hcbl>66	高					

续上表

指标	路段类型	特征值	特征描述	事故概率系数				
				全部事故	追尾事故	碰撞事故	路侧事故	行人事故
平曲线弯曲程度	普通路段	≤1	基本直线段	1.000 *	1.000 *	1.000 *	1.000 *	
		1<h≤2.5	较小弯曲度,加权平均半径大于400m	1.076 *	1.039 *	1.079 *	1.088 *	
		2.5<h≤5	较大弯曲度,加权平均半径在200～400m之间。	1.210 *	1.104 *	1.220 *	1.247 *	
		>5	大弯曲度,加权平均半径小于200m	1.553 *	1.255 *	1.583 *	1.667 *	
超高	普通路段	<0.01	满足	1 **				
		0.01≤SD<0.02	有不足	1+6(SD−0.01) **				
		≥0.02	较大不足	1+3(SD−0.02) **				

风险评估指标对应的事故严重度系数 表3-14

指标	路段类型	特征值	特征描述	事故严重度系数				
				全部事故	追尾事故	碰撞事故	路侧事故	行人事故
运行车速	全部路段	1	≤40km/h		0.11 ***	0.11 ***	0.11 ***	0.19 ***
		2	50km/h		0.17 ***	0.17 ***	0.17 ***	0.35 ***
		3	60km/h		0.25 ***	0.25 ***	0.25 ***	0.58 ***
		4	70km/h		0.34 ***	0.34 ***	0.34 ***	0.82 ***
		5	80km/h		0.44 ***	0.44 ***	0.44 ***	1 ***
		6	90km/h		0.56 ***	0.56 ***	0.56 ***	1 ***
		7	100km/h		0.69 ***	0.69 ***	0.69 ***	1 ***
		8	110km/h		0.84 ***	0.84 ***	0.84 ***	1 ***
		9	120km/h		1 ***	1 ***	1 ***	1 ***
路侧危险度	普通路段	0	平坦路侧,路侧净区大于10m				1 ***	
		1	距离路侧危险物5～10m				3.8 ***	
		2	距离路侧危险物小于5m,或深边沟、陡崖				5 ***	
		3	有效的防护栏				1.75 ***	

7. 风险分级标准

与事故资料的风险等级划分标准类似,基于道路交通设施特征的风险评估分级标准也可采用统计分析方法,并根据管理需求制定,示例见表3-15。

基于道路交通设施特征的风险评估等级划分方法示例　　表 3-15

风险等级	相应比例	风险等级	相应比例
低	低风险路段占所有路段的 30%	较高	较高风险路段占所有路段的 20%
较低	较低风险路段占所有路段的 20%	高	高风险路段占所有路段的 10%
中	中等风险路段占所有路段的 20%		

三、公路网交通安全风险评估软件系统

为了使公路网交通安全风险评估技术的应用标准化和规范化，建议开发公路网交通安全风险评估软件系统。该软件应具备的功能有：宏观展现同一时期不同区域路网交通安全风险水平差异；微观展现不同路段的交通安全风险水平差异；跟踪对比分析同一路网不同时期的交通安全风险时空分布特征；直观展现路网交通安全风险的时空演化规律以及不同管理策略对路网交通安全风险演化过程的影响。

公路网交通安全风险评估系统软件截图如图 3-10 所示。软件生成的路网风险评估地图示例如图 3-11 所示。

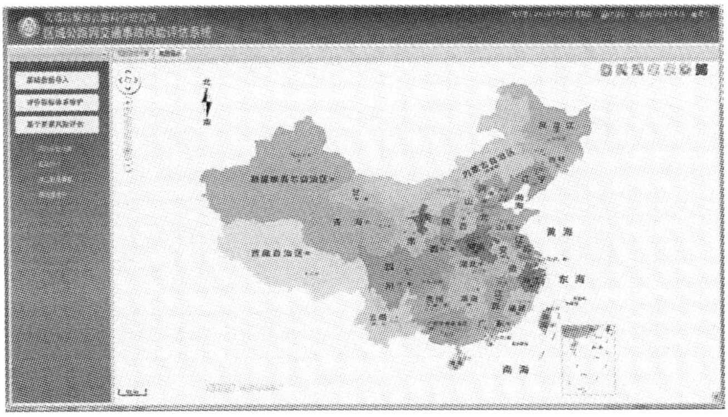

图 3-10　公路网交通安全风险评估系统软件截图

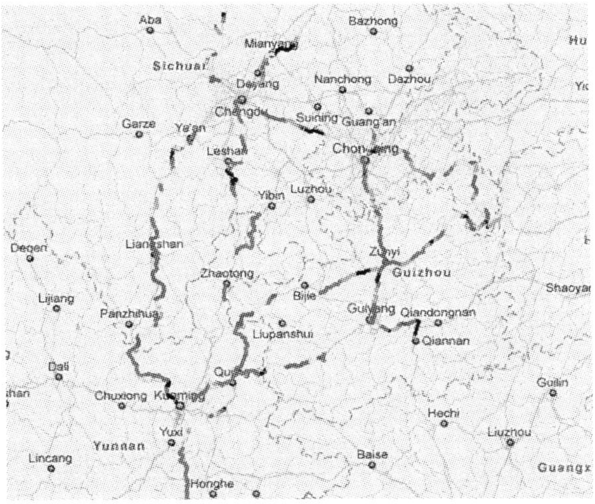

图 3-11　软件生成的路网风险评估地图示例

第三节　山区公路养护施工区交通安全评估技术

为保证我国山区公路养护路段处于良好状态，必须完善养护路段交通安全政策与机制，强化养护路段交通安全监督与管理工作，全面提高养护路段交通事故分析与防控水平，有效地开展养护路段交通安全管理工作。建立完善的山区公路养护路段交通安全综合评价体系对于我国山区公路养护施工期间的安全保障具有重要意义。

以山区公路养护路段交通安全影响因素分析为基础，从道路环境、交通流、养护作业区交通标志和设施布设、交通管理及施工管理等方面，建立养护路段交通安全评价指标体系，运用模糊综合评判和层次分析法对养护路段安全水平进行综合评判。

一、养护施工区交通安全评价指标选取原则

1. 科学性

科学性原则是建立评价指标体系的基本原则，只有建立科学的评价体系才能客观反映实际，对实践才具有指导作用。评价体系中涉及的概念应严密准确，不能含糊其辞；含义应确切，不能有多种解释；计算范围应明确，不能各有所取。

2. 系统性

养护路段交通安全是涉及多因素的复杂系统，系统内部因素与外部环境因素相互联系，因此建立养护路段交通安全评价体系时，应考虑各种因素的相关性、整体性和目标性。

3. 综合性

单指标只能从某一侧面反映评价对象的性能，不能反映系统的整体性能，而一个评价体系则应能够全面反映评价对象的特性，否则就可能使评价失效，给决策带来失误。养护路段交通安全综合评价体系应能全面、客观地反映养护路段交通安全状况和管理水平。

4. 可靠性

评价体系的科学性原则要求评价指标必须可靠，才能起到实际作用，才能构成评价体系的基础。如果指标本身不可靠，那么评价标准就失去了意义。可靠的指标应能准确地表达出道路交通安全管理的发展战略和系统思想。

5. 定量指标与定性指标相结合原则

在对养护路段交通安全管理水平进行综合评价时，既要考虑影响评价的定性因素，又要考虑定量因素。其中，道路交通安全状况和趋势可通过道路交通事故的各项指标结合相关因素做定量分析，有利于做到准确、科学、合理的评价。道路交通安全政策与机制、道路交通安全监督与管理、道路交通事故的分析与防控等方面的评价内容难以量化，则采用定性指标，以确保评价体系的完整性。

6. 可操作性

评价指标应简单明确，使用方便，便于统计和量化计算。评价指标的测定必须有良好的可操作性，才能保证评价指标数值能够准确、快速获取，从而保证评价工作的正常进行。指标的

数量应以说明问题为准，同时保证指标的公正性。

7. 可比性

客观评价同一地区不同时期和同一时期不同地区的道路交通安全状况和管理水平要求评价指标具有可比性。因此定量指标在统计上要有通用性，以方便比较；定性指标中涉及多项内容的，其中能够量化的内容应尽可能量化。

二、养护施工区交通安全评价指标体系设计

养护路段作为道路系统的一部分，同样受到人、车、路、环境的影响，突出特点在于道路条件变化比较大。道路环境的变化，会使车流产生波动，使驾驶员产生在养护路段行车的不安全感。因此，养护路段交通安全的评价应该能够反映养护路段的交通特点和安全特性，与道路系统整体适应和协调，提升养护路段行车的安全性。根据养护路段的交通特性和设施功能定位，用层次结构的方法表示其评价特性，层次结构如图 3-12 所示。

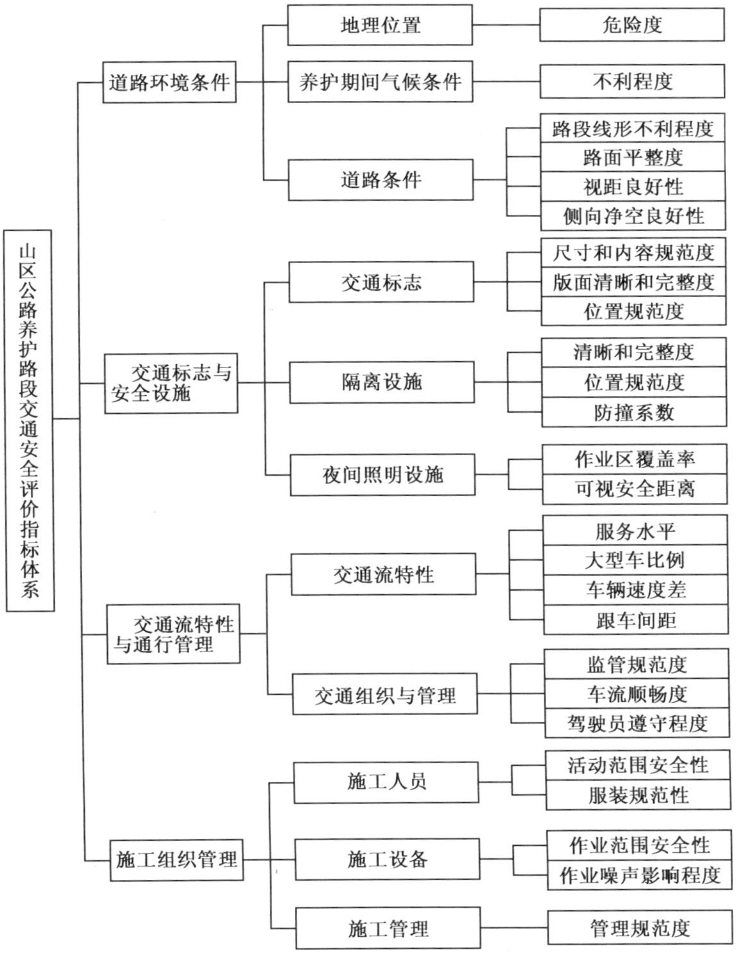

图 3-12　山区公路养护路段交通安全评价指标体系图

三、评价指标处理方法

1. 定性指标评价值的量化处理

对于定性指标的量化处理，传统的计算方法是用一个确切的打分数值表示专家的判断，如果问题比较复杂、敏感、信息不全，或者专家对问题的了解不够全面、确切，在这种情况下，人的判断具有多种可能性，无法找出一个确切的数值。但如果让专家给出一个判断的范围，却是比较客观的选择。通过简单的处理专家所提供的取值范围就可以转化为评判矩阵，以备进行评价计算使用。

2. 评价指标的无量纲化处理

一般来说，定量指标各自的单位及量级(计量指标的数量级)可能会有所不同，这给指标间的横向比较带来了不便。因此，为了排除由于各项指标的单位不同以及其数值数量级间的悬殊差别所带来的影响，避免不合理现象的发生，需要对评价指标作无量纲化处理，即通过数学变换来消除原始指标单位的影响。从本质上讲，指标无量纲化过程也就是求解隶属函数的过程，各种无量纲化公式，也就是指标的隶属函数。

3. 基于综合集成赋权法的评价指标的权重计算方法

指标体系中各评价指标对道路交通系统安全的贡献大小和重要程度不同。对评价指标间的这种差异，可以通过赋予不同权重值的方法表示。概括地说，权重系数的确定方法可以分为三类：基于功能驱动的赋权法、基于差异驱动的赋权法、综合集成赋权法。

四、评价指标分析

1. 道路环境条件

1)地理位置危险度

地理位置危险度是指若交通事故发生时，由于地形或地理原因可能造成的事故严重程度。山岭地区，山高谷深、坡陡流急、地形复杂，但山脉水系清晰，山区公路线形经常是顺山沿水，或横越山岭。河谷地质情况复杂，常有滑坍、泥石流等病害存在，寒冷地区的峡谷因日照少，常有积雪和涎流冰等现象。山区河流，平时流量不大，但遇到暴雨，山洪暴发，洪流常夹带泥沙、砾石、树木等急速下泄，冲刷河岸，毁坏桥涵路面，危害甚大。部分山区公路，一侧是陡峭山崖，另一侧是悬崖深渊，给驾驶员带来较大的心理压力，一旦发生交通事故，多为车毁人亡的严重交通事故。桥隧比例高是山区公路的一大特点，隧道内光线不足，进出口是驾驶员明暗适应位置，也是事故发生率较高位置。地理位置安全水平等级划分见表3-16。

地理位置安全水平等级 表3-16

养护路段	平缓路段	高路堤路段	桥梁、隧道	傍山、沿河	傍山、沿崖
安全程度	安全	较安全	不安全	危险	非常危险
安全水平	9～10	7～8	5～6	3～4	<2

2)养护期间气候条件不利程度

养护期间气候条件不利程度主要是考虑不同季节的山区气候条件，以及由此产生的不利行车环境，如雨天路面湿滑，雾天能见度不足等。

与城市和平原公路相比较，山区公路的自然环境有其难以克服的缺陷性。因山峰和林木的遮挡，山区公路的平均日照时间远远低于城市和平原道路，部分山区公路一天中仅能在中午或其前后一两个小时内照到太阳，这就使得这些公路路面在雨后潮湿的时间较长，尤其是冰雪天后路面残留冰雪的时间较长，降低了路面的附着系数。另一方面，因早晚照不到太阳，故早晚时间自然光线亮度不够。雾天多而且雾浓是山区天气的一大特点。雾不仅使能见度降低，而且浸润路面，使路面潮湿，路面附着系数降低。气候条件安全水平等级划分见表 3-17。

气候条件安全水平等级　　表 3-17

气候条件	晴天/多云	阴天/雨	雪	雾
安全程度	安全	较安全	不安全	危险
安全水平	8～10	6～7	4～5	<3

3)路段线形不利程度

山区公路很少有长直线路段，经常出现急弯和多种平面线形组合的连续转弯路段，其中 S 形、C 形、复合型曲线最为常见，特殊路段会有 U 形回头曲线。当汽车以某一较大初速度驶入弯道时，弯道的曲线半径、路面横坡及附着系数难以保证汽车沿曲线行驶而不侧滑。小半径曲线的转角往往较大，对驾驶员的视距构成严重影响，削弱了驾驶员对突发信息的处理能力。

一般情况下，随着坡度的增加，事故率也在增加。纵坡在 1%～2%之间时，上下坡的事故率基本相同；纵坡在 2%～3%时，下坡事故率开始大于上坡事故率；当纵坡在 3%～4%时，事故率增加迅速，而且下坡路段事故率显著大于上坡路段。依据弯道半径和道路坡度及平纵线形结合条件，养护路段道路线形安全水平等级划分见表 3-18。

道路线形安全水平等级　　表 3-18

养护路段	一般弯/一般坡/平直路	一般弯坡	陡坡/急弯	一般坡急弯/一般弯陡坡	急弯陡坡
安全程度	安全	较安全	不安全	危险	非常危险
安全水平	9～10	7～8	5～6	3～4	<2

4)路面平整度

山区公路等级普遍较低，路面类型以水泥路面为主，部分路面破损严重，路面平整度差，车辆行驶颠簸、跳车，迫使车辆行驶缓慢，造成交通拥堵。坑洼不平的路段会使车辆颠簸，驾驶员产生不舒适感。不平整路段开始处的事故多是由于前面行驶的车辆速度突然降低，跟在其后的车辆来不及调整而与其相撞造成的。根据前期调查可知，一般砂石路面，路面平坦，行车速度为 30～40km/h，较为安全。水泥或沥青路面，路面平坦，行车速度为 50～60km/h，行车速度较高。对于修补路面养护路段，路面平整度引起的安全问题比较突出。路面平整度安全水平等级划分见表 3-19。

路面平整度安全水平等级　　表 3-19

路面平整度	水泥/沥青平坦路面	砂石路面	泥土路面	破损坑洼路面
安全程度	安全	较安全	不安全	危险
安全水平	8～10	6～7	4～5	<3

5)视距良好性

为了保证行车安全,驾驶员需要随时都看到公路前方的一定距离,以便发现障碍物或车辆而采取停车、避让、错车或超车等措施,为完成这些操作过程所必需的、最短时间内的汽车行驶路程称行车视距。山区公路弯道较多,山体或树木对道路视距影响较大,视距不良带来的安全隐患较大。

养护路段控制区安全隔离设施应保证停车视距要求,即驾驶员看见养护施工作业段的隔离设施(如隔离墩、锥形路标)到制动停车所需的最小距离,山岭重丘区三级公路停车视距为30m,四级公路为20m。当养护施工路段处于小半径弯道上,且山体或树丛遮挡转弯视线时,必须保证停车视距要求。视距条件安全水平等级划分见表3-20。

视距条件安全水平等级 表3-20

视距条件	不满足视距要求	刚好满足视距要求	满足视距要求
安全程度	不安全	较安全	安全
安全水平	<4	5~7	8~10

6)侧向净空良好性

山区公路多为两车道公路,车道宽度3.5~3.75m,土路肩宽度一般为0.5m,部分路段甚至无路肩,单车道施工封闭,另一车道交替通行,在交通管制下可保证安全、顺利通行。部分车道封闭时,车辆行驶的车道宽度和侧向净空会缩减,使驾驶员感到不安全。当道路两侧边沟清理或护栏养护时,有时不需要完全封闭一个车道,通行宽度大于4.5m,有些车辆会试图利用富余的宽度超车或会车,反而会增加事故。侧向净空安全水平等级划分见表3-21。

侧向净空安全水平等级 表3-21

通行车道宽度	3.5~3.75	3.25~3.5	3~3.25或3.75~4.5	<3或>4.5
安全程度	安全	较安全	不安全	危险
安全水平	8~10	6~7	4~5	<3

2.交通标志与安全设施

1)交通标志尺寸和内容规范度

山区公路自制简易交通标志比较常见,标志的大小、颜色和内容都不符合规范要求。对标志的规范性需要加强监管,应严格按照规范制作交通标志,大小、内容、颜色符合规范规定,确保信息的准确性。交通标志尺寸和内容规范度划分见表3-22。

交通标志尺寸和内容规范度 表3-22

标志尺寸和内容	完全不符合规范	部分符合规范	符合规范
规范程度	不规范	较规范	很规范
安全水平	<4	5~7	8~10

2)交通标志版面清晰和完整度

规范的交通标志,经过长期使用,日晒雨淋,也会出现生锈、颜色脱落、破损等现象,严重影响可视效果。因此,需要对版面的清晰度和完整度进行审核,保证标志内容的高效识别性。交通标志版面清晰和完整度见表 3-23。

交通标志版面清晰和完整度　　表 3-23

清晰和完整度	破损严重	不清晰或不完整	清晰且完整
版面可视效果	非常差	差	良好
安全水平	＜4	5～7	8～10

3)交通标志位置规范度

按照《公路养护安全作业规程》(JTG H30—2004)要求，警告区内依次设置前方施工××米标志、限速标志、变道提示标志，标志的安装高度和位置应保证驾驶员能够有效接受标志信息。不同道路等级下，设置位置有具体要求，需对照规范依次审核。

山区公路中连续转弯、视距不良的养护路段，警告标志需要根据弯道数目、弯道长度和养护路段位置进行适当调整，保证在最小警告区长度的条件下，确保养护路段前两个转弯或视距不良位置都有前方施工警告标志。交通标志位置规范度见表 3-24。

交通标志位置规范度　　表 3-24

设置位置	完全不符合规范	部分符合规范	符合规范
规范程度	不规范	较规范	很规范
安全水平	＜4	5～7	8～10

4)隔离设施清晰和完整度

隔离设施包括锥形路标、隔离墩、安全带和路栏等，经过长期使用同样会出现颜色脱落、破损等现象，导致夜间反光效果差，存在很大的安全隐患。隔离设施清晰和完整度见表 3-25。

隔离设施清晰和完整度　　表 3-25

清晰和完整度	破损严重	不清晰或不完整	清晰且完整
版面可视效果	非常差	差	良好
安全水平	＜4	5～7	8～10

5)隔离设施位置规范度

《公路养护安全作业规程》(JTG H30—2004)规定，在工作区的前端要设置护栏，护栏上要安装施工警告灯，必须用锥形交通路标按照各区段规定长度将上游过渡区到终止区围起来。隔离设施位置规范度见表 3-26。

隔离设施位置规范度　　表 3-26

设置位置	完全不符合规范	部分符合规范	符合规范
规范程度	不规范	较规范	很规范
安全水平	＜4	5～7	8～10

6)隔离设施防撞性能

施工区目前大多在使用路栏和移动式标志车等防护设施，而这些设施更多地起到警示的作用，其防护作用比较小；一旦驾驶员由于疏忽而冲入施工区，不能从根本上保证施工人员和驾乘人员的安全。养护路段安全护栏属于临时性隔离防护设施，既要考虑护栏的安装方便性，又要能吸收冲击能量，降低撞击对驾驶人员的伤害。根据实际中使用护栏的等级进行打分，将隔离护栏等级分为四级，一级防撞性能最高，四级防撞性能最低。隔离设施防撞性能等级见表3-27。

隔离设施防撞性能等级 表3-27

防撞性能	一级	二级	三级	四级
安全程度	安全	较安全	不安全	危险
安全水平	8～10	6～7	4～5	<3

7）照明设施作业区覆盖率

当在夜间进行施工时，应设置照明设施，照明必须满足作业要求，并覆盖整个工作区域。应保证驾驶员可以清晰地看到作业区始端和隔离设施，不致闯入施工区。照明设施作业区覆盖率见表3-28。

照明设施作业区覆盖率 表3-28

覆盖率	<50%	50%～70%	>70%
安全等级	不安全	较安全	安全
安全水平	< 4	5～7	8～10

8）照明设施可视安全距离

保证驾驶员在安全停车视距范围外可以看到照明设施。视距要求根据不同道路等级确定。照明设施可视安全距离见表3-29。

照明设施可视安全距离 表3-29

安全距离	不满足视距要求	刚好满足视距要求	满足视距要求
安全等级	不安全	较安全	安全
安全水平	< 4	5～7	8～10

3. 交通流特性与通行管理

1）服务水平

道路建成之后其固定车道的通行能力是固定的，施工路段选择了某种交通组织方案，与其相应的施工路段通行能力便是相对固定的。施工路段车流量和施工路段饱和度为线性关系，车流量较大时，养护路段排队长度增加，延误增加，道路服务水平降低，易引起交通混乱，引发交通事故。道路服务水平等级见表3-30。

道路服务水平等级 表3-30

服务水平	$v/c \leq 0.6$	$0.6 < v/c \leq 0.8$	$0.8 < v/c \leq 1$	$1 < v/c$
整体评价	自由流	稳定流	不稳定流	强制性车流
安全水平	8～10	6～7	4～5	<3

2）大型车比例

大型车包括大型客车和大型货车。由于养护期间车道封闭，道路变窄，对大型车辆的通行影响相对较大；大型车行驶速度较低，与小型车间速度差较大，也会对小型车视线造成遮挡。

事故调研中发现，小型车在跟随大型车前行时，小型车驾驶员易出现急躁状况，缺乏耐心，违规超车，导致交通事故发生。

相关研究表明，适当比例（小于10%时）的大型车会促使小型车驾驶员集中注意力，控制行车速度，对预防交通事故的发生具有一定作用。随着大型车比例的上升，路段通行效率逐渐下降，小型车时间延误增加，小型车驾驶员会产生急躁心理。当大型车比例大于40%时，小型车速度对大型车影响的敏感性增加，速度差逐渐增大。大型车比例安全等级见表3-31。

大型车比例安全等级 表3-31

大型车比例 P	$P\leqslant10\%$	$10\%<P\leqslant20\%$	$20\%<P\leqslant40\%$	$P>40\%$
安全等级	安全	较安全	不安全	危险
安全水平	9～10	8～7	6～4	<3

3）车辆速度差

研究表明，事故数与速度的关系不显著，主要和速度的离散性相关。速度离散性大，频繁发生车辆的超车和被超车，容易发生事故。即路上行驶的车辆，不仅仅是比一般车辆速度快的那些车容易发生交通事故，那些比一般车辆速度慢的车辆也很容易发生交通事故。车辆速度差安全等级以高峰小时车辆速度观测值为基础，计算样本值的标准差，依据标准差进行判断，见表3-32。

车辆速度差安全等级 表3-32

速度标准差 S_v	$\lvert S_v\rvert\leqslant5$	$5<\lvert S_v\rvert\leqslant10$	$10<\lvert S_v\rvert\leqslant20$	$\lvert S_v\rvert>20$
安全等级	安全	较安全	不安全	危险
安全水平	9～10	8～7	6～4	<3

4）跟车间距

在一定交通量的道路上，评价一定安全状况下前后车辆的事故风险性时，需综合考虑前后车辆的距离和速度差，故引入等效跟驰距离（FDE）。其基本假定是当前后两车在道路上处于跟驰行驶状态时，前车遇到紧急状况制动时，跟在后面的车辆会发现前车制动，也立即制动，描述了前后车辆事故风险。

$$\mathrm{FDE}=0.278(v_{\mathrm{L}}\times h-v_{\mathrm{F}}\times t)+\frac{v_{\mathrm{L}}^{2}-v_{\mathrm{F}}^{2}}{254(f\pm g)}-L \tag{3-18}$$

式中：v_{L}——前车车速，km/h；

v_{F}——后车车速，km/h；

h——车头时距，s；

t——后车驾驶员的反应时间，s；

f——路面摩擦系数；

g——道路纵坡；

L——前车车长，m。

FDE>0，表示两车之间保持着安全行车状况；FDE<0，表明存在潜在事故风险。

评价某一养护路段的行车安全性，其计算过程如下：

(1)计算单组车辆的FDE。

(2)计算某一时刻施工路段潜在事故风险总值。应用第一步的计算结果，将FDE>0时的值略去不计，并将FDE<0的所有值进行求和，即将潜在事故风险提炼出来。

(3)计算平均每车潜在事故风险值。施工路段上的潜在事故风险总值并不能代表施工路段的道路安全程度，因为潜在事故风险总值随着路段车辆绝对数的增大而增大，路段潜在事故风险总值除以该路段的车辆数得到的平均每车潜在事故风险值FX代表这一路段的行车安全性。FX越小，表示道路的安全状况越差。

$$\mathrm{FX}=\frac{\sum(\mathrm{FDE}\mid \mathrm{FDE}<0)}{N} \tag{3-19}$$

式中：N——车辆数。

跟车间距等级划分见表3-33。

跟车间距等级 表3-33

跟车间距FX	FX≥−1	−1≥FX>−3	−3≥FX>−5	FX<−5
安全等级	安全	较安全	不安全	危险
安全水平	9～10	8～7	6～4	<3

5)监管规范度

路政部门和公安交通管理部门对养护路段交通标志、安全设施及施工范围的监管力度，可通过路政部门和公安交通管理部门的巡逻次数间接反映，其中警车对驾驶员的警示作用特别明显。管理规范度等级划分见表3-34。

管理规范度 表3-34

巡逻次数	每天1～2次	2～3d一次	4～7d一次	超过7d一次
安全等级	安全	较安全	不安全	危险
安全水平	9～10	8～7	6～4	<3

6)车流顺畅度

车流顺畅度是指车辆以车队形式通过养护维修作业控制区时的畅通水平，核查是否存在因安全设施设置不当或交通组织不合理而引起的车流滞留，通过排队车辆数量来表征。车流顺畅度评价见表3-35。

车流顺畅度评价 表3-35

排队车辆数n	0	$0<n\leqslant5$	$5<n\leqslant10$	$n>10$
车流顺畅度	顺畅	较顺畅	滞留	拥堵
安全水平	9～10	8～7	6～4	<3

7)驾驶员遵守程度

由于驾驶员的违规变道、违规超车、超速行驶等引发的交通事故占到很大比例，因此驾驶员在养护路段遵守规则对于行车安全至关重要。通过判别以上违规驾驶车辆比例来判别安全水平，见表3-36。

驾驶员违章比例　表 3-36

违章比例 m	无违章	$0<m\leqslant10\%$	$10\%<m\leqslant20\%$	$m>20\%$
安全程度	安全	较安全	不安全	危险
安全水平	9～10	8～7	6～4	<3

4.施工组织管理

1)施工人员活动范围安全性

施工人员随意横穿马路很容易引起车辆躲闪不及而引发事故，施工人员必须在施工作业区隔离范围内活动，不得随意穿行。施工人员活动范围安全性通过观察施工人员随意活动频率来衡量，见表 3-37。

施工人员活动范围安全性　表 3-37

随意活动频率	无	偶尔	一般	经常
活动范围	安全	较安全	不安全	危险
安全水平	9～10	8～7	6～4	<3

2)施工人员服装规范性

施工人员应严格按照规定穿戴安全标志服、标志帽。统一的施工服装可以增加作业区施工人员的醒目性，提高驾驶员的警觉性，同时也便于施工人员管理。施工人员服装规范性评价见表 3-38。

施工人员服装规范性　表 3-38

服装统一性和醒目性	统一且醒目	统一但不醒目	部 分 统 一	无统一服装
安全等级	安全	较安全	不安全	危险
安全水平	9～10	8～7	6～4	<3

3)施工设备作业范围安全性

施工设备的影响包括施工车辆进出作业区对正常通行车辆的影响，工程车辆的作业范围对行车环境的影响。养护设备、施工材料、废料必须在作业控制区范围内安置堆放，严禁施工废料占通行车道。施工设备作业范围安全性评价见表 3-39。

施工设备作业范围安全性　表 3-39

作业范围	无 影 响	略有影响	影响较大	影响很大
安全等级	安全	较安全	不安全	危险
安全水平	9～10	8～7	6～4	<3

4)作业噪声影响程度

在施工中要大量使用各种动力机械，要进行挖掘、打洞、搅拌，要频繁地运输材料和构件，从而产生大量噪声。施工噪声具有突发性、冲击性、不连续性等特点，容易引起驾驶员烦躁。有人曾对在噪声达 95dB 的环境中工作的 202 人进行过调查，头晕的占 39％，心慌的占 27％，记忆力衰退的占 27％，心烦的占 22％，高血压的占 12％。

著名声学家马大猷教授总结提出，为了保护人们的听力和身体健康，噪声的允许值在

75～90dB；保障交谈和通信联络，环境噪声的允许值在45～60dB；对于睡眠时间，建议环境噪声在35～50dB。因此，养护路段作业噪声不宜超过90dB，保持在60dB左右为最佳。作业噪声影响程度评价见表3-40。

作业噪声影响程度 表3-40

作业噪声 Z(dB)	$Z \leqslant 60$	$60 < Z \leqslant 75$	$75 < Z \leqslant 90$	$Z > 90$
人体舒适感	舒适	较舒适	有不适感	不适感显著
安全水平	9～10	8～7	6～4	<3

5)施工管理规范度

施工管理规范度是指施工监管人员对施工人员、施工设备、施工车辆、施工材料等的监管力度，即尽量降低施工现场对通行车辆带来的安全隐患。施工管理规范度评价见表3-41。

施工管理规范度 表3-41

管理规范程度	监管严格	比较严格	比较松散	无监管
安全等级	安全	较安全	不安全	危险
安全水平	9～10	8～7	6～4	<3

五、山区公路养护路段交通安全评价方法

评价指标体系中指标众多，数据获取存在一定的难度，且定性指标和定量指标交叉。综合对比各类评价方法，认为模糊层次综合评价方法适合用于本指标体系评价。在养护路段交通安全水平的评价中，层次分析法的主要目的是确定评价指标的权重，从而确定各种因素对安全水平的影响程度，为改善安全水平提供依据，并为运用模糊评价法进行安全水平分析打下基础。

采用系统层次分析法时，首先把评价体系层次化；然后将每一层次的各个要素相对于上一层次某因素进行两两比较判断，得到其相对重要程度的比较标度，建立判断矩阵，利用数学方法确定该层次全部要素的相对重要性权重；接着求出各层次要素关于系统整体目标的组合权重，最终计算出最底层各个要素相对于最高层(系统总目标)的权重。

通过目标或评价项目的系统分析，利用层次分析法，通过审核打分，建立判断矩阵，确定各层次要素的相对重要性排序，构造多层次模糊综合评价数学模型，并逐级进行评价。

(1)设因素集合 $U=(u_1,u_2,u_3,\cdots,u_m)$ 是一个由评价指标组成的指标集，u_i $(i=1,2,\cdots,m)$ 表示从评价指标体系选定的一级主观评价指标。

(2)设评语集合 $W=(w_1,w_2,\cdots,w_n)$ 是一个评语集，w_j $(j=1,2,\cdots,n)$ 表示从高到低的各级评语。将安全级别分为安全、较安全、不安全、危险、非常危险五个级别，对应分值标准为10、8、6、4、2。

(3)从 U 到 W 的模糊关系，用模糊评价矩阵 R 来描述：

$$R=\begin{bmatrix} r_{11} & r_{12} & \cdots & r_{1n} \\ r_{21} & r_{22} & \cdots & r_{2n} \\ \vdots & \vdots & \cdots & \vdots \\ r_{m1} & r_{m2} & \cdots & r_{mn} \end{bmatrix}$$

其中，$r_{ij}(i=1,2,\cdots,m;j=1,2,\cdots,n)$ 表示第 i 个评价指标对第 j 级评语的隶属度。指标隶属函数构造采用降半梯形法，即设 w_j 和 w_{j+1}，显然 $w_j > w_{j+1}$。设某一评价指标的评价得分为 x，则因素对 w_j 的隶属函数为：

$$r(x)=\begin{cases}0 & (x>w_j \text{ 或 } x<w_{j+1})\\ \dfrac{x-w_{j+1}}{w_j-w_{j+1}} & (w_j \geqslant x \geqslant w_{j+1})\end{cases}$$

对 w_{j+1} 的隶属函数为：

$$r(x)=\begin{cases}0 & (x>w_j \text{ 或 } x<w_{j+1})\\ \dfrac{w_j-x}{w_j-w_{j+1}} & (w_j \geqslant x \geqslant w_{j+1})\end{cases}$$

(4)设 $A=(a_1,a_2,\cdots,a_m)$ 是一个权重集，$a_i \geqslant 0(i=1,2,\cdots,m)$，$\sum_{i=1}^{m} a_i = 1$，权重用来反映各评价因素对评价对象的影响程度的大小。评价指标权重系数的确定直接影响到综合评价的结果。对于带有定性指标的指标体系的赋权方法，目前较为有效的是经验评定法和层次分析法。

(5)利用模糊矩阵的复合运算，得到综合评价模型 P。

$$P = A \cdot R = (P_1, P_2, \cdots, P_n) \tag{3-20}$$

(6)设 $B=(b_1,b_2,\cdots,b_n)^T$ 是一个评价分数集，它是一个列向量。

(7)利用向量乘积，算出最终评价结果 S。S 是一个代数值，$S=P \cdot B$。

六、评价流程与评价结果

在评价指标体系和各评价指标分析基础之上，采用选取的评价方法对养护路段安全水平进行评定。具体评价流程如图 3-13 所示。

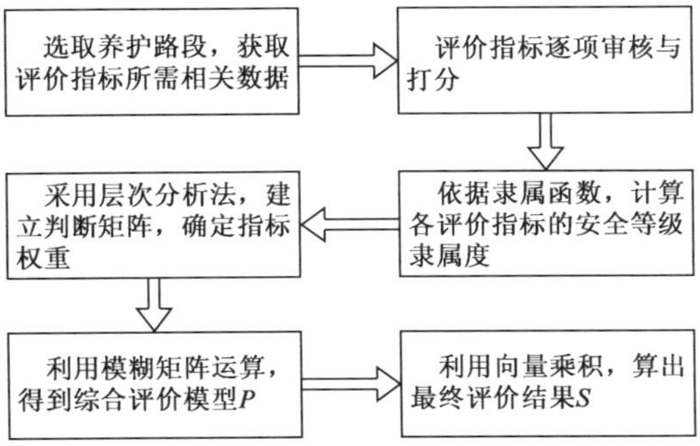

图 3-13　养护施工风险评估流程图

从道路环境条件、交通标志与安全设施、交通流特性与通行管理、施工组织管理四大方面入手，分别选取合理指标进行定量或定性评价，得出养护路段的综合安全水平，同时可分别得出以上四个方面的安全级别，然后可采取针对性措施进行完善，提高养护路段安全水平。

第四章　山区公路网交通安全保障措施与对策库

我国山区公路里程长、公路环境复杂多变，各种安全隐患路段的整治方法、安全保障措施不尽相同。本章通过收集吸收多方面的研究成果，对适用于山区公路网的交通安全保障措施进行整理与汇总，阐述不同类型安全保障措施的原则、使用方法、适用条件等，为我国山区公路交通安全保障提供参考与借鉴。

本章首先介绍了标志设置相关措施，分别介绍了标志总体设计原则、危险点段安全分析与标志设置对策；其次从工程、管理与智能技术三个方面分别介绍了山区公路车速管理相关的措施；然后介绍了农村公路安全保障措施，针对农村公路的特点，分别介绍了农村公路重点处置路段、护栏设计、交通标志和标线、诱导设施、公路用凸面反光镜、限速设施、简易挡墙和农村公路综合处置措施；之后介绍了山区公路养护作业控制区安全保障措施，主要包括山区公路养护作业控制区安全设施和安全保障对策；最后，对山区公路网交通安全保障措施进行集成，总结山区公路网典型安全隐患路段类型，建立了各种类型隐患路段的对策库，并对各种对策措施的成本与寿命进行了分析。

第一节　标志设置的相关措施

一、总体设计原则

1. 驾驶员需求

交通标志是显示交通法规及道路信息的图形符号，它使交通法规得到形象、具体、简明的表达，其具体作用是向道路使用者提供交通信息，指挥控制交通，保障交通安全，指路导向，提高行车效率，是交通管理部门正确执法的依据。

由于山区公路多为低等级公路，线形指标低，如果生搬硬套以往设计规范的相关规定——遇到危险路段就设置，必然会造成交通标志的冗余，不仅降低了交通标志的效果，而且大大提高了工程造价。公路交通标志、标线的设置应进行整体布置，按照线形指标分段综合考虑，充分考虑满足交通组织设计要求，结合道路路线走向、线形条件等具体情况，遵循系统化原则、一致性原则和预先性原则，从实际出发，以路段为对象进行交通标志、标线与视线诱导设施的设计。

2. 设计原则

1）系统化原则

（1）公路交通标志的设置应从系统的角度进行考虑，应注重整个指引系统的均匀和平衡。

既要避免交通标志过于集中、信息过载，又要避免信息不足，应遵循《道路交通标志和标线》(GB 5768—2009)的要求选取信息。

为取得驾驶员认读指路标志和指示的主观感受性评价，项目通过向出租汽车公司、货运公司、随机采访的旅游者等发放问卷的形式开展调查。共收回有效问卷 1 012 份，调查结果见表 4-1、图 4-1。45%和 33%的驾驶员认为易懂性和易见性是交通标志最重要的特性，其次是易读性和易记性，分别占 15%和 7%。从整体看，标志内容的易懂性和易见性是驾驶员更为关心的特性。

指路和指示标志调查结果表 表 4-1

易 见 性	易 读 性	易 懂 性	易 记 性
336	154	452	70

交通标志的信息数量与认读时间存在着直接关系，如图 4-2 所示。根据图中曲线变化趋势可知，当路名个数超过 6 个时，认读时间会有明显变化。

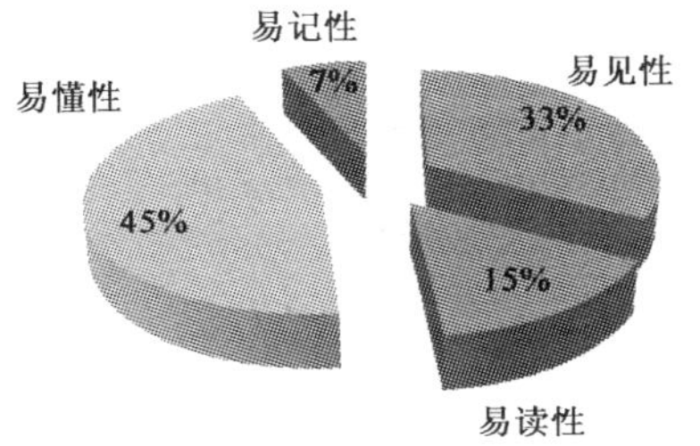

图 4-1 指路和指示交通标志的调查结果

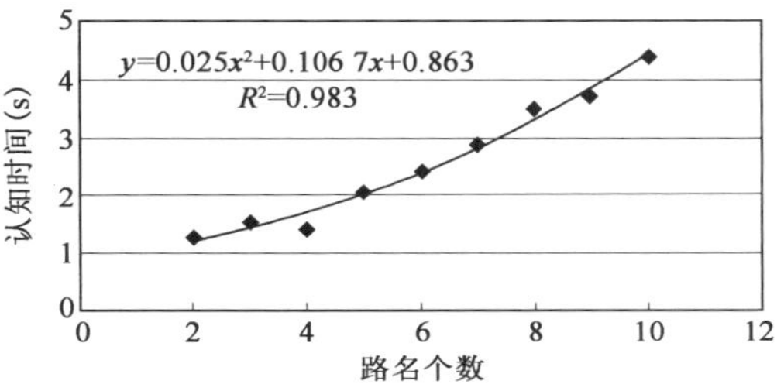

图 4-2 指路标志路名个数与认知时间关系曲线

基于此，根据我国《道路交通标志和标线》(GB 5768—2009)的要求，指路标志中箭头所指向的目的地信息数量不宜超过 6 个，每个方向上所指示的目的地信息数量不应超过 2 个。

因此，根据国标要求，公路上的交通标志信息量应适中，不应过载，保证驾驶员的认知效果。信息过载的交通标志示例如图 4-3 所示。

(2)因本地人对路网情况和路况非常熟悉，因此其看标志的概率很小。交通标志的服务对象应为对路网不熟悉的道路使用者。同时，随着公路网的日趋完善，交通标志的设计应以路网为考虑对象，通过统筹规划提出统一的设置标准，再根据各路段的实际情况，提出有针对性的设计方案，从而实现对公路使用者科学、有效的指引与诱导。

图 4-3 信息过载的交通标志示例

2)一致性原则

(1)交通标志和交通标线的内容应对应、一致，不应产生矛盾。

交通标志与交通标线同是交通管理措施中的重要手段，针对公路点、段的警告与指引往往需要配合使用交通标志、标线，特别是警告、禁令标志均有相对应的交通标线，如减速让行标志和减速让行标线、停车让行标志和停车让行标线等。这些交通标志、标线在设置中如果产生矛盾，肯定会误导驾驶者的正确操作。

（2）指路标志系统的信息应对应并前后一致，避免指路信息的中断或前后矛盾。

信息是指路标志最为重要的内容，从指引系统考虑，指路标志系统的信息应对应并前后一致，否则会对驾驶员造成误导。

3）预告性原则

驾驶员对交通标志的视认、辨别直至采取行动是一个完整的过程，包括发现标志、认读标志、理解标志、采取行动等几个过程，如图 4-4 所示。

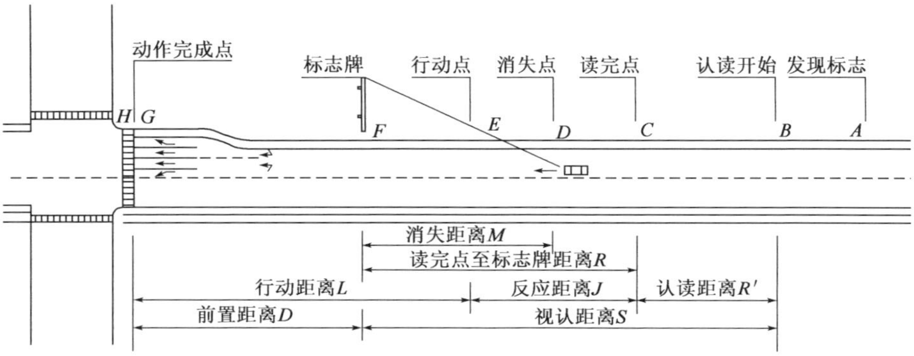

图 4-4　驾驶员识别交通标志过程示意图

因此，交通标志应距所警示的危险路段起点适当前移，在交通量较大、道路等级较高路段的交叉口应设置交叉路口预告指路标志，从而给驾驶员以足够的时间进行反应和操作。

二、危险点段安全分析与标志设置对策

1. 线形危险路段安全分析与对策

1）平面线形危险路段

（1）主要隐患分析

图 4-5　连续弯路与辅助标志并设示例

平面线形危险路段主要表现为急弯、反向弯路、连续弯路等形式。其安全隐患主要有以下两种：

①视距不良；

②曲线半径小，驾驶员转向不及时，易造成两车相撞、单车碰撞山体或车辆驶出路外等事故。

（2）相关处置对策

①山区公路上的急弯路段、反向弯路、连续弯路路段应设置相应的急弯标志、反向弯路标志、连续弯路标志。连续弯路长度超过 3km 时应综合考虑，通过辅助标志指出连续弯路的长度（图 4-5）。

②弯道外侧应设置线形诱导标，指引道路线形。在山区路段，线形诱导标宜设置两排，分别指引上山车辆和下山车辆。

③弯道路段的中心线应为实线，在对撞事故多发的路段，中心线宜同时采用振动标线。

平面线形危险路段交通标志、标线设置示例如图4-6所示。

图4-6　平面线形危险路段交通标志、标线设置示例

④视距不良的路段宜通过修剪树木、开挖视距台等方式改善视距(图4-7)。

图4-7　视距不良路段视距改善措施示例

2)纵断面线形危险路段

(1)主要隐患分析

纵断面线形危险路段主要表现为下陡坡、连续下陡坡等形式。其安全隐患主要有以下两种：

①车速较快,难以有效制动；

②对线形缺乏预判,导致在下坡过程中车速逐渐加快,失去控制。

(2)相关处置对策

①山区公路上符合《公路交通安全保障工程实施技术指南》规定的陡坡和连续陡坡路段应设置陡坡标志和连续下陡坡标志。

②连续下陡坡路段应通过辅助标志告知连续下坡的长度(图4-8)。为增加标志的警告效果,可在国标规定基础上,将标志尺寸上调一档。

3)下坡接急弯路段

(1)主要隐患分析

①经过下坡后,车速较快,难以有效制动；

②缺乏对线形变化的预判,操作失误冲出路外。

(2)相关处置对策

除应设置下坡路段和急弯路段的相应标志外，还应在急弯路段的两端前适当位置设置薄层铺装，增强对驾驶员的警示效果(图 4-9)。

图 4-8　下陡坡路段交通标志、标线设置示例

图 4-9　下坡接急弯路段薄层铺装设置示例

通过对急弯陡坡警示标志设置前后测速数据的对比(图 4-10)可以发现，设置前，进入弯道速度受制动位置的影响规律比较明显，设置后，该规律性变低，说明在车辆由直线段进入弯道过程中，车辆驾驶行为有了调整，薄层铺装对驾驶员的驾驶行为产生了影响。

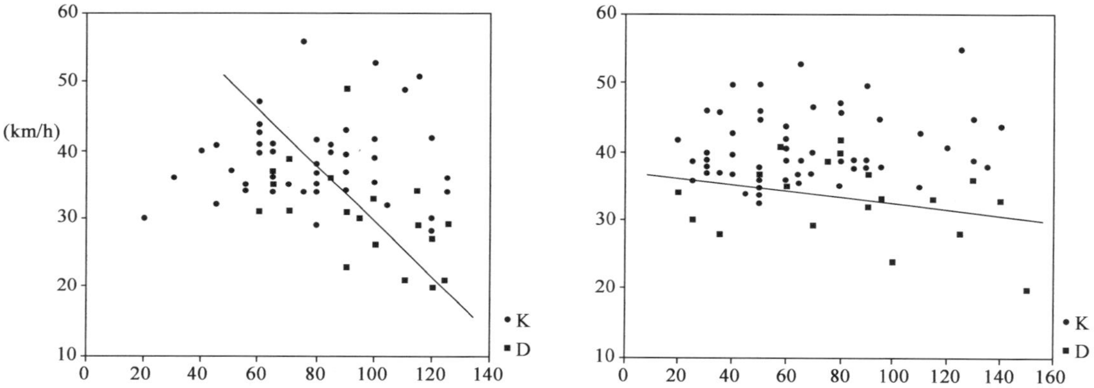

图 4-10　急弯陡坡警示标志设置前后测速数据对比图

注：D 表示设置前观测数据；K 表示设置后观测数据。

2. 特殊横断面路段安全分析与对策

1)主要隐患分析

山区公路特殊横断面路段主要包括窄路、窄桥路段。这种路段因为存在着横断面的突然变化，容易造成驾驶员的操作失误，导致驶出路外或碰撞路侧障碍物。

2)相关处置对策

(1)在双车道路面宽度缩减为 6m 以下的路段起点前方应设置窄路标志。

(2)在桥面净宽较两端路面宽度变窄，且桥的净宽小于 6m 的桥梁前适当位置应设置窄桥标志。

(3)可用辅助标志说明窄路的长度；可与“建议速度标志”联合使用，警告驾驶员宜以建议速度减速驶过该路段。

(4)窄路、窄桥路段的道路中心线应为实线。

窄路路段交通标志、标线设置示例如图 4-11 所示。

3. 路侧事故多发路段安全分析与对策

1)主要隐患分析

这种路段由于线形、视距等问题，经常发生路侧交通事故。

2)相关处置对策

(1)在路侧高填方路段，按要求设置相应防护设施。

(2)设置中心黄实线，避免车辆借道超车。

(3)行车道两侧设置立体标线，实现压缩车道宽度的目的。

路侧事故多发路段标线设置示例如图 4-12 所示。

图 4-11　窄路路段交通标志、标线设置示例

图 4-12　路侧事故多发路段标线设置示例

3)立体标线的施画方法

(1)标线尺寸：在不同的车速下，标线尺寸的大小直接影响标线的效果，通过试验方法验证不同尺寸的视错觉标线的主观效果，建议优先选用图 4-12 的图案，分别按照 $H=0.5\text{m}$，$h=0.3\text{m}$，$w=0.3\text{m}$，间距 1.5m 与 $H=1.8\text{m}$，$h=w=0.3\text{m}$，间距 2m 的尺寸画出。从静态角度来说，相对尺寸较小的那组立体标线立体效果好一些，但有了一定速度后，明显大尺寸的那组标线更能提前引起驾驶员警觉。本试验考察了两种尺寸的静态立体效果，以及引起驾驶员警觉的距离，因试验条件限制未考虑不同车速下的动态立体效果。

(2)标线颜色：为表现立体效果，标线必然要选择不同颜色组合搭配，而颜色的选择受标线材料的限制。国外的视错觉标线颜色多用红色、白色进行搭配。在本项目中，我们先后试验了蓝色、黄色与红色，以及蓝色、黄色与白色两种方案，发现后一种方案明显优于前一种，特别是在白天的效果更好。

(3)标线形式：对各种颜色块的面积也进行了研究，将不同单元面积搭配出的立体标线输入计算机进行模拟，研究效果最好的搭配形式。应用以上研究成果，通过不断试验，发现两种面积搭配形式的立体标线性能优于其他组合，如图 4-13 所示。

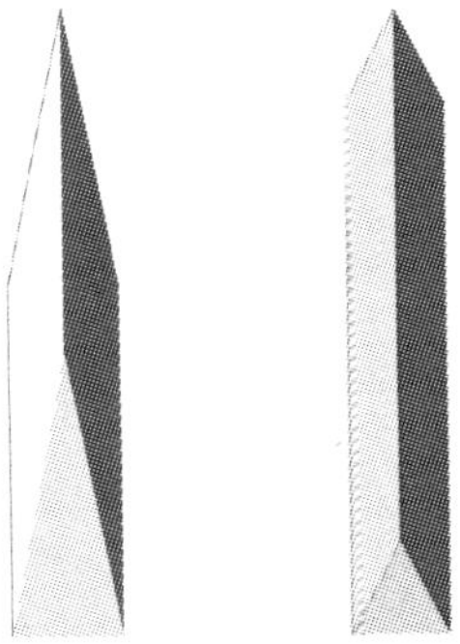

a)　b)

图 4-13　不同搭配形式的立体标线

经过进一步的研究发现，三块基本平均分配面积的立体标线形式其突起感更强[图 4-13a)]，施画到公路上时，60％的驾驶员的第一反应将其误认为突起障碍物，视错觉标线的立体图案让人感觉竖立的三棱形接近底盘的高度，并且给人以道路变窄的信息，使驾驶员主动减速。而 70％的驾驶员认为第二种形式的警示效果更强[图 4-13b)]。

(4)设置地点:根据两种形式立体标线的性质,宜将第一种形式施画在路侧事故较多的行车道边缘附近,而将第二种形式施画在村庄路段。

4. 其他危险路段安全分析与对策

(1)在穿越村镇路段行人出行较密集的地点或事故多发地点,可设置减速丘。设置减速丘后,由于路面情况发生了突变,如果车辆突然发现情况变化,往往会进行紧急制动,因此,需要给车辆以足够的警示。根据《道路交通标志和标线》(GB 5768—2009)的规定,减速丘标线应遵循图 4-14 的要求,同时配合设置减速丘标志。

设置在减速丘前的标志和标线设置示例如图 4-15 所示。

(2)在过水路面或漫水桥路段前适当位置应设置过水路面标志。设置示例如图 4-16 所示。

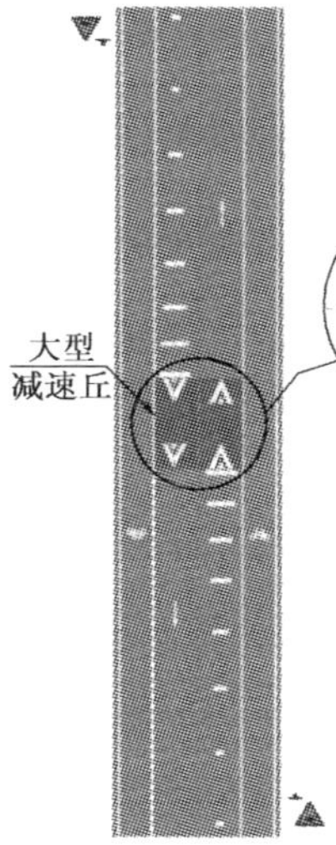

图 4-14　减速丘标线

图 4-15　设置在减速丘前的标志和标线设置示例

图 4-16　过水路面标志设置示例

(3)在因结冰等原因容易路滑导致事故发生的路段前适当位置宜设置易滑标志。

(4)在路面颠簸路段或桥头跳车较严重的地点以前适当位置应设置路面不平标志;但路面颠簸、桥头跳车或路面病害等情况修复改善后,应及时拆除此标志。

(5)在道路中存在障碍物的路段应设置注意障碍物标志。设置示例如图 4-17 所示。

图 4-17　道路中存在障碍物时的交通标志、标线设置示例

(6)公路穿越村庄或途经学校时，在村庄前应设置村庄标志及限速 40km/h 的限速标志；在村庄中行人经常穿越公路的地方应设置注意行人标志和人行横道线；在学校前应设置注意儿童标志及限速 30km/h 的限速标志，并选择合适地点设置人行横道线。穿越村庄路段交通标志设置示例如图 4-18 所示。

(7)对于行人活动比较密集的村庄，应在路面中央设置立体标线。设置示例如图 4-19 所示。

图 4-18　穿越村庄路段交通标志设置示例

图 4-19　穿越村庄路段立体标线设置示例

第二节　山区公路车速管理措施

车速管理措施包括工程措施、管理措施和智能新技术措施等。为了到达较好的车速管理效果，需要多种车速管理措施综合应用。

一、工程措施

1. 路面物理设施

为了能够更好地达到降低车辆速度的目的，除了限速标志这一强制性标志以外，与其相配套的还有彩色路面、视错觉标线、薄层铺装、振动标线、减速标线等配套设施。这些设施能够有效地提醒驾驶员减速，对控制车辆的速度具有很好的效果。正确合理地使用这些配套设施，使其能够与限速标志配合使用，可充分发挥限速标志的作用。

1)减速丘

减速丘为抗老化、抗紫外线、抗冲击、抗高压的橡胶制品，通常用于收费站前、城市道路及

图 4-20　路段设置减速丘

次要支路上。因其对车辆的作用较大，属于强制物理减速，减速效果明显，不适用于行车速度高的路段。图 4-20 所示为设置在路段上的减速丘。

2)振动标线

振动标线是目前国际上发达国家使用比较普遍的高新技术产品，白黄两色反光标线有振动提醒、减速、防滑、雨夜反光的作用。当驾驶员因疲劳打瞌睡时，汽车冲出公路前会产生共振摇晃并伴有轮胎与标线产生的共鸣声，使驾驶员惊醒，起到安全提示作用，如图 4-21a)所示。

3)减速标线

减速标线是在道路上常见的减速设施，通常用于收费站前和匝道出入口需要减速的地方，如图 4-21b)所示。对于减速标线的效果现在还没有明确的说法，国内某高速公路驾驶员问卷调查显示，绝大多数驾驶员熟悉减速标线并且表示通过减速标线时会减速。

a)振动标线

b)减速标线

图 4-21　路面设置振动标线、减速标线

4)薄层铺装(图 4-22)

薄层铺装是以防止打滑、增强车辆运行制动时的减速效果，路面彩色化以及从视觉上提高安全性并以美化环境为目的的热熔型防滑铺路材料，目前主要用于弯道、坡道、十字路口等。它有五大特点：

(1)有效改善道路交通环境：丰富的色彩，使道路更美观，标识更醒目，行车更安全；形成的突起面层，使车辆通过瞬间产生轻快振动，提醒驾驶员减速行驶；通过加入颗粒等特殊工艺，使硬质骨材表面形成突起，提高减速时的防滑效果；通过涂料中预混玻璃微珠，或在表面撒布玻璃微珠，使其在夜间也具有良好的视认性。

(2)干燥速度快，大幅度减少封闭交通的时间。

(3)施工简单。

(4)骨材不用回收。

(5)耐久性好。

薄层铺装近几年开始主要在日本使用，在其他国家使用甚少。在薄层铺装的效果方面，日本也没有做相关的系统研究，仅指出在使用薄层铺装后交通事故中死亡、重伤事故减少。

G108、G109 北京市部分路段采用了薄层铺装并对其效果进行了评价。评价结果显示，使用薄层铺装，汽车制动点速度提高 5km、制动点速度离散程度降低、制动行为中最高速度降低、制动点位置比使用薄层铺装前平均滞后约 10m。由此可见，薄层铺装能起到良好的减速作用。

5)彩色路面(图 4-23)

有两种常用的彩色路面：一种是浅色的，利用一种高反射的浅色集料来改善路面亮度和光的反射性；另一种是在沥青混合料中加入颜料或者人工合成的有色混合物来产生不同的路面颜色。

图 4-22　路面设置薄层铺装

图 4-23　彩色路面

40 年前，彩色路面就开始用于日本东京，现在在世界各地都能看到彩色路面。彩色路面的使用一方面可以起到美观的效果，另一方面可以对驾驶员产生视觉上的冲击，起到提醒作用，从而提高道路行车的安全性。但目前彩色路面都用于城市道路，将其引入公路作为速度控制的一种手段将是一个有意义的尝试。

6)视错觉标线

视错觉标线是一种减少交通安全隐患的新型标线。当驾驶员行驶在铺有视错觉标线的路段时，从心理上感觉道路越走越窄，视觉上感觉前方将是一条狭窄的道路，由于这种强烈的视觉冲击，驾驶员会不由自主地制动减速。同时由于它是一种特殊的标线，无论前方路况如何，都会引起驾驶员的心理反应和心理防备。这样就可提示驾驶员减速行车，保证行车安全。视错觉标线的形式各异，既有平面的也有立体的。图 4-24 给出一些在世界各地使用的视错觉标线的示例。

图 4-25 所示是在 G109 北京段应用的视觉减速标线，也叫立体标线，因为施画的尺寸问题，效果不是很明显。将立体标线引入到道路上，尤其要注意尺寸大小，在保证其效果的同时也要留出足够的车道宽度，以免驾驶员紧急制动而造成交通事故。

2. 路侧电子设施

1)雷达和激光测速器

雷达和激光测速器是采用雷达波和光波测量车辆行驶速度的电子装置，通常被安装在交叉口、事故多发路段，用以监视驾驶员超速等违章行为；对治理驾驶员超速行为，减少交通事故发生及其严重性有着重要作用；在我国普遍被应用在道路监控中，成为交通警察执法的有力工具。由于该装置是执法的工具，实施中强制性很强，所以防止驾驶员超速，控制车辆行驶速度效果明显。下面为系统实施后,外国学者所做的效果评价。

a)

b)

c)

图 4-24 视错标线示例

美国学者 Teed and Migletz 于 1993 年评价了设置在控制区的雷达探测器对驾驶员的作用。在安装雷达探测器的速度控制区内机动车的平均速度会有轻微降低,而超过限制速度多于 16km/h (10mi/h)的车辆减少 30%～50%。Streff 等在 1995 年也进行了同样的研究,发现高速公路上机动车速度降低很显著,尤其对于那些高速行驶的货车效果更为明显。

图 4-25 G109 北京段设置的视错觉减速标线

澳大利亚学者 Rogerson 等在墨尔本市检验超速抓拍系统对机动车速度、事故严重性和事故率所产生的作用,经过调查统计,发现使用超速抓拍系统可以有效地减少伤亡事故发生率,但对于减少事故严重程度作用不是很明显;此外,还发现超速数值超过 15km/h 的机动车比例明显减少,大多数机动车保持在 60～75km/h 速度区间内,车流比较稳定,车流的平均速度没有什么变化。

挪威学者 Elvik 于 1997 年前后对比分析了超速抓拍系统事故变化情况,发现试验区伤害事故下降了 26%(试验区有更高的事故率和事故密度)。研究也发现,澳大利亚、英国、德国、瑞典、荷兰、挪威在应用超速抓拍系统后平均减少了 17%的伤害事故发生。

2)速度反馈系统

速度反馈系统是通过雷达波实时反馈通过车辆行驶速度的装置。车辆行驶到测速区,速度反馈系统就会显示车辆的行驶速度。此外，速度反馈装置通常也安装限速标志，这样可以很好地提示驾驶员是否超速，诱导驾驶员慢速行驶，如图 4-26 所示。

下面是国外学者所做的一些研究，可作为评价分析速度反馈系统降低车辆行驶速度的依据。美国学者 Casey and Lund 于 1990 年发现速度反馈系统降低了车辆的行驶速度。Perrillo 于 1997 年发现，在临近速度反馈系统的区域车辆行驶速度降低 3～5km/h。Dart and Hunter 于 1976 年评价了四种速度控制技术，一个是速度反馈系统，其他是速度检测器、固定的巡逻车和模拟警察。研究发现，速度反馈系统在降低交通速度上没有明显的作用，而其他几项作用都很明显。

图 4-26　速度反馈系统

英国学者 Hamalainen and Hassel 于 1990 年描述了速度反馈系统在英格兰的实施情况，路段设置速度反馈系统后，速度降低较显著，平均速度降低了 10km；同时还发现，交通事故发生率也降低了。

二、管理措施

工程措施是从驾驶员对预期行车危险的判断来达到降低行车速度的目的，适合的工程措施能达到较好的速度控制效果。管理措施是从驾驶员心理认识上达到降低行车速度的目的，适合的管理措施也能发挥好的速度控制效果。国内外实施的管理措施主要有两类：一类是宣传、教育；另一类是法规建设及执法力度。

1. 宣传、教育

通过对驾驶员进行宣传和教育，增强驾驶员对高速行车危险的认识性，从根本上杜绝危险驾驶行为的发生，这是进行宣传、教育的初衷。道路交通事故的发生是由多因素所致，从国内外道路交通事故发生原因统计看，人的因素是最主要的因素。所以通过宣传、教育改变驾驶员对待交通安全的态度及一些坏的驾驶行为，对提高道路交通安全水平有着重要作用。但宣传、教育也存在很大的缺点，比如组织开展宣传、教育活动规模比较大，需要经费较多，针对性不强等。宣传、教育应针对不同人群、在不同地点进行，保障活动的针对性。下面列举一些跟限速相关的宣传、教育活动。

1)“保护生命、平安出行”交通安全宣传教育工程

中宣部、公安部、教育部、司法部和国家安全监管总局决定，自 2006—2008 年在全国范围内实施“保护生命、平安出行”交通安全宣传教育工程。五部委在公安部联合召开电视电话会议，对实施“保护生命、平安出行”交通安全宣传教育工程进行了全面部署。

该项以“保护生命、平安出行”为总主题的交通安全宣传教育工程的工作目标是，通过 3 年的努力，省、市、县各级宣传、公安、教育行政、司法行政、安全监管部门形成齐抓共管的交通安全宣传工作机制，逐步实现交通安全宣传组织社会化、宣传工作制度化、宣传形式多样化、宣传内容系统化。深化交通安全宣传“五进”工作，普及交通安全法规和安全常识，使广大驾驶员、中小学生、城乡居民的交通法制观念和安全意识明显增强，城乡居民交通安全常识抽查合格

率、出行守法率明显提高。深化驾驶员及其他交通参与者的交通安全宣传教育,无证驾驶、疲劳驾驶、超速、超载、酒后驾驶、低速载货汽车和拖拉机载人等严重违法行为明显减少,交通事故死亡人数继续保持下降趋势,重特大道路交通事故高发势头得到有效遏制,道路交通万车死亡率明显下降。

2)驾驶员驾驶技能及道德修养培训

驾驶员的性格对其驾驶活动有直接的影响。驾驶员要掌握熟练的驾驶技能必须有优良性格特征,冷静、沉着、果断的良好性格特征,使驾驶员在遇到复杂、危险或意外情况时,不会惊慌失措,做出恰当处理。因此,对驾驶员性格品质的培训对交通安全有重要意义,应加强对驾驶员道德修养及良好性格品质的培养,培养驾驶员保持沉着冷静、宽容大度、正直诚实、自信果断、谦虚进取的性格品质,消除不良的交通心理。

培训教育主要包括两方面的内容:第一,安全意识的培训。对驾驶员进行机动车行驶速度法定标准、超速行驶的危害以及超速行驶的法律责任等内容的培训,提高机动车驾驶员的安全意识。第二,机动车驾驶员速度判断能力的培训。驾驶员对车速的判断越准确,就越不容易超速。培训驾驶员判断车速的内容与方法:一是分析驾驶员主观判断车速的能力的影响因素,以帮助其正确感知行车速度;二是加强驾驶员速度感知能力的训练,提高判断速度准确性。驾驶员对车速的判断能力因人而异,但可以通过一定的训练手段来提高车速判断能力。外界景物的清晰度、后退速度、风声大小等指标有明显差别,能否察觉和辨别这种差别,就要依靠经验和训练。首先是训练普通公路和道路上以不同的恒定速度行驶时的感知觉,增强驾驶员对不同车速的感知能力;其次培训驾驶员掌握加速或减速过程中感知速度的差异,以增强其在加速或减速过程中对速度的感知与调控能力;再次是训练驾驶员在不同天气条件下以不同车速行驶的总体感觉,提高其在异常天气条件下对车速感知的准确性。

2.法规建设及执法力度

目前,我国关于机动车行驶速度的法律规定主要包括:《中华人民共和国道路交通安全法》及其实施条例,对各种道路上的不同车辆规定了相应的限速标准;省级立法机构制定的地方法规规定的限速标准。但是,目前我国的限速标准还没有真正做到将速度、效益、安全很好地结合,还存在不足:一是限速标准不完整,普通公路上只规定了没有中心线的道路或双向只有一条机动车道的道路的限速标准,没有规定单向有两条或两条以上机动车道的道路的限速标准;二是限速标准缺乏科学性。

严厉查处机动车超速行驶的交通违法行为是预防超速行驶的最有效手段。应加大对超速行驶的查处力度。应有计划、分阶段地为基层公安交通管理部门配置测速仪,为交警获取机动车的行驶速度提供技术设施,应以勤务制度保证,能及时发现超速行驶的违法行为。交通事故中的机动车行驶速度可以根据事故痕迹推算,但应准确、客观。鉴定书中应客观分析在鉴定中存在的不确定性因素以及这些因素对速度鉴定准确性的影响。应以法律为准绳认定是否超速,引用的法律依据必须与违法事实相符。应以公开方式告诉机动车驾驶员道路路段的限速标准,没有以公开方式告诉机动车驾驶员限速标准的不能作为认定超速行驶的依据。在交通安全法律法规没有明确规定限速标准又没有设置限速标志标线的路段,对于过高速度行驶的交通行为不能认定为超速行驶,只能认定其没有遵守交通安全原则。对超速行驶的交通违法行为必须依法处罚,绝不姑息。下面为两个案例,用以说明法规建设及执法力度在控制车辆速度中的作用。

案例1:"检查行程车速,控制速度"

某省道路管理部门采用发放通行卡计算收费站之间行程时间的方法来控制车辆超速。这种方法的好处是避免了直接在现场进行速度测量,节省了人力和物力,使车辆的行驶速度总体保障在限制速度以下,有效地制止一些车辆的超速行为。经过前后措施对比,交通事故数量有着明显的降低。

案例2:"增设监控设施,加大处罚力度"

某道路管理部门在道路危险路段增设监控设施,对发现的超速车辆进行严格处罚,从而有效地降低了该路段车辆的行驶速度,同时降低了事故发生率。

三、智能技术措施

随着人工智能技术的发展、成熟,计算机技术、通信技术、电子技术应用到交通领域,极大地促进了交通领域智能技术的发展,形成了ITS(智能交通系统)行业。智能交通系统能够对改善交通安全做出一定的贡献,并在解决安全问题方面占有一定地位;尤其是该系统的形成和实施,能够直接提高安全水平。国外一项调查显示,对于所有的OECD(经济合作与发展组织)国家,预计ITS可以把重特大交通事故的发生率降低40%。然而,实际上ITS不能直接贡献于道路交通安全。首先,这是因为该系统还没有完全得到提高和发展,在交通上的应用也受到限制;除此之外,该系统的很多功能仍不能确定是否适合驾驶员的驾驶行为,比如危险补偿、大规模使用的适合性。其次是因为ITS的功能内涵在过去被认为是提高道路交通管理(交通流和通达性)和驾驶舒适性,并没有强调道路交通安全,甚至忽略了道路交通安全。尽管从目前的发展形势看,服务目的有着很大的不确定性,但将来ITS在提高道路交通安全水平上还是有很大潜在的功效。

ITS技术为速度管理和改变驾驶员的驾驶行为提供了可能,速度协助技术能够完成传统交通安全措施和惩罚措施不能完成的任务。它在任何位置和时间均能给驾驶员传递限速信息,并对超过速度限制的驾驶员在任何时间、任何地点给予警告。这个系统能够给驾驶员提供清楚的、舒适的、传统方法不能达到的功能。该系统更能对驾驶员驾驶行为和道路交通安全有所作用。

该项技术和传统措施之间存在以下三个方面的关系:

(1)和传统措施共同存在。

(2)能够综合利用现存措施,使其发挥更高速度控制效率。

(3)弥补现存措施不能发挥的功能,并部分取代传统措施。

第一种关系是简单的共存关系。现在汽车正在逐渐安装新的速度辅助技术系统,像ACC(Adaptive Cruise Control),警察对速度也可以在任何时间进行检查。另一种关系是将新的技术应用到惩罚系统中。例如,电子拍照识别系统(EVI)是速度惩罚系统的组成部分,并且也支持速度惩罚系统。最后,警察惩罚政策可能大部分被新的速度管理系统取代。原则上,超速执法可能在任何地点和任何时间发生。当机动车被装在暗处的速度检测系统检查到时,大部分超速惩罚的执行过程可被新的速度管理技术取代。

该项技术由五个部分组成:

(1)适合驾驶速度与机动车关联系统,该系统与机动车关联,与驾驶员无关;

(2)机动车内行车速度监视及行车距离记录系统;

(3)驾驶员选择行车速度信用及超速罚款追查记录系统;

(4)研究权威机构针对机动车进行的行车速度评价系统;

(5)适合的、良好的市场运行机制。

该项速度管理技术的优点是:自我强迫、公平、持续反馈、自我辅助,减少了传统速度管理的需要。许多安全监控目标,如酒驾、疲劳驾驶、夜间视距、车身后视距监控在机动车技术方案中都获得了解决。下面介绍两个主要的速度管理系统——先进的巡航控制系统和智能速度辅助系统。这些系统在国外都经过了驾驶模拟研究和试验。

1. 巡航控制系统

10年前,第一个巡航控制系统在市场上是被作为常规巡航控制的一个辅助、补充。标准的巡航控制允许驾驶员选择驾驶速度,一般起始速度从50km/h开始。ACC更先进,因为这个系统使用了道路交通中机动车的实际安全速度,它允许驾驶员根据参数调整安全距离。这项技术提高了驾驶适合性,也是市场上该系统的主要目的。尽管安全事实上并不是这个系统设计的主要目的,但人们期待着巡航控制系统能够提高道路安全性。

ACC系统的初衷是为了提高在不同道路环境下的驾驶适合性,ACC期待的安全作用理论上认为可以使道路中交通流一致。目前,一些ACC产品应用到整个道路网络上。ACC工作原理如下:如果在装有ACC系统的机动车的前方没有机动车,这个系统保持起始驾驶员设定的速度,保持通常的巡航控制;当探测到前方有机动车存在时,装有ACC系统的机动车速度将被调整,直至该距离与驾驶员设定的安全距离相一致。

ACC系统辅助驾驶员在道路上安全行驶的作用较明显,但其他的次要作用仍然不清晰。

学者分析装有ACC系统的机动车平均速度和没有安装ACC系统的机动车平均速度之间的差别发现,两者平均速度有着明显的不同,装有ACC系统的机动车比没有装ACC系统的机动车行驶速度要快。从目前的研究看,关于ACC的安全作用还没有确定,在驾驶速度上的作用还需持续进行大规模的试验。

2. 智能速度辅助系统

智能速度辅助系统是智能交通系统在安全作用上较明显的一个。ISA(Intelligent Speed Assistance)是一个智能的速度管理系统,该系统基于环境和机动车之间的信息传递实现诱导功能。机动车从周围环境接受期望、法定的速度限制信息,然后通过显示屏传递给驾驶员。该系统使用一个机动车内置标准地图,地图中道路速度限制状态已经被编码,并与一个GPS定位系统相结合。

ISA是一个完整的系统,可适用于不同的机动车。非常明显的一个功能是ISA可以警告驾驶员什么时候超过限制速度、什么时候没有超速。这样驾驶员就可以自己决定是否调整车辆的行驶速度。当车辆超速时,半自动的ISA将超速信息反馈到驾驶信息显示盘上。

当讨论实时限速概念时,一个途径是根据道路环境实时调整动态限制速度。将来,实时速度限制信息可能考虑当前网络条件,基于天气、交通密度和事故发生情况来实时变动。为了能更好地发挥该系统的作用,还应具有一个让驾驶员能够清楚了解任何时间机动车所处地理位置的系统。这个系统能很好地与 ISA 系统兼容。

从目前关于不同类型的 ISA 系统研究结果看，ISA 系统可以有效地降低车辆的行驶速度。如果车辆安装了这种形式的 ISA，通过该系统对车辆行驶速度的影响，期望会减少 60% 的交通事故或死亡事故。

ISA 系统在驾驶行为上的次要作用主要体现在以下几个方面：

(1)规范驾驶行为。

(2)增强对道路信息的获取力。

(3)降低对外界环境的注意力。

最近的一项研究指出，ISA 还存在一些其他有益的作用，比如使驾驶员的注意力更加集中，增加了驾驶员的预期安全感。然而在几项研究中，由 ISA 所引起的受挫和愤怒情绪也曾被发现，不过受挫感会随着系统发展逐渐减少。ISA 系统潜在的安全作用对于不同驾驶员是不同的。

第三节　农村公路交通安全保障措施

一、重点处置路段

根据山区农村公路重特大交通事故统计分析可知，急弯、连续下坡、穿村镇路段、平交路口是容易引发重特大交通事故的路段，宜作为农村公路安全保障工程重点处置路段。这些路段的道路特征和事故可能的严重后果见表 4-2。

农村公路安保工程重点处置道路特征表　　表 4-2

<table>
<tr><th colspan="2">道 路 特 征</th><th>事故可能的严重后果</th></tr>
<tr><td rowspan="2">连续下坡</td><td>连续下坡末端路侧为村镇、居民建筑、集市、平交路口、学校</td><td>车辆（特别是大型货车、客车）在连续下坡过程中发生制动失灵冲入民宅、集市、平交口等群死群伤的恶性事故</td></tr>
<tr><td>弯坡外侧为陡崖、深沟、水库等险要特征</td><td rowspan="2">车辆冲出路侧，发生坠崖、坠入水塘或水库等路侧事故</td></tr>
<tr><td>小半径曲线</td><td>曲线外侧为陡崖、深沟、水库等险要特征</td></tr>
<tr><td rowspan="2">穿村镇路段</td><td>货车为主要车型的公路</td><td>车辆冲入村庄，碰撞行人</td></tr>
<tr><td>村镇设置在连续下坡下半段</td><td rowspan="2">车辆（特别是大型货车、客车）在连续下坡过程中发生制动失灵冲入民宅、集市、平交口等群死群伤的恶性事故</td></tr>
<tr><td rowspan="3">平交口或支路口</td><td>平交口或支路口设置在连续下坡下半段</td></tr>
<tr><td>视距不足</td><td>发生车辆对撞、侧撞或冲撞行人等事故</td></tr>
<tr><td>驶入主线的支路坡度过大、交角过小，增加驾驶员操作难度</td><td>车辆侧撞、翻车等事故</td></tr>
</table>

二、护栏设计

三级、四级公路及农村公路设置的护栏，按照碰撞条件可划分为 A、B、$B_{中巴}$ 三个等级（针对农村公路客运中巴车辆的安全运营设置了相应的碰撞条件）。各等级护栏碰撞条件见表 4-3。

护栏防护性能 表 4-3

等级	碰撞条件			碰撞能量 (kJ)	碰撞加速度 (m/s^2)	防护能力描述
	碰撞车速 (km/h)	车辆质量 (t)	碰撞角度 (°)			
$B_{中巴}$	42	6	25	≥70	≤200	6t 的 19 座中巴以 42km/h 速度行驶，以 25°的角度与防护设施碰撞，防护设施能够拦截
B	40	10	20	≥70	—	10t 的货车以 40km/h 速度行驶，以 20°的角度与防护设施碰撞，防护设施能够安全拦截。超过此速度或行驶角度数值范围，可能发生车辆严重损坏或人员受伤
	100	1.5	20	—	≤200	1.5t 的小客车以 100km/h 速度行驶，以 20°的角度与防护设施碰撞，防护设施能够安全拦截。超过此速度或行驶角度数值范围，可能发生车辆严重损坏或人员受伤
A	60	10	20	≥160	—	10t 的货车以 60km/h 速度行驶，以 20°的角度与防护设施碰撞，防护设施能够安全拦截。超过此速度或行驶角度数值范围，可能发生车辆严重损坏或人员受伤
	100	1.5	20	—	≤200	1.5t 的小客车以 100km/h 速度行驶，以 20°的角度与防护设施碰撞，防护设施能够安全拦截。超过此速度或行驶角度数值范围，可能发生车辆严重损坏或人员受伤

1. 护栏形式

农村公路护栏防撞等级及形式见表 4-4。

护栏等级及形式 表 4-4

护栏级别	材料类别	规格
$B_{中巴}$	薄壁钢筋混凝土护栏	图 4-27
B	波形梁护栏	参见《公路安全保障工程实施技术指南》
	缆索护栏	参见《公路安全保障工程实施技术指南》
A	钢筋混凝土护栏	参见《公路安全保障工程实施技术指南》
	钢筋网护栏	参见《公路安全保障工程实施技术指南》
	缆索护栏	参见《公路安全保障工程实施技术指南》

2. 护栏设置

农村公路根据道路的功能设置相应等级的护栏。

1)承担旅游、公交客运功能的农村公路

旅游公路的特点是外地自驾车多，道路使用者不熟悉路况。承担公交客运的农村公路一旦发生交通事故，容易造成群死群伤的重特大交通事故。因此，需要识别可能发生驶出路外，且路侧险要的路段，设置护栏预防路侧事故。

旅游公路及通公交的农村公路的路侧防护设施设置原则为：

（1）在发生过车辆冲出路外交通事故的路段，尤其是多次发生该类事故的路段，应根据事故记录、路侧危险程度设置适当等级的护栏。

（2）在急弯或连续急弯，特别是连续下坡路段，小半径曲线外侧，边坡陡峭、临水、临崖路段，应设置护栏；急弯或连续急弯内侧，宜适当修整边坡、边沟，改善视距，提高行车安全性而不设置护栏。

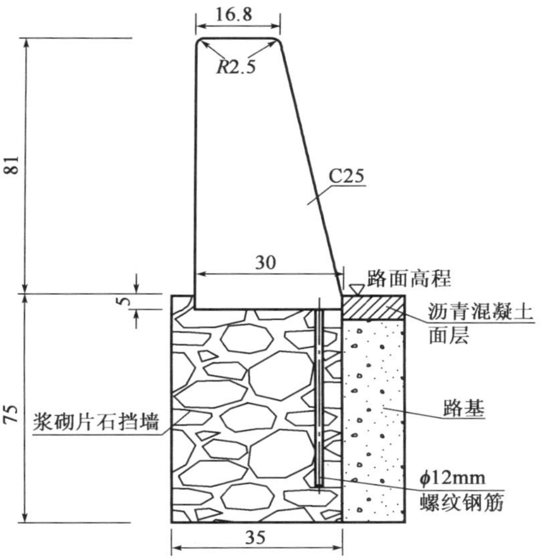

图 4-27　薄壁钢筋混凝土护栏示意图（尺寸单位：cm）

（3）农村公路的桥梁宜设置 B 级及以上的护栏。

（4）直线段的路侧险要（路侧为陡崖、深沟，填方边坡高度或路肩挡墙高度 $h \geqslant 4\text{m}$ 的路段，或至路肩边缘不足 3m 有湖泊、沟渠、高速公路、铁路等路侧险要的路段）但未发生过事故的路段宜设置护栏，如因经济或道路条件限制无法设置护栏，可采用标志、标线、示警桩等主动引导措施给以提醒或警示。

2）为本区域村民出行服务、未通公交的农村公路

道路使用者多为本区域的村民，熟悉道路环境，以警告、诱导为主的方式改善道路安全环境。

（1）在发生过车辆冲出路外交通事故的路段，尤其是多次发生该类事故的路段，应根据事故记录、路侧危险程度设置适当等级的护栏。

（2）在急弯或连续急弯，特别是连续下坡路段，小半径曲线外侧，边坡陡峭、临水、临崖路段，宜设置护栏，也可设置警示桩、诱导标志、警告标志、路面标线等主动引导措施。

（3）护栏形式选择与设置长度。

①农村公路应综合考虑护栏适用条件、投资成本、养护成本、施工可行性、与周围环境协调等因素，根据具体道路条件选择护栏形式，见表 4-5。

护栏形式选择参考表　　　　表 4-5

比较指标 \ 护栏形式	钢筋网砌石墙	混凝土护栏	波形梁护栏	缆索护栏
使用性能	大角度碰撞后对驾乘人员的损伤很大	大角度碰撞后对驾乘人员的损伤很大	对中、小型车碰撞后防护效果较好	在危险路段不能使驾乘人员产生安全感
视线诱导效果	差	差	好	差
初期投资（万元/km）	10～13	650	25	27

续上表

比较指标＼护栏形式	钢筋网砌石墙	混凝土护栏	波形梁护栏	缆索护栏
养护成本	低	低	较高	较高
小半径平曲线路段的适用性	好	好	好	弯道内侧较差
需注意的问题或建议	注意设置泄水孔	注意设置泄水孔	山区不宜使用两道双波护栏组合	施工缆索张拉时，应有防止索崩出、弹出伤人的防护措施

②农村公路护栏最小设置长度应满足表4-6的要求。

农村公路护栏最小设置长度 表4-6

护栏类型	最小设置长度(m)	护栏类型	最小设置长度(m)
波形梁护栏	28	混凝土护栏	20

三、交通标志

1.一般规定

(1)农村公路标志设置可根据公路类型分为两类：通公交的公路按照《公路安全保障工程实施技术指南》的要求进行设置；通村公路为村民服务，道路使用者对道路条件熟悉，可少设标志，仅在发生过事故、容易引发事故路段结合综合处置措施设置标志。

(2)标志材料选用、结构形式可因地制宜，灵活应用。

(3)小交通量(日平均交通量小于400辆/d)的条件下可以采用路面标记的形式替代警告或禁令标志。

(4)标志应醒目，不应被树木或其他构造物遮挡。

2.标志材料

1)标志板材料

标志板材料可采用铝合金板、薄钢板、合成树脂类板材等。当经济条件制约时，小型的警告标志、禁令标志可采用木板、混凝土等简易材料。标志板材料适用范围见表4-7。

标志板材料适用范围表 表4-7

材料类别	适用范围
铝合金	大型指路标志
合成树脂类(如玻璃钢)	小型的警告、禁令、村牌指示、线形诱导标志
其他简易材料(木板、混凝土)	小型的警告、禁令、村牌指示标志

2)反光膜要求

三级及以下等级农村公路根据夜间交通量及事故率选择标志板面反光材料。

在非铝板，如木材、石头、混凝土等表面贴反光膜，应选用适用于粗糙多孔材料的专用反光膜材料，确保粘贴牢固可靠，遇水不发生剥离现象。

示例1

北京市门头沟区农村公路部分路段的交通工程设施，标志板面材料为废旧线路板回收材料再循环后的树脂玻璃纤维，标志立柱采用玻璃钢材料制成，既环保节约又解决了标志盗损问题（图 4-28～图 4-30）。

图 4-28　玻璃钢警告标志

图 4-29　玻璃钢线形诱导标志

示例 2

云南省元谋县采用预制混凝土制作警告、禁令等小型标志。

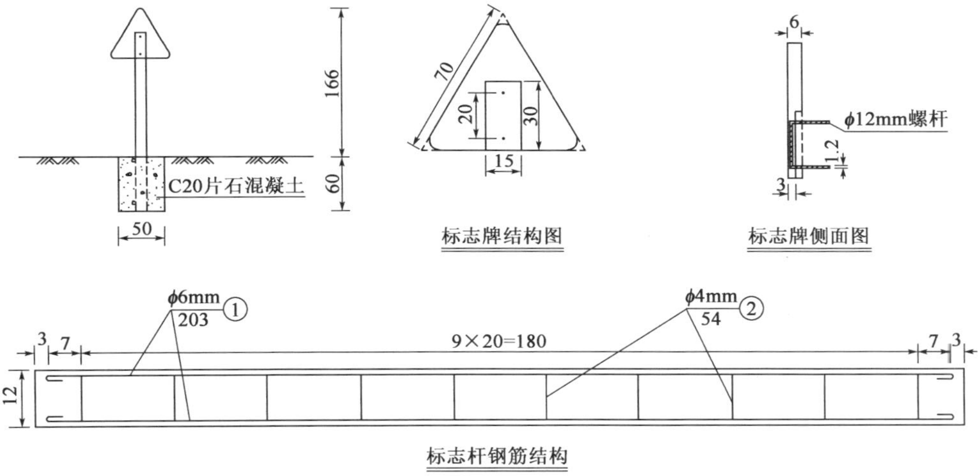

图 4-30　玻璃钢线形诱导标志结构图（尺寸单位：cm）

示例 3

云南省昆明市西山区利用砖砌、石材制作标志（图 4-31、图 4-32）。

图 4-31　砖墙预告村名

图 4-32　简易石材警告标志

3. 农村公路标志设置

农村公路涉及的交通标志为禁令标志、警告标志、指路标志、旅游标志，以警告、禁令、指路标志为主。

1)标志尺寸

根据《道路交通标志和标线》(GB 5768—2009)的规定，标志尺寸的最小值根据公路设计速度确定。等外公路，如因条件限制，利用石材设置警告或禁令标志，可根据石头尺寸适当缩小标志的尺寸，建议在表 4-8 规定的基础上缩小 20cm。禁令、警告标志示例如图 4-33、图4-34 所示。

警告、禁令、指示标志的主要尺寸　　表 4-8

标志类型	设计速度			
	70～40km/h		<40km/h	
	标志板	简易石材	标志板	简易石材
三角形，边长(cm)	90	70	70	50
圆形，直径(cm)	80	60	60	40
八角形，外接圆直径(cm)	80	60	60	40

图 4-33　禁令标志示例

图 4-34　警告标志示例

三级、四级及四级以下农村公路标志字高根据行车速度确定，见表 4-9。

农村公路标志字高要求　　表 4-9

道路等级	三级		四级及四级以下
设计速度(km/h)	40	30	20
汉字高度(cm)	35～50		25～30

当运行速度大于设计速度时，应根据运行速度增大标志字体高度。

2)标志设置

(1)连续弯道、连续下坡等警告标志的设置

标志的设置除了满足现行《道路交通标志和标线》(GB 5768)、《公路安全保障工程实施技术指南》的要求外，连续下坡、连续弯道等标志，宜通过设置辅助标志的形式提示特征路段的长度，为驾驶员提供更详细的道路状况信息，如图 4-35 所示。

(2)限高、限重、限轴重、桥梁限载标志的设置

农村公路存在车辆的宽度、高度、重量超过公路设施限度而禁止或限制通行的路段，应在限制路段前适当位置设置限宽、限高、限制总重或限制轴重标志。此外，在通往限制路段最后一个可供绕行的交叉路口，宜根据路线上限制路段的情况，设置相应的禁令标志，避免车辆在限制路段前被迫返回。

图 4-35　警告标志与辅助标志组合设置

如果车辆高度限制路段限高值大于 4.2m，可不在限制路段前交叉路口设置限高标志。

(3)农村公路限速标志的设置

农村公路应由公路专业人员评价，经主管部门同意后在危险的路段根据道路状况设置限速标志。

(4)标志的支撑及在横断面上的设置

①农村公路警告、禁令、指示标志的支撑形式应选用单柱式或附着式。可利用路侧山石、路灯等杆件，以及上跨桥梁等结构物采取附着式设置。

②为不妨碍行人通过，单柱式标志(含辅助标志)下边缘距地面的安装高度应保持 2.0～2.5m。路侧附着式安装高度应不小于 1.0m;在路面上方设置的附着式标志，其安装高度应符合该公路净空高度要求。单柱式设置的标志板内边缘距土路肩边缘的距离不应小于 25cm，以免侵入净空的标志对行驶车辆或驾驶员造成影响，未设置反光膜的标志更应注意，如图 4-36 所示。

③必要时交通标志可以考虑并列设置，安装在同一根标志立柱上的标志不应超过四种，并应按警告、禁令、指示的顺序，先上后下、先左后右地排列。但解除限速标志、解除禁止超车标志、干路先行标志、停车让行标志、减速让行标志、会车先行标志、会车让行标志应单独设置。

④在交通量较小的双车道公路小半径曲线外侧，可以考虑对两个方向需要的标志采取“背靠背”的双面设置方式。双面设置的标志在尺寸和形状上应一致。在弯道上设置双面标志时，应设置于弯道外侧，如图 4-37 所示。

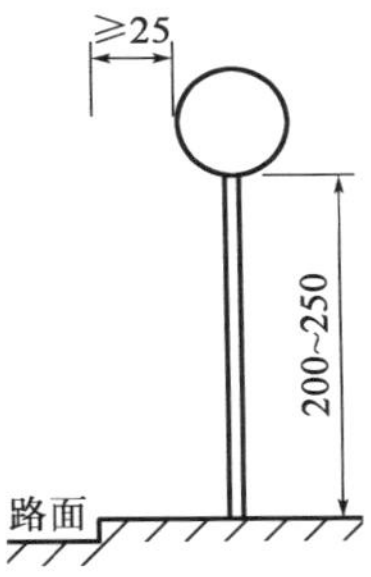

图 4-36　单柱式标志(尺寸单位:cm)

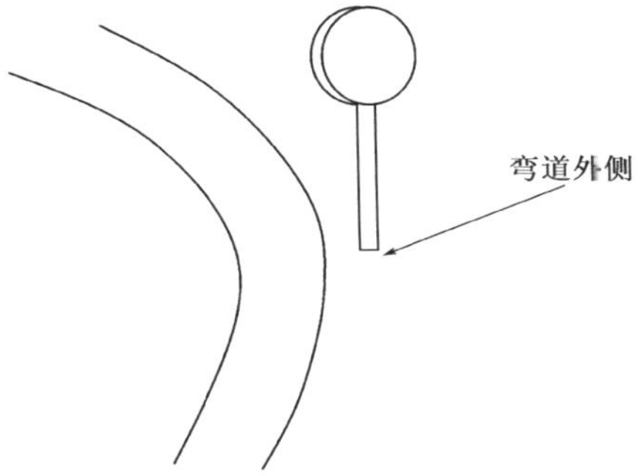

图 4-37　弯道外侧双面警告标志的设置

四、标线

1. 标线材料

农村公路交通标线可采用常温型和热熔标线材料。在年平均日交通量 AADT≥400 的通公交路线上应采用热熔型标线材料，其他农村公路可采用冷漆施画标线，路面上的图形、标记应用双组分防滑材料。

2. 设置方法

1)路面中心线

路面宽度大于或等于 6m 的农村公路，推荐设置道路黄色虚线分隔对向行驶的交通流。凡在不能满足会车视距要求的路段或穿越乡、村、镇等路段，应画黄色中心实线，线宽可采用 15cm，路面宽度受限制时可采用 10cm。

2)车道边缘线

通公交线路及旅游线路宜施画道路边缘线。

穿村镇路侧较宽的路段，应设置车道边缘线划分机动车和非机动车行驶界限。

道路边缘线为白色实线，线宽为 15cm。在机动车需要跨越边缘线的地方可画白色虚线，线宽 15cm，受路面宽度限制时可采用 10cm 的线宽。

3)立面标记

在跨线桥、渡槽等墩柱或侧面墙面上、隧道洞口宜施画反光立面标记，提醒驾驶员注意在车行道或近旁有高出路面的障碍物，以防止发生碰撞。

立面标记为黄黑相间的倾斜线条，倾角为 45°，线宽及其间隔均为 15cm，设置时应将向下倾斜的一边朝向车行道，如图 4-38 所示。

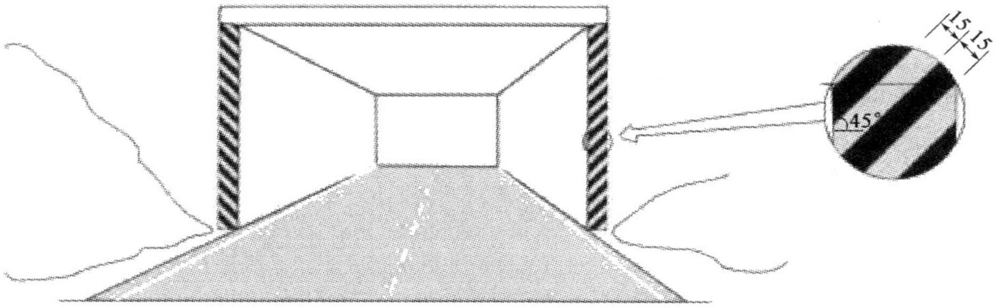

图 4-38　立面标记图(尺寸单位:cm)

3. 路面标记

在农村公路中，因受路侧环境限制或从经济角度出发，部分路段可利用路面文字标线来替代或配合路侧标志传递信息(图 4-39～图 4-44)，不但能达到管理交通的目的，而且还大幅度降低了造价。其适用条件如下：

(1)路侧为石方区，无法设置标志或设置标志较困难。

(2)交通量小的路段(交通量大的路段，路面标线易被前方车辆碾压遮盖，影响后方车辆驾驶员认读)。

图 4-39　急弯、限速标线

图 4-40　限速标线

图 4-41　路侧标志与路面标线配合使用

图 4-42　隧道端头处波浪形标线

图 4-43　弯道路段波浪形标线

图 4-44　设置在村头路段的宣传标线

两轮车、三轮车等农用车辆易发生失稳现象，而农村公路两轮车、三轮车占有较高比例，因此在车道施画路面文字或图案标识需采用具有防滑性能的双组分材料，避免工程改造带来新的安全隐患。

五、视线诱导设施

1. 一般规定

(1)农村公路视线诱导设施材料可就地取材，形式多样。

(2)在急弯、陡坡、弯道接直桥、平交口或接入口等容易引发事故的路段应采用反光材料提高夜间诱导效果，反光膜的等级应为四级及四级以上。

2. 示警桩与警示墩

1)示警桩

示警桩是设置在公路土路肩上进行视线诱导的工程设施(图 4-45)，设置方法如下：

(1)在视线不良、急弯、车道数或车道宽度有变化及连续急弯陡坡等路段应设置示警桩，且示警桩上宜贴四级以上反光膜。

(2)在气候条件恶劣、线形条件差和事故多发地段应设置贴有高强级以上等级反光膜的示警桩。

(3)示警桩上的反光膜按行车方向左黄右白的原则设置。

(4)示警桩的设置间距为 4～6m。

a)钢筋混凝土示警桩(贴反光膜)

b)钢筋混凝土示警桩(未贴反光膜)

c)PVC管灌注混凝土示警桩(贴反光膜)

图 4-45　示警桩的形式

2)示警墩

示警墩是设置在路肩挡墙上进行视线诱导的设施(图 4-46)，设置条件同示警桩。

图 4-46　示警墩的形式

3)支路道口桩

示警桩作为平交口道口桩应设在公路沿线较小平面交叉两侧,用来提醒主线车辆提高警觉,防范小支路车辆突然出现而造成意外。道口桩一般沿主线方向,$L \leqslant 5$m 的路口两侧各设置一根道口桩,$5\text{m} < L \leqslant 7$m 路口两侧各设置两根道口桩。但已经设置指路标志或平面交叉警告标志的路口不再设置道口桩。个别宽度 7m 以上未设置指路标志或平面交叉标志的路口应在两侧各设置两根道口桩。

内侧道口桩距路中心 5~10m,外侧道口桩距内侧道口桩 2m,道口桩距路边缘 75cm,如图 4-47 所示。

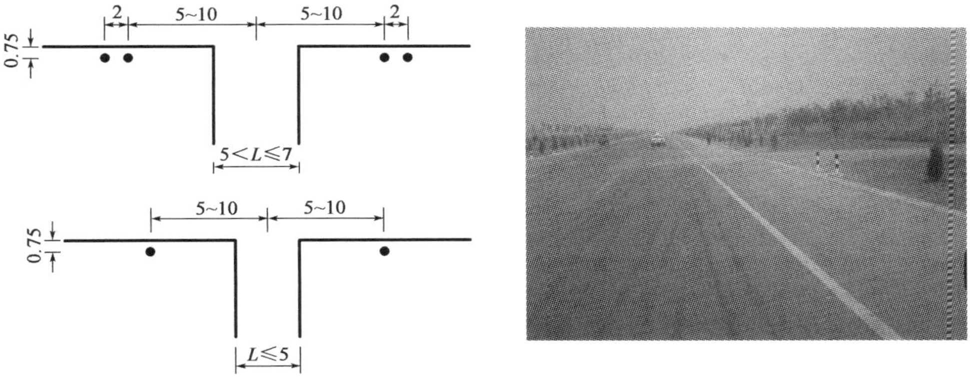

图 4-47 道口桩设置示例(尺寸单位:m)

3. 树木诱导标

利用路侧树木刷白起到视线诱导作用。在路侧条件允许的情况下,种植灌木或生长较快的乔木,可刷白树干,起到视线诱导作用,如图 4-48 所示。

4. 线形诱导标

在受山体、树木或房屋等阻挡,及其他使驾驶员难以明了前方线形走向,易发生交通事故的小半径弯道外侧,可视具体情况设置一定数量的线形诱导标,如图 4-49 所示。

图 4-48 树木诱导

1)线形诱导标的尺寸

农村公路线形诱导标的尺寸不得小于 220mm×400mm。

2)线形诱导标的设置数量、间距

线形诱导标的设置应根据曲线半径、曲线长度、偏角大小确定。偏角较小(小于或等于 7°)的曲线路段,可在曲线中点位置设一块诱导标;偏角较大(大于 7°),曲线较长的弯道,可根据需要设置若干块诱导标,应保证驾驶员在曲线范围内连续看到不少于 3 块诱导标。线形诱导标设置示例如图 4-50 所示。

具体设置时,对于行车方向右转曲线,进入曲线时在路面中心线延长线上确定 A 点(图 4-51),对于行车方向左转曲线,在车道右边缘线延长线上确定 A 点。根据不同的曲线半径选

择不同的设置间距 S，见表 4-10。在曲线上从 A 点逆行车方向 $2S$ 处，设置第一个线形诱导标；在曲线上从 A 点按间距 S 值顺行车方向依次设置直至曲线终点。最后一块线形诱导标应位于曲线终点或越过曲线终点。

图 4-49　线形诱导标设置示例

图 4-50　线形诱导标设置示例

S 值选取表（单位：m）　　　　表 4-10

曲线半径	线形诱导标间距 S
	驶入弯道 85%位车速小于 80km/h
<50	10
50～99	12
100～149	18
150～199	24
200～249	30
250～299	36
≥300	40

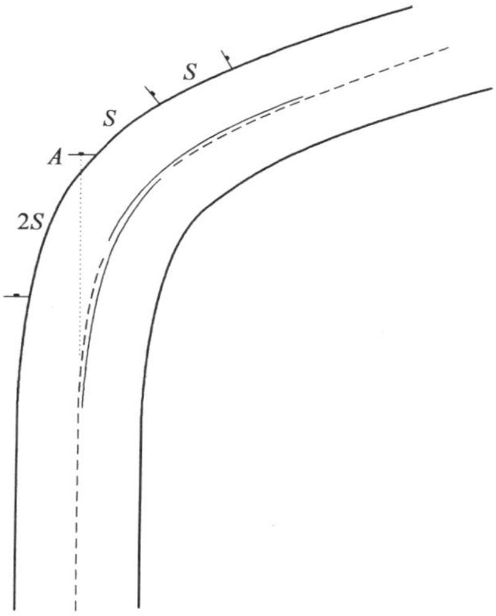

图 4-51　线形诱导标设置方法示例

3）线形诱导标的颜色

一般情况下，使用指示性线形诱导标，为蓝底白图案；在经常发生驶出路外事故、事故严重度较高或需强烈警示驾驶员注意的曲线路段，可使用警告性线形诱导标，为红底白图案。黄底黑图案线形诱导标用于施工区。

4)线形诱导标的高度及角度

线形诱导标板的下缘至路面的高度应为 120～150cm，板面应尽可能垂直于驾驶员视线。

5. 其他就地取材的诱导设施

农村公路路侧的诱导设施可以就地取材，如采用石头、汽油桶、墙体等设施贴反光膜作为农村公路诱导设施，如图 4-52～图 4-54 所示。

图 4-52　汽油桶诱导

图 4-53　石头诱导

a)　　b)

图 4-54　花盆式诱导

六、公路用凸面反光镜

1. 公路用凸面反光镜材料

凸面反光镜镜面材料可根据实际情况选用聚碳酸酯树脂(PC)、聚甲基丙烯酸甲酯(亚克力)或不锈钢，镜背材料为玻璃纤维增强材料(玻璃钢)，紧固件材料为碳素结构钢，镜面及镜背边缘用橡胶软垫封装。

2. 公路用凸面反光镜尺寸

农村公路上采用镜面直径为 600mm、800mm、1 000mm 的凸面反光镜，如图 4-55 所示。

3. 设置位置

(1)农村公路凸面反光镜一般设置于视距不足的小半径弯道外侧,可配合视线诱导标一起使用。

(2)反光镜镜面安装角度需顾及车道双方向视距,以行车道双方向均能通过反光镜看到对向车道为准,可现场进行调整。

图 4-55　公路用凸面反光镜

七、减速设施

1. 减速丘

1)适用条件

在村镇为保护过往行人的交通安全,可设置减速丘降低过往车辆车速。减速丘宜设置在进村镇的前方、学校、交叉口等穿越公路频率较大的路段。

2)结构尺寸

减速丘断面尺寸如图 4-56 所示。施工时应注意沿公路纵向的减速丘边缘处理,推荐处理方式如图 4-57 所示。

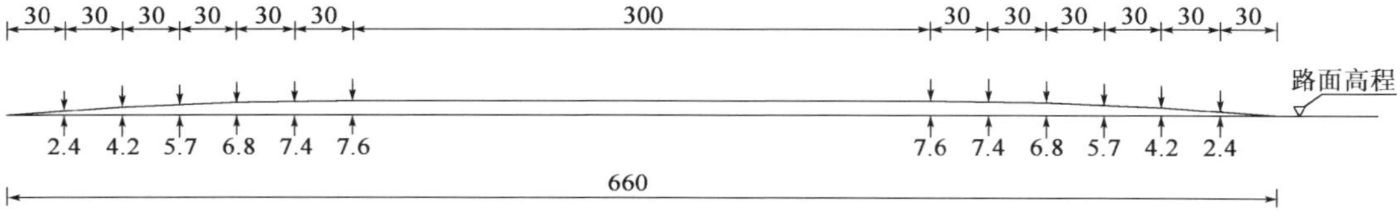

图 4-56　减速丘断面尺寸(尺寸单位:cm)

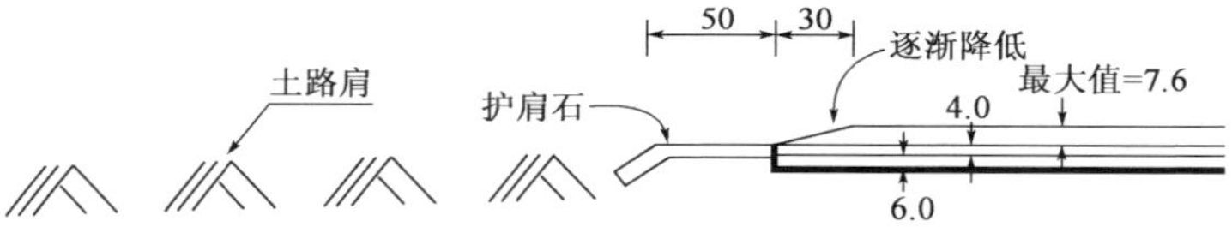

图 4-57　减速丘纵向边缘处理示意图(尺寸单位:cm)

2. 块石路面

1)适用条件

在急弯、连续下坡,以及进入村庄、路过学校等需要过往车辆慢行的路段设置块石粗糙路面,以达到提示驾驶员减速的效果。

2)结构尺寸

预制六边形水泥混凝土块:考虑到预制块顶面采用平面,对车辆强制减速效果差,在预制时将顶面制作成 1~1.5cm 的凸起,增强过往车辆的振动感,提醒驾驶员减速。

八、简易挡墙

在山区路段,基于生态工程和就地取材的思想,在部分需要加以防护的边坡路段,可采用铅丝笼挡墙进行边坡防护。铅丝笼挡墙是一种生态防护结构。石笼的主要结构物是石笼网箱，形状采用长方体，具有下列优点：

（1）柔性结构，贴地性佳；挡墙结构可以产生较大的变形而保证稳定，特别是适用于地基承载力较低的情况。

（2）耐久性好，高镀锌网箱抗腐蚀性好。

（3）机编成型，片状网，生产迅速，运输储存便利；不需要规则的、较大的石料，可以就地取材；组合容易，施工方便，经济实用，达到节省投资的目的。

（4）景观协调性好，植物可以利用石笼内填石空隙生长，也可以通过预埋藤蔓枝条等达到绿化效果，与周围景观相协调，既掩饰了人工痕迹，在一定程度上也起到了美化环境、保持水土的作用，如图 4-58 所示。

图 4-58　铅丝笼挡墙

铅丝笼挡墙主要用在以下路段中，起边坡防护作用：

（1）边坡岩层松散、风化较严重的位置；

（2）边坡岩层破碎，容易产生坍塌、落石的位置；

（3）受洪水、泥石流威胁的位置。

九、综合处置措施

1. 急弯路段

弯道视距、超高、路面条件、线形组合存在的问题均是弯道处事故多发的重要因素。调研表明，弯道视距不良影响道路的可视性，是弯道引发事故的重要因素。急弯路段的隐患识别及处置措施见表 4-11。

急弯路段隐患识别及处置措施表　　表 4-11

隐患识别	可选处置措施	安全效果	养护成本及内容	造　价
曲线内侧山体或树木遮挡导致视距不良	（1）通过修剪树木或消除山体开通视距，彻底消除安全隐患	★★★	养护成本低。定期修剪弯道内侧树木，确保树木生长不影响视距	消除山体造价高，清理树木造价低
	（2）开通视距困难，可以在曲线外侧设置反光镜、禁止超车标线、鸣笛警告标志、诱导设施，并未彻底解决视线不良的问题	★★☆	养护成本较高（反光镜丢损情况严重，更新维护频率较高）	低
路侧险要（曲线外侧是陡崖、深沟、水库等）	（1）车辆驶出路外可能造成严重后果的路段需要设置相应等级的护栏，预防坠崖、落水等路侧重特大交通事故的发生	★★★	高	高
	（2）经济条件限制无法设置护栏，设置诱导或警示设施进行主动引导，警示驾驶员路侧危险，谨慎驾驶	★★☆	低	低

续上表

隐患识别	可选处置措施	安全效果	养护成本及内容	造价
路面湿滑（山体阴面冬季路面易结薄冰路段或其他）	（1）设置“路面湿滑”警告标志	★☆☆	低	低
	（2）路面设置粗集料的薄层铺装	★★★	和交通量有关，交通量大磨损严重，养护费用高	高
超高不足或反超高	（1）根据道路条件进行限速	★☆☆	低	低
	（2）采取工程措施改善超高	★★★	高	高
不良线形组合（连续下坡接弯道、凸曲线接弯道等）	（1）设置道路走向的警告标志及限速设施	★★☆	低	低
	（2）通过工程措施改善道路条件	★★★	高	高

2. 连续下坡路段

连续长下坡一般依山傍崖，地势落差大，车辆长时间制动，易引起制动毂过热导致制动效果减弱或失效，使车辆失控引发交通事故。山区农村公路连续长下坡较为普遍，而且连续下坡末端一般地势相对较为宽阔，当地村民常常利用此处作为集市、建设村落，形成潜在的安全隐患，是重特大交通事故诱发因素。连续下坡路段的隐患识别及处置措施见表4-12。

连续下坡路段隐患识别及处置措施表 表4-12

隐患识别	可选处置措施	安全效果	养护成本及内容	造价
连续下坡末端路侧设置村镇、居民建筑、集市	（1）设置警示标志	★☆☆	低	低
	（2）增加路面摩擦系数	★★☆	中	较高
	（3）在连续下坡末端设置避险车道	★★☆	养护成本高。需对避险车道铺装层进行翻松养护	高
	（4）设置刚性防撞墙使村庄建筑与公路隔离	★★☆	高	较高
	（5）改线或村庄拆迁使其远离公路	★★★		高
弯坡	见表4-11	见表4-11	见表4-11	见表4-11

3. 穿越村镇路段

穿越村镇公路的两侧居民或商业活动较多，混合交通秩序差，容易引发冲撞行人、车辆对撞、侧撞等事故。穿越村镇路段的隐患识别及处置措施见表4-13。

4. 平交路口或支路口

平交路口处支路坡度过大或交角过小，视距不良，路权不明确等因素，影响农村公路的行车安全。平交路口或支路口的隐患识别及处置措施见表4-14。

穿村镇路段隐患识别及处置措施表　　表 4-13

隐患识别	可选处置措施	安全效果	养护成本及内容	造价
车速过快与行人碰撞	(1)设置村庄警告及限速标志，限速数值在 40km/h 以下	★☆☆	低	低
	(2)设置人行横道标线	★☆☆	中	低
	(3)幼儿园、校区横穿公路保护措施，特定时间的限速，设置人行横道	★☆☆	低	低
	(4)路宅分家：指利用护栏、植物、花坛等设施将公路主线与路侧住户活动场所隔离，保障路侧居民的安全	★★☆	高	较高
	(5)保护行人横穿的庇护区的设置	★★★	低	中
	(6)通过路面宽度变化降低速度　①缩减路面宽度	★★☆	低	高
	(6)通过路面宽度变化降低速度　②粗糙路面	★☆☆	低	高
	(6)通过路面宽度变化降低速度　③减速丘的设置	★★★	低	高

平交路口或支路隐患识别及处置措施表　　表 4-14

隐患识别	可选处置措施	安全效果	养护成本及内容	造价
未明确的道路优先权	(1)设置“停”、“让”等指路标志或标线明确优先权	★☆☆	低	低
	(2)支路口采用块石路面(块石路面雨雪天容易引发交通事故)	★☆☆	低	较高
	支路口减速丘降低车速	★★★		
缺乏夜间交叉口警示设施	设置警示设施或警告标志	★☆☆	低	低
指路标志信息不全	更换标志	★☆☆	低	低
视距不良	对于灌木、土堆等造成视距不良的路口，移除影响视线通透的障碍物，如清除或修剪视距三角形内的树木或农作物等	★★★	低	较高

5. 实例

1)急弯路段

某村道日交通量为 300 辆，有通公交的计划，宽度 5m，路侧为田地，路堤高 4m，曾经发生过车辆驶出路侧的事故，因路侧疏松的土地及茂密的庄稼起到缓冲作用，事故车辆均为轻微损坏。

(1)存在隐患

①弯道内侧山体遮挡视线容易引发对撞事故。

②超高不足，车辆速度过快容易发生车辆驶出路侧的交通事故。

③长直线接小半径弯道，车辆行至弯道处速度难以控制，车辆到弯道前未能及时减速而驶出路侧或突然减速引起追尾事故。

(2)处置措施

①针对开通公交后的措施

农村公路中型客车事故在农村公路重特大交通事故中占较大比例，主要事故形态为车辆坠崖或车辆驶出路侧事故。路侧防护及配合相应主动引导是综合处置思路。

a. 设置警示急弯标志，或急弯标志结合示警桩，如图 4-59、图 4-60 所示。

b. 设置波形梁护栏，并在波形梁板上贴反光膜进行视线诱导。

c. 消除局部山体，开通视距。

d. 设置道路边缘线（热熔反光）。

e. 限速标志，限速 30km/h，并在弯道前设置路面薄层铺装。

图 4-59　急弯标志

图 4-60　急弯标志结合示警桩（增强警示效果）

②农村旅游公路

a. 清理视距范围内的障碍物，并且在弯道内侧种植本地低矮植物或具有乡土特色的园林小品，增加景观效果。

b. 设置具有观赏性的警示诱导设施。

c. 设置道路边缘线（热熔反光）。

③通向村民居住区的公路

a. 设置车道边缘线。

b. 检查曲线外侧是否有坚硬的石头或构造物并予以清理，如不能清理需要设置反光设施以警示。

2）长大下坡路段

图 4-61　村庄位于大下坡坡底

背景：某通往旅游风景区的县道，存在一连续下坡路段，平均纵坡 7%，最大纵坡 15%，超过标准规范的技术指标，坡底是村民的住宅（图4-61）。路面大修后导致车速提高，节假日大型客车比例较高。在某次集会的日子，一辆大型客车因制动失灵撞向路侧，导致 11 位行人死亡。

下面介绍针对农村公路连续下坡末端有住户的处置措施。

远期采取处置措施：改线或将村落迁移。

近期采取处置措施：

(1)设置相关标志

根据实地路况和设计经验，在相关路段设置相应的警告、禁令、指示、指路标志等，及时为驾驶员传递道路信息，引导驾驶员进行正确操作，如图 4-62 所示。

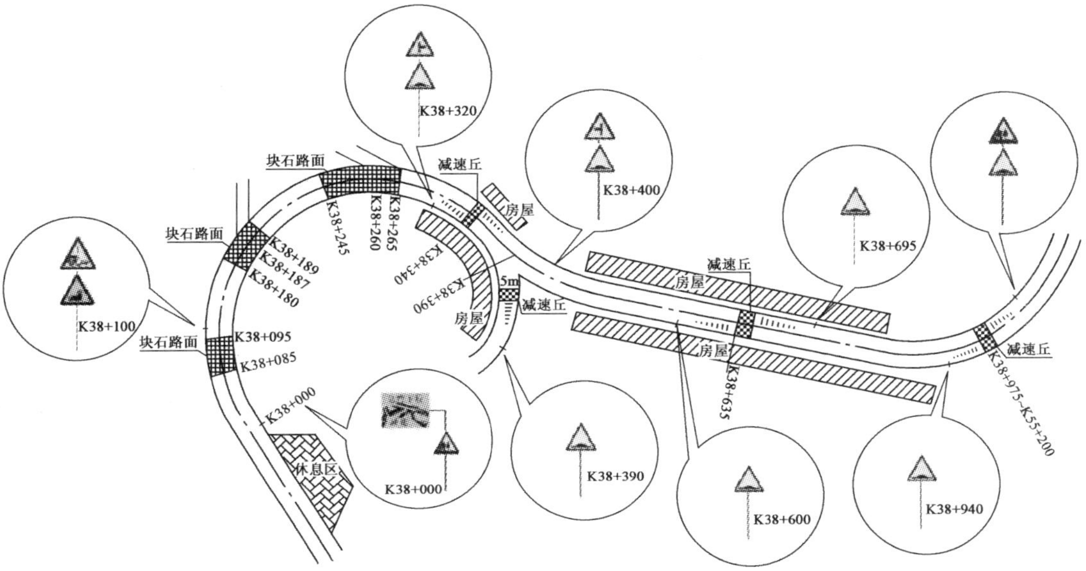

图 4-62　某农村公路大下坡路段标志设置案例

(2)进行速度控制

在连续下坡交叉口容易发生事故的路段设置块石路面，降低车速，如图 4-63 所示。

(3)视线诱导

在弯道路段设置线形诱导标、示警桩等线形诱导设施，进行路线线形诱导，可在示警桩上粘贴反光膜，达到在夜间诱导驾驶员视线的作用，如图 4-64 所示。

(4)设置防护设施

在弯道外侧危险路段设置必要的防护设施，如波形梁护栏、混凝土护栏、砌石护栏等，在保证安全的前提下，因地制宜，灵活设置，如图 4-65 所示。

(5)整治弯道处边沟

弯道处边沟较深，容易使车辆陷入或翻车，影响行车安全；将弯道外侧边沟改造为浅碟形，消除车辆卡入、翻入边沟的危险，帮助失控车辆返回正确行驶方向，保障路侧安全，如图 4-66 所示。

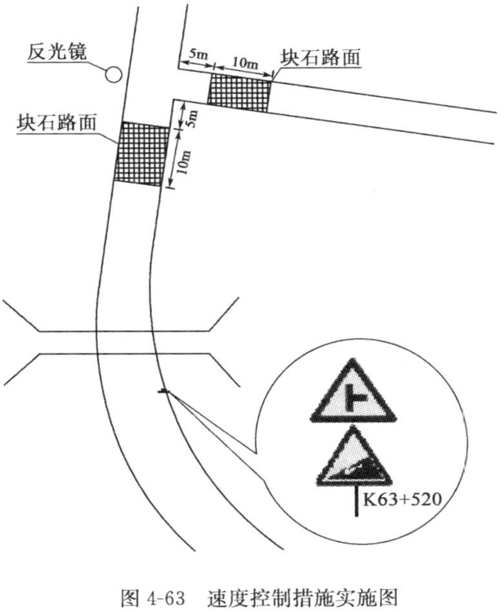

图 4-63　速度控制措施实施图

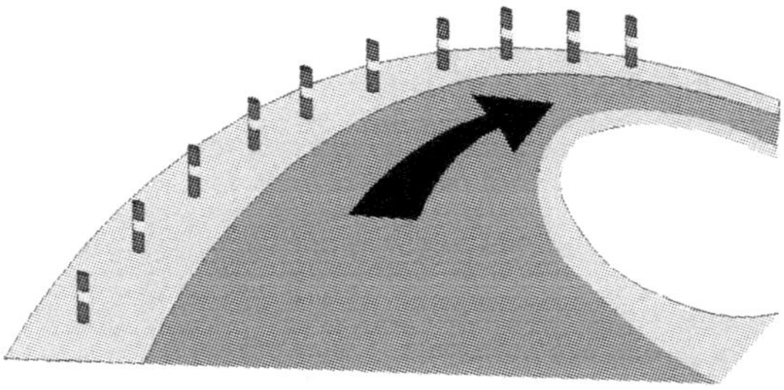

图 4-64　弯道上粘贴反光膜的示警桩

图 4-65　弯道外侧设置混凝土护栏

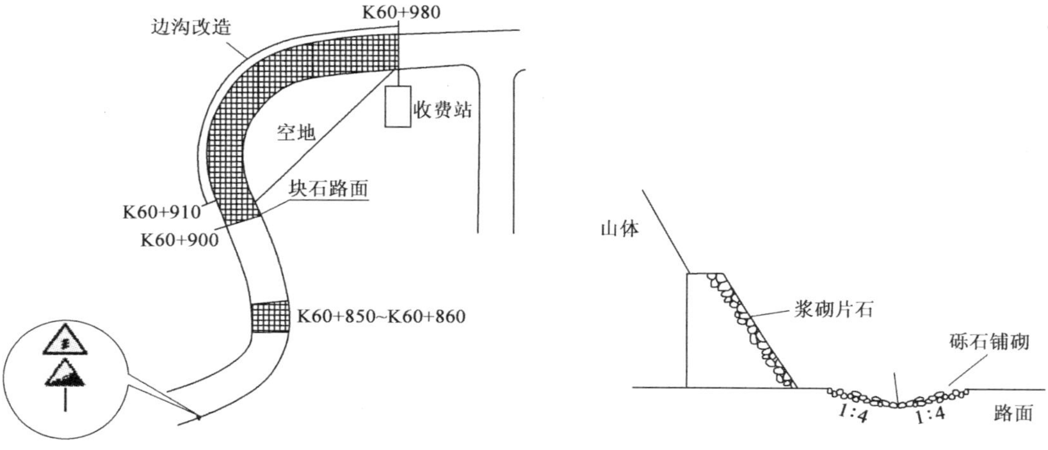

图 4-66　边沟整治实例

(6)设置小型休息区

在大下坡、连续下坡路段设置小型休息区，为驾驶员提供车辆检修和休息的场所。

3)穿越村镇路段

(1)设置警告或禁令等标志

在进入村镇路段前设置警告或禁令等标志，对驾驶员起警示作用(图 4-67)。在村镇入口前设置一处警告和禁令标志，提醒驾驶员即将进入村庄，应该控制行车速度，小心驾驶；也可视情况，例如公路车辆以农用车为主，受车辆自身性能限制，运行速度小于 50km/h 的道路，仅设置“村庄”警告标志。

(2)幼儿园、学校、医院、厂区设置人行横道

在穿越村镇路段中，幼儿园、学校、医院、厂区等人员相对集中，特殊时段人流较多的地方，应当采用安保措施保障弱势群体的交通安全(图 4-68、图 4-69)。如在村镇公路路侧的幼儿园、学校附近设置注意儿童警告标志。

(3)幼儿园、校区、医院、厂区设置减速丘

通过减速丘控制车速，保护横穿公路的行人安全，如图 4-70、图 4-71 所示。

a)　　　　b)

图 4-67　入村镇前路侧设置的交通标志

a)　　　　b)

图 4-68　穿越村镇公路旁的学校

a)　　　　b)

图 4-69　穿越村镇公路上的注意儿童警告标志

图 4-70　厂区门口减速丘形式的人行横道

图 4-71　幼儿园入口处设置减速丘

(4)设置庇护岛

在较宽的道路中心设置庇护岛(图 4-72),将人流、车流在时间、空间上隔离,保护行人交通安全。

a)　　　b)

图 4-72　穿越村镇的公路设置庇护岛保护弱势群体

(5)粗糙路面

在一般路面设计方法的基础上,改进材料组成和规格,通过铺设不同材料的铺面,使驾驶员感到车辆行驶颠簸而达到减速效果(图 4-73)。其主要适用于以下路段:

①在需要减速的路段前,如人流量、车流量较大的道路交叉口前、学校门口前等;

②长下坡加小半径路段前。

(6)设置减速丘

减速丘(图 4-74)是指在路幅宽度范围内较正常路面隆起的强制性减速设施,其作用是强制高速行驶的车辆减速,在紧急情况时能够采取有效的制动措施,避免与其他车辆或行人碰撞,达到预防和减少交通事故的目的。在农村公路中,减速丘是保护交通环境中弱势参与者的有效措施。

图 4-73　经处理过的路面迫使车辆减速

图 4-74　减速丘

减速丘结构尺寸的设计应保证车辆通过减速丘的安全性,同时对减速丘末端接近路缘石的部分进行处理,以满足路面排水的需要。布置减速丘的路段,可根据实际情况设置标志或标线提前告知驾驶员。减速丘表面可涂刷反光漆,以引起驾驶员注意。

若减速丘设置不当,将会带来如下负面影响:

①设置过密,驾驶员为了避免颠簸,会绕过减速丘在路的外缘或占据人行道行驶,给过往

行人带来严重的安全隐患。

②减速丘设置过高，会导致伤害车辆避震系统或刮坏发动机底壳，严重的会导致翻车，造成车毁人亡的重大事故。

③易造成噪声污染。

在设置减速丘时，要详细考察设计地点，认真进行减速丘的结构设计，力争做到既达到让车辆减速的目的，又可避免以上的负面影响。

(7)波纹路形

波纹路形(图 4-75、图 4-76)就是通过有意地改变路侧边缘带、施画地面标线、增加硬隔离设施等手段，将道路改造成"S"形或左右不断变换的曲折线形，迫使通过车辆减速慢行。波纹路形适用于交通量不大的穿越村镇、接近村镇、接近平交路口的路段。

图 4-75　改变路侧边缘带形成的波纹路形

图 4-76　增加硬隔离设施形成的波纹路形

(8)抬高行人过街设施

抬高行人过街设施(图 4-77)是使用砖块或纹理化的材料等将人行横道铺设抬高，并配备人行横道标志、标线，为行人提供过街的一种措施。行人在这种人行横道上过马路时，更容易看到驶来的车辆，驾驶员也易辨认人行横道。抬高行人过街设施适用于行人穿越公路频繁或公路穿越村镇或邻近村镇车速较高的路段。

图 4-77　抬高的行人过街设施

(9)缩窄路面宽度

在行人横穿频繁的平交口附近、村镇内道路，通过设置凸起的渠化岛或其他方式减小路面宽度的方法控制车速，缩短行人过路距离和时间，有效保护弱势群体的交通安全(图 4-78)。

a)改变路侧边缘带缩窄路面宽度

b)设置渠化岛缩窄路面宽度

图 4-78　缩窄路面宽度

4)农村公路小支路口

(1)支路坡度过大造成视距不良

道路条件:此处为两条四级农村公路相交形成的平交路口,一条为乡道,一条为村道。乡道在平交路口处的纵坡坡度为 11%,村道则以纵坡坡度为 11%的上陡坡进入路口(图 4-79)。两条相交的公路之间,由各自停车视距所组成的三角区内由于坡度影响,不可通视。

事故形态:主线车辆忽视路口存在,与支路车辆发生冲撞事故。

图 4-79　农村公路平交路口处的陡坡

处置措施:

①在主线支路口处设置示警桩(贴反光膜);

②在支路口前设置支路口的警告标志;

③在支路口设置停车让行的标志。

注意问题:交叉口处线形诱导设施形式应与道口桩有明显区别,避免示警桩与路口道口桩混淆(图 4-80)。

(2)两侧山石壁遮挡视线

此处是农村公路挖方后以下陡坡方式接入其他公路,农村公路两侧的山石土壁遮挡视线(图 4-81)。在这类平交路口上,更容易发生交通事故。此平交路口,发生过一名老年人骑三轮车从村道冲进县道后被车撞死的事故。

处置措施:

①消除土质山体,保障平交路口在停车视距范围内视线通透;

②设置显著的警示标记；

③在接近路口附近(50m 处)设置 5cm 厚度的碎石路面，以减缓支路下坡车辆速度。

a)　　　　b)

图 4-80　示警桩同时作为线形诱导标、道口桩，驾驶员很难识别支路口存在

图 4-81　受土壁遮挡视距不良的平交路口

第四节　山区公路养护作业控制区安全保障措施

在我国，双车道公路占公路总里程的 75%左右；在山区公路中，由于受到地形等因素的限制，双车道公路的比重更大。因此，本节将主要介绍山区双车道公路养护作业控制区布置问题。

一、山区公路养护作业控制区特点

与平原区公路相比，山区公路由于受到地形等因素的限制，在道路线形和道路环境等方面存在着较大的不同之处。在道路线形方面，山区公路的路线技术指标与平原区公路相比，平曲线半径和纵坡坡度这两个指标尤为突出，在这两个指标的影响下，山区公路存在着急弯、连续急弯、陡坡、连续下坡等路段；在道路环境方面，由于路侧范围内存在山体、乱石、树木、深谷和溪流等，造成山区公路的视距不良和路侧安全性差等问题。此外，山区公路还存在着傍山、沿河(谷)、高路堤和穿村镇等特殊路段。

山区双车道公路养护作业控制区可分为两种情况：一是路肩养护双向通行；二是车道养护封闭一个车道交替通行。

1. 车道养护

车道养护时封闭一个车道，车辆交替通行（在双车道公路上进行道路养护作业时，常常会封闭一条车道，另一条车道双向交替通行），车辆需要先停车等待，等候旗手的指令，再依次通过。在这种情况下，养护作业控制区的长度将会直接影响车辆的延误、排队长度等，如图 4-82 所示。

2. 路肩养护

路肩养护双向通行，车辆不需要停车等待，按照顺序直接通过。“路肩封闭、双向通行”情况如图 4-83 所示。

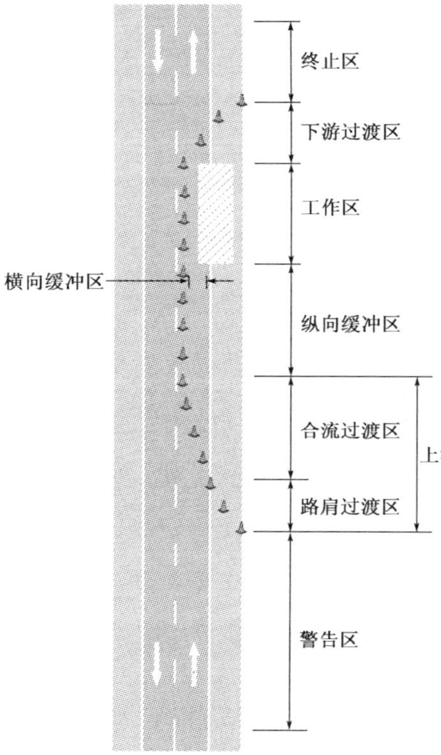

图 4-82 “车道封闭、交替通行”养护作业控制区

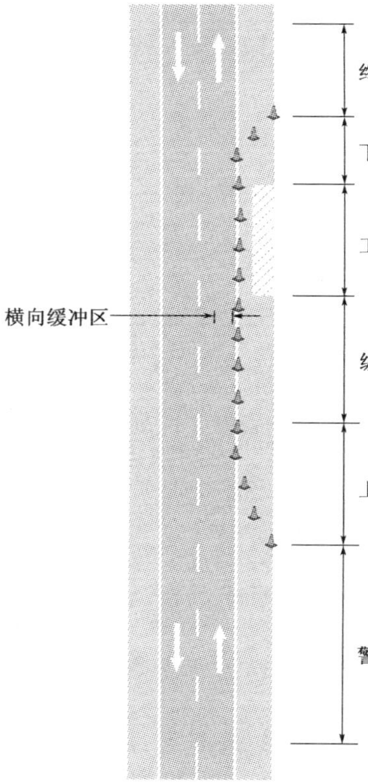

图 4-83 “路肩封闭、双向通行”养护作业控制区

二、山区公路养护作业控制区安全设施

山区公路养护作业控制区安全设施包括标志、标线和防护警示设施。安全设施布置应遵循以下几个原则：

（1）标志牌数量应适当。若设置得太多，则会造成驾驶员得到的信息量过大，影响正常驾驶；若设置得太少，则会造成没有起到提示或警示驾驶员前方道路状况的作用。

（2）标志牌位置应设置得当。山区公路多弯道、纵坡，造成视距不良，因此，标志牌应设置在视距良好位置处，起到提前警示的作用。

（3）在双车道公路上进行养护作业时，若需要封闭一条车道，另一条车道双向交替通行，除必要的安全设施外，尚应在上游过渡区起点和下游过渡区终点处设置交通控制人员或临时交通控制信号灯。

(4)夜间养护作业时，必须设置照明灯和施工频闪灯，可根据实际道路情况，设置语音警示设施。

(5)在警告区内应设置施工标志、限速标志、车道封闭标志、可变信息标志牌或线形诱导标志牌、双向交通标志、注意障碍物标志、特殊路段标志(急弯、反向急弯、连续急弯、陡坡、连续下坡、傍山险路、堤坝路、村庄等)，根据道路实际情况，可增设注意前方车辆排队标志、注意危险标志、注意路面结冰(雨雪天、雾天、不利气象条件等)标志；在警告区 3/4 长度处至下游过渡区终点之间应设置锥形交通路标；在上游过渡区起点处或缓冲区起点处，应设置旗手或交通控制人员，根据实际情况，可在适当位置增设旗手；在缓冲区与工作区交界处设置路栏；在工作区前方应设置防撞桶(或防撞墙、隔离墩等)。控制区内其他安全设施可视实际情况而定。

三、山区公路养护作业控制区安全保障对策

山区公路养护作业控制区安全保障对策主要针对山区公路特殊路段的养护作业控制区，包括急弯、连续弯道、回头弯道、反向弯道、纵坡、傍山沿河和穿越村镇等特殊路段。

1.路肩养护作业

根据道路等级的不同，道路路肩可以分为硬路肩和土路肩。在硬路肩养护作业时，可以封闭硬路肩进行养护作业；在土路肩养护作业时，需要借助部分车道进行封闭作业，必须保证被借用车道的宽度不小于 3m。在需要作业车进行养护作业时，作业车上必须安装闪光警示灯。在上游过渡区起点处必须设置旗手，以提示车辆谨慎慢行；根据道路实际情况，可以增设旗手。

2.弯道路段和纵坡路段养护作业

弯道路段和纵坡路段往往是视距不良路段，是较为危险的养护作业路段。弯道路段和纵坡路段养护作业控制区在标志牌的布置上必须做到提前警示，可根据实际道路情况，将施工作业标志牌设置在弯道或变坡点前方，也可以在这些视距不良路段增设旗手或施工警告频闪灯，增设旗手时必须保证旗手的安全。在下坡路段，车速往往较快，尤其是长下坡路段或连续下坡路段。在这些路段养护作业时，必须加强工作区的防护，在工作区前设置足够强度的防撞设施，且在横向缓冲区内须设置一定长度的移动式护栏。

3.傍山沿河路段养护作业

傍山路段应注意落石和路侧净空，交通控制人员应注意车辆的高度和宽度，避免超高、超宽车辆与山体发生刮蹭侧撞事故，避免这些事故造成的交通拥堵。

沿河(谷)路段应注意保护车辆，防止车辆驶出车道，可在沿河(谷)一侧路肩设置防撞设施，如防撞墙、水马等。

4.穿越村镇路段养护作业

穿越村镇路段交通流构成复杂，机动车与非机动车混合行驶，且行人和出入口较多，应加强出入口的车辆管理。在非养护维修作业车道(路肩)一侧，必须设置旗手。可根据道路实际情况和工作区长度，决定旗手人数。旗手应确保控制区内行人和非机动车的安全，指挥控制区内岔路机动车和非机动车的进出。

第五节 山区公路路侧危险物处置与路侧安全综合改造

一、路侧危险物处置措施

1. 路侧安全设计理念和方法

1)路侧安全设计理念

路侧安全设计主要针对从车道外缘到道路红线边界这一区域范围进行设计。宽容的路侧净区设计理念及灵活设计理念是进行路侧安全设计的核心。

宽容的路侧净区设计理念,即尽可能为驾驶员提供充分、平缓、无障碍的路侧区域,为冲出路外车辆提供充分的安全保障,尽可能减少交通事故发生或降低交通事故严重程度。宽容的路侧净区设计包括平缓的边坡设计、可穿越的排水设施设计、不可避免的路侧危险物(包括山体、水域、树木、杆柱等)的处理等。驶入路侧净区内的车辆一般不会在边坡上发生翻车,也不会与危险物发生碰撞,即便是不可避免地与危险物发生碰撞,仍应保证碰撞的后果最轻。

灵活的路侧安全设计理念,即公路状况和环境是千变万化的,应根据道路线形、道路环境、路侧危险程度、材料、资金状况等因地制宜,灵活进行路侧设计,适时适地采取相应的路侧安全措施。

2)路侧安全设计方法

路侧安全设计的流程是:首先进行详细的踏勘与资料收集;其次在此基础上对路侧安全状况进行综合分析与判断,识别出路侧潜在的隐患和危险物类别;然后针对具体的路侧隐患和危险物类别研究路侧隐患处置措施和对策,提出有效的路侧安全设计实施方案。

常用的路侧危险物处置措施包括:移除,即彻底消除路侧危险物,是处置危险物最根本的方法;移位,即将不能移除的危险物移至距离行车道较远的地方,减小车辆与其碰撞的可能性;再设计,如果危险物不能移除或移位,可采取新的设计方案消除危险物或降低路侧危险物的危害程度;安全防护,即通过防护、标识等安全防护技术或措施降低路侧危险物的危害程度。

2. 路侧危险物的处置原则

对路侧危险物的处置应遵循以下原则:从预防和改善两方面入手改善路侧安全。应尽可能从技术上避免路侧危险物的存在或发生。若路侧危险物客观存在,则应考虑将路侧危险物移除或移位,尽可能消除路侧危险;若无法消除路侧危险物,则应采取有效的设计方法或安全防护技术进行改善和改进,尽可能降低事故发生的可能性或降低事故的严重程度。

3. 路侧危险物处置技术

1)路侧公路自身构造物

(1)边沟(排水沟)

首先判断现有边沟(排水沟)带来的安全隐患,包括边沟(排水沟)到路肩外边缘的距离是否合理,边沟几何断面形式是否安全,边沟(排水沟)的深度是否超过允许范围,边沟(排水沟)是否被杂草覆盖而变得不明显,对危险的边沟(排水沟)是否进行了安全处置(如设护栏,加盖板等);然后根据路侧边沟(排水沟)的主要隐患特点及地形环境特点,有针对性地采取相应的安全改造措施。

根据现有公路路侧边沟隐患特点，路侧边沟（排水沟）改造技术主要包括以下几个方面：

①在满足排水的前提下，若路侧条件许可，则尽可能将边沟（排水沟）设计或改造为宽、浅的浅碟式（图 4-84）或暗埋式边沟（图 4-85），以增加侧向余宽，使事故车辆能够驶回主路，确保行车安全。对于沟底纵坡较缓或冲刷不严重的路段可采用土质植草边沟，减少浆砌圬工结构物，对事故车起到缓冲作用。

a)　b)　c)　d)　e)　f)

图 4-84　浅碟式边沟坡脚处理示意图

注：结合地形和路侧实际情况灵活设计的浅碟式边沟，坡脚应采用圆滑式处理，给车辆提供一个十分充足的净区。

②对于穿越村镇的路段以及山区公路路侧净区空间有限的路段，边沟宜增设盖板（图 4-86），以增加有效的路侧净区宽度。

盖板的强度应符合大型车辆承载强度要求，盖板的孔眼设计应利于排水，同时要考虑边沟的养护。盖板应确保养护工人能够打开，以定期对盖板边沟进行清理，保证盖板式排水沟排水畅通。

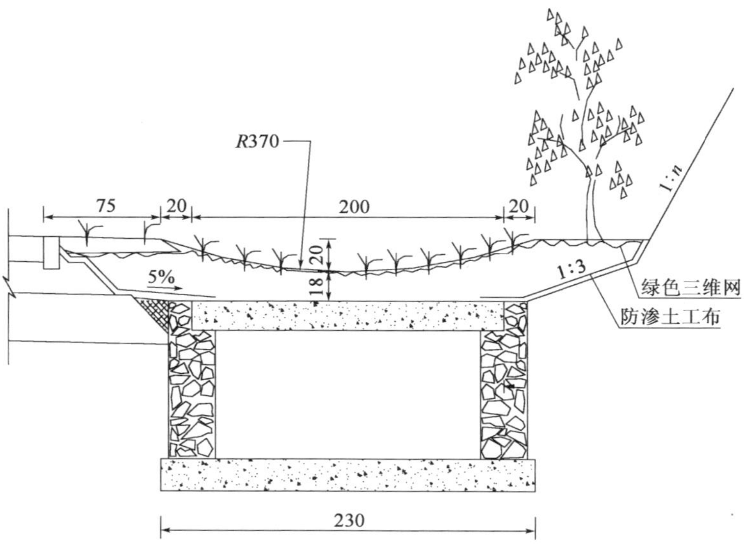

图 4-85　具有良好路侧安全性的暗埋式边沟(尺寸单位:cm)

a)　　b)　　c)　　d)

图 4-86　边沟增设盖板示意图

注:a)加盖板的矩形边沟有效增加了路侧净区宽度;b)傍山的路侧净空较小的山区公路通过边沟加盖板增加路侧净区空间;c)采用盖板式边沟穿越村镇路段;d)采用透水性更好的狭缝式孔眼的盖板式边沟。

③对已有深边沟也应考虑采用盖板进行改造，以降低其危险程度（图 4-87）。

a）存在安全隐患的深大边沟

b）通过增加盖板和示警桩降低危险性

图 4-87　降低危险程度

④对存在一定危险但不会发生严重翻车事故的边沟（排水沟），可通过在车道外侧边缘线、路肩振动带或在路肩上设置轮廓标等方式提示和预防车辆驶入危险边沟（图 4-88）。

⑤对于路侧宽深的较危险、改造难度大、有可能发生较严重翻车事故的边沟（排水沟），可通过设置护栏进行防护（图 4-89）。

图 4-88　路侧边沟预警设施设置

注：山区公路路幅较宽，采用示警桩提示驾驶员注意路侧边沟，可避免危险事故发生。

图 4-89　边沟设置防护栏

（2）涵洞

针对路侧涵洞隐患特点，主要采取以下措施（图 4-90）：

①改进涵洞的设计，设置与路面或坡面齐平并保证一定强度的箅子，使车辆可以穿越；

②延长涵洞进出口，使之远离行车道，同时取消涵洞口帽石，以降低车辆坠入涵洞的可能性；

③对结构物进行防护或采用反光材料予以警示或标识其轮廓。

（3）边坡

对于山区公路边坡的安全处置可分为路堤高边坡和路堑陡边坡两种。

①路堤高边坡

a. 有条件的地方可尽量放缓路基边坡。通常缓于 1∶4 的边坡为可返回边坡，行车安全，驶出边坡的车辆可返回行车道上，如图 4-91 所示。

b. 当无条件设置可返回边坡时，宜尽量将边坡放缓，并尽可能在坡脚处为冲出路侧的车辆提供足够宽的闪避区域，使冲出车道的车辆在遇到陡峭的路堤边坡之前能恢复到正常行驶状态。

a) 延长涵洞口远离行车道并取消帽石

b) 设置箅子的涵洞口

c) 取消端墙和翼墙并覆盖钢制栅格的涵洞口

图 4-90 涵洞隐患处置措施

a)

b)

图 4-91 可返回路堤缓边坡

注：可返回的路堤缓边坡，无须增设其他安全设施。

c. 对于较陡的路堤边坡，车辆一旦发生倾覆，危险性很大。因此，当车辆发生倾覆的可能性较大，且边坡不具备改建条件时，建议根据路侧条件考虑增设护栏，也可视情况采取安装示警桩、设置轮廓标、施画车道边缘振动标线、设置路肩振动带等措施提高行车安全性，如图4-92

所示。

d.部分等级较低、农用车辆较多的路段也可视情况设置一些简易、有效的拦挡设施(图 4-93),如土质拦挡,即在路侧较宽路段,可通过堆砌的土堆作为路侧拦挡措施;或在路侧危险度不高的路段利用山区丰富的石材资源设置埋石拦挡,以警示和拦挡车辆;或利用废旧沥青桶、汽油桶内装砂或碎石作为路侧拦挡设施。

图 4-92　边坡增设护栏、示警桩

②路堑边坡

a.首先在设计中应尽量避免线形靠近陡峭山体,造成大面积陡边坡,对于无法避免的,应采用半山桥或其他灵活设计理念变陡边坡为缓边坡,如图 4-94 所示。

a)简易的土质拦挡　b)埋石拦挡

c)废旧汽油桶拦挡　d)砌石拦挡

图 4-93　设置简易拦挡设施

b.对于易风化、易发生落石和飞石的路堑陡边坡,应考虑设置主动、被动防护网等柔性防护措施(图 4-95),降低路侧危险程度,充分考虑风化落石的粒径,合理选用防护网的网格尺寸。对于边坡风化碎落易堆积路段,应考虑设置挡石墙防止碎落物堆积在公路上引起次生事故,对于边坡裂隙发育、落石严重的路段,可以考虑采用棚洞方案防护。同时设置各类标志警示驾驶员,如落石标志(提示驾驶员观察通过)、禁停标志(严禁在此类边坡路段停车)。

c. 山区公路可通过各式灵活、美观的矮挡墙收缩坡脚，放缓上边坡，提高整体稳定性；形式多样的矮墙既美观，又可引起驾驶员的注意，降低行车危险性(图 4-96)。

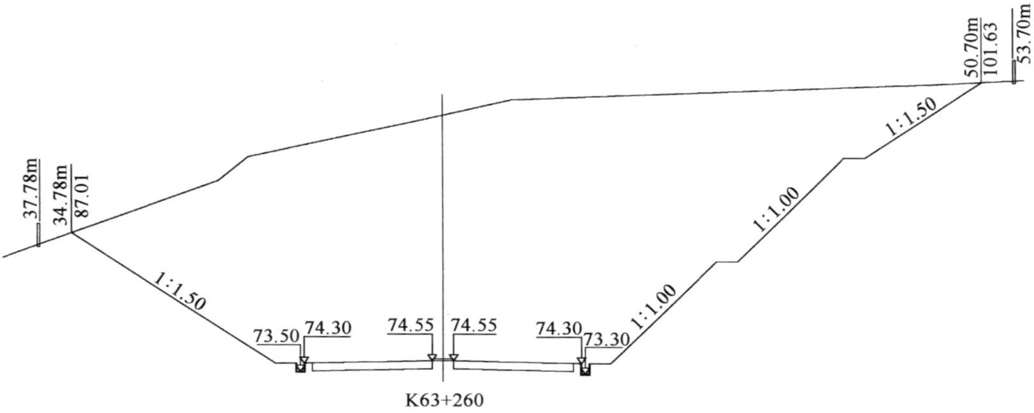

a)修改前具有隐患的高陡边坡设计图

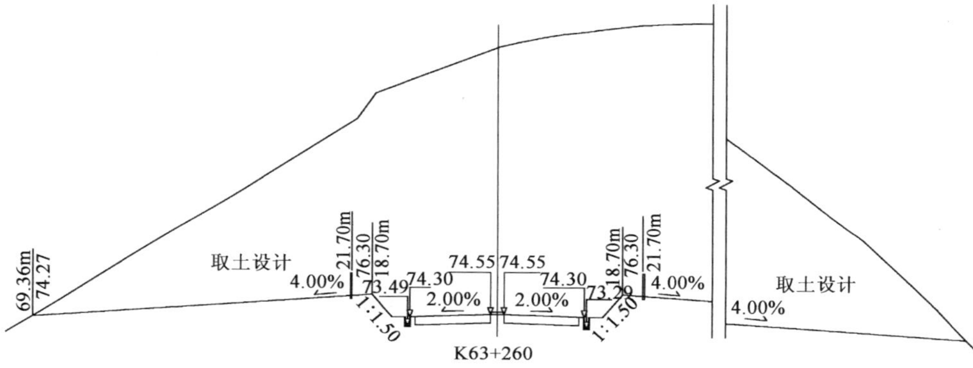

b)修改后采用路基结合取土场的方案

图 4-94　边坡设计修改前后对比

注：减少另设取土场，避免深挖方段路基的高边坡防护，减少安全隐患。

(4)土路肩

为防止路表水冲刷土路肩，土路肩可采用栽砌卵石或空心混凝土预制块＋植草加固方式；降雨量小、蒸发力强的地区，不适宜植草时，宜采用混凝土预制块加固方式(图 4-97)。这两种路肩加固方式不仅可加固路肩，同时也增加了公路侧向余宽，增加行车安全性。

(5)路缘石

路缘石的设置应注意以下几个方面：

①尽量取消路缘石的设置。

②若需设置路缘石，则应设置为可穿越式路缘石或尽可能增加路侧净区空间。

③控制路缘石设置高度不要超过 10cm，以免过高的路缘石刮擦车辆或车辆难以穿越造成翻车事故。

2)路侧安全设施

(1)路侧护栏

路侧护栏设置时应遵循以下原则：

a)主动、被动防护网防止落石

b)设置挡石墙防止碎落物堆积公路

c)网格较小的防护网防止风化落石

d)对不稳定山体设置棚洞

图 4-95　易风化、落石路堑边坡处理

a)矮挡墙+放缓边坡

b)美观的挡墙收坡角，放缓上边坡

c)选择柔性的石笼挡墙一举两得

图 4-96　矮墙设置

首先,护栏只应在车辆撞击护栏的严重性比撞击未设防护固定危险物的严重性低的情况下才予以设置;

其次,护栏的设置应满足防撞等级要求,护栏基础应满足强度要求;

第三,注意护栏端头及不同类型护栏间的过渡段的处理。

a)采用“砾石+绿化”的路肩方式

b)采用混凝土预制块加固的路肩方式

图 4-97 土路肩设置

根据路侧护栏的主要事故隐患特点,路侧护栏改造技术主要包括以下几个方面:

①护栏缺失路段:路侧险要、护栏缺失的路段应补充设置护栏,护栏类型及强度根据路侧实际情况加以选择。

②不满足防护要求的路段:现有不满足防护要求的护栏、示警墩、挡墙等需进行升级改造(图 4-98)。在利用现有示警墩改造时,可将两个现有示警墩之间的间隙以新浇混凝土护栏连接,并将现有示警墩端面打毛,植入连接钢筋,连接钢筋与新浇混凝土护栏钢筋网绑扎。

a)

b)

图 4-98 危险路段防护升级改造示意

注:在路侧危险程度高的路段,将不具备防护能力的示警墩改设为波形梁护栏。

③护栏端头:若存在一定的隐患,则需对其进行改进设计(图 4-99)。路侧条件允许时,护栏(或端墙)端头尽可能做外展处理;若外展困难,也可通过粘贴反光膜或涂刷反光漆等方式加以警示。

④护栏基础:若强度不足,则应通过硬化路肩、锚固钢板、采用独立式水泥混凝土基础等方式对其进行处理(图 4-100),保证其强度。

a)采用曲线式外延隐入路侧的护栏端部提高行车安全性

b)护栏采用地锚式端头设计

c)涂刷反光漆的端头起到了一定的警示作用

图 4-99　护栏端头处理

⑤不同类型护栏间的过渡:不同刚性护栏间若缺乏一定的过渡,建议设置一定的过渡,实现不同类型的护栏之间合理连接(图 4-101),避免留下空当成为路侧防护的薄弱环节。如混凝土护栏与波形梁护栏、钢结构桥梁护栏与波形梁护栏、钢结构桥梁护栏与混凝土护栏之间的过渡段应采取有效的处理措施。

图 4-100　护栏基础处理

注:通过加宽硬化路肩保证护栏基础的强度。

图 4-101　护栏过渡段设计

⑥护栏设置长度:护栏长度应满足最小有效护栏长度的要求。

⑦护栏的维护:定期对护栏进行检查和维护,确保护栏立柱埋深、护栏有效高度、侧向土基

支撑力等指标符合要求，确保紧固螺栓无缺失，确保缆索护栏的缆索张力满足要求等，保证路侧护栏的有效性。被撞击后护栏应及时补充安装。

(2)路侧标志

路侧标志是引发路侧事故的危险物之一。根据路侧标志隐患特点，路侧标志安全改造技术主要包括以下几个方面：

①标志位置：对标志设置的位置进行排查，对车辆有可能驶出路外的路段，尽可能调整标志设置的纵向或横向位置[图 4-102a)]。

②标志立柱：

a. 标志立柱应满足设计强度要求。

b. 标志立柱若距离行车道较近且位置无法改变时，经济条件许可时采用解体消能设施[图 4-102b)]，以降低驶出路外车辆碰撞标志立柱事故的严重程度。

c. 当标志立柱出现倾斜、损坏、生锈等状况时，应及时修理或更换，以免出现倾覆事故。

a)远离行车道的路侧交通标志　　b)解体消能的标志

图 4-102　路侧标志改造

3)路侧危险地貌

(1)路侧山体

对路侧存在山体的处置措施主要包括以下几方面：

①移除山体、孤石等路侧危险物，砍伐妨碍视距的树木，增加弯道路面宽度，改善视距，拓宽路侧净区；若山体影响视线导致视距不良且移除困难时，需设置附着式线形诱导标(图 4-103)。

②对潜在发生落石的山体，可视具体路段的情况采用不同方法预防事故发生，包括设置落石标志，提示驾驶员观察通过，严禁在不稳定边坡路段停车；若路侧有充分空间，且落石体积、方量不大的路段可设置碎落台、挡墙等；对不稳定的山体边坡可通过锚固、护坡等方式稳定边坡；也可通过在相应路段设置防落网、拦石网等进行防护；在落石严重的路段可以搭设棚洞(图 4-104)。

(2)路侧水域

对路侧水域的面积、深度等加以判断，分析其主要隐患特点，针对其主要隐患特点，采取相应的处置措施。对路侧存在水域的处置措施主要包括以下几方面：

①在水域前方设置警告标志，提醒驾驶员路侧危险物的存在。

a）移除路侧危险物

b）因山体导致的视距不良路段可设置线形诱导标

图 4-103　路侧山体处置措施

a）不稳定的山体边坡挂网防落石

b）设置挡墙并在挡墙前设置警告标志

c）对不稳定山体设置棚洞

图 4-104　易落石山体处理

②可加设轮廓标以标识线形进行视线诱导，防止车辆尤其是夜间行驶的车辆冲出路外。

③若路侧水域过深，则宜加设护栏。

4)路侧公用设施杆柱(电线杆、通信杆、灯杆等)

对路侧公用设施杆柱加以判别，包括设施杆柱的位置、杆柱的稳定性、杆柱材质等诸多方面，若存在潜在危险，则需根据潜在危险的具体情况作相应的处置或防护。对路侧公用设施杆柱的处置措施主要包括以下几个方面：

(1)杆柱的数量：鉴于杆柱潜在的危险性，应根据实际情况尽可能少设置设施杆柱，可通过多种缆线联合使用以减少杆柱数量。

(2)杆柱的位置：若条件许可，杆柱尽可能远离行车道，尽可能设置在最不太可能被车撞到的地方(图 4-105)。若杆柱位置距离行车道过近已构成潜在的安全隐患，则在路侧区域空间充裕的情况下，可将杆柱外移；穿越城镇的公路，经济条件许可时可采用缆线埋入地下的方式。若杆柱既无法移置别处又无条件采用地下缆线，建议通过增加杆柱纵向间距的方式减少隐患。

另外，在下坡路段、交叉口及路面变窄处等车辆易于驶离的路段，不宜设置杆柱。

(3)杆柱材料：条件许可时采用易折、底座可滑动等特殊设计的可解体的杆柱，特别是当路侧空间狭窄、不具备外移或其他条件必须将杆柱设置在比较靠近行车道的位置的杆柱更宜采用。

(4)无法排除潜在路侧危险的杆柱：建议进行标识，如设置警告标志、粘贴反光膜或喷涂反光漆等(图 4-106)，以警示驾驶员，减少撞击的可能性。

图 4-105　路侧杆柱设置

注：路侧空间充裕时，可将紧邻行车道的杆柱外移。

图 4-106　粘贴反光膜的路侧桥墩

5)其他路侧危险物

(1)行道树

应对路侧行道树的状况加以判断，包括行道树的位置，车辆易冲出路外的地方是否栽植有行道树；行道树的种类，是否易倾覆；行道树的修剪，是否遮挡了驾驶员视线；行道树树干的直径，是否过粗构成了潜在的危险等。同时，还应考虑植株与路侧的横向距离、垂直竖向净空、栽植的安全视距等，这些也是影响交通安全的重要因素。

对路侧行道树的处置措施主要包括以下几个方面：

①行道树的种类：一般选择深根性、分枝点高、抗逆性强、耐修剪、寿命较长、病虫害少、栽培移栽成活率高、落果对行人及行车不会造成危害、便于管理的树种；不应选用有飞絮、毒毛、

臭味、污染种子或果实的树种；不宜选用浅根系易倒伏（如刺槐、垂柳等）、枝干硬脆易折断（如加拿大杨等）的树种，避免植物倒伏、折断影响交通安全；不宜选用生长速度过快、根系发达的树种，避免其迅速生长并且庞大的根系破坏路基路面影响交通安全。

②行道树栽植位置：对已有的较粗大的距离行车道较近的行道树，应移位或移除；对于全部移走困难且防护花费过大的行道树，可视情况将交叉口、出入口处行道树移除。

公路设计时要在路侧预留足够的安全空间。美国的有关资料建议，灌木与路肩边缘之间的空间不能小于 1m，细的树木与路肩间距不应小于 6m，较粗的树木不应小于 10m，这些间隔应随着设计车速的增大而增加。在不宜栽植较大树木的路侧范围内，可栽植花草和低矮灌木等柔性植物。

③行道树栽植的安全视距：公路绿化设计应符合行车视线的要求，在道路的交叉口视距三角形范围内和弯道转角处的树木不能影响驾驶员视线的通透性，需符合安全视距的要求。根据安全视距的计算公式进行计算和分析可获得植物种植安全距离和道路限速的关系（图 4-107），也用以指导植物的栽植。在不同的路面条件下，植物栽植必须保证视距大于一定的安全距离。

④行道树栽植的竖向净空：除在平面上的安全视距外，还要保证竖向净空，在一定高度内树冠不应侵占道路竖向净空。美国北卡罗来纳州的公路植物种植指导方针建议：行车公路的竖向净空不能小于 3.7m。在道路交叉口视距三角形范围内和弯道内侧的规定范围（150m）内不得种植高于最外侧机动车车道中线处路面标高 1m 的树木，种植的绿篱，株高要低于 70cm，以便使驾驶员看到交叉口附近的车辆行驶情况，不影响视线通透。

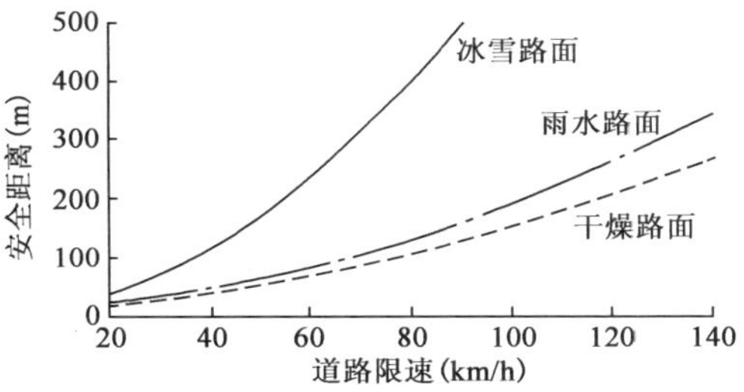

图 4-107　植物种植安全距离和道路限速的关系

⑤行道树栽植方式：路侧单调的行车环境容易使驾驶员失去对车速的准确判断能力。若路侧行道树整齐划一——长路段内采用一种种植方式，驾驶员视觉上易疲劳，造成注意力不集中而发生交通事故。因此，行道树栽植时可采用高低不同、错落有致、富有层次感的种植方式，使路侧参照物富于变化（图 4-108），尽可能避免长路段内采用同一种种植方式。对已建道路，可根据路侧具体绿化情况适当做一些调整，以缓解驾驶疲劳，降低车辆冲出路外的可能性。

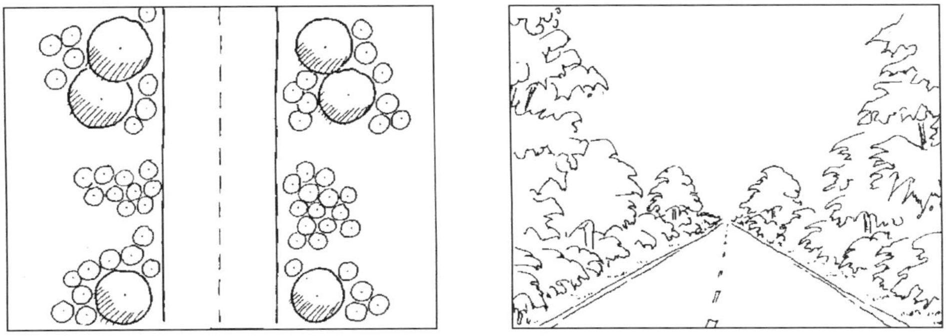

图 4-108　行车道树木栽植方式

⑥树枝的裁剪:需定期进行修剪和维护,以保证路侧视线的通透性,避免遮挡视线(图1-109、图4-110)。

图4-109　路侧树枝裁剪前

图4-110　路侧树枝裁剪后

⑦对无法移位或移除的较粗树木,建议进行防护或标识,如设置警告标志、粘贴反光膜或喷涂反光漆等,以警示驾驶员,减少撞击的可能性。

⑧对于遮挡视线的小半径曲线处无法移除的树木,建议设置线形诱导标(图4-111)。

a)对紧邻行车道的成排的树林进行防护

b)树干刷白的行道树用于警示和视线诱导作用

图4-111　树木遮挡视线处线形诱导标设置

(2)路侧广告

①路侧广告的类型:若路侧确有必要设置广告牌,建议广告内容应简单、明了,不应过于花哨或夸张,以免分散驾驶员的注意力,给行车安全带来隐患。

②路侧广告牌的位置:应遵循安全、避让等原则,即应做到不遮挡驾驶员视线,不造成路侧碰撞隐患等。尤其在事故多发的危险路段,应拆除多余的标志、广告牌,使视线通透。

③路侧广告牌的管理:对于路侧广告牌的设置,不应随意乱设,应当根据当地的相关规定,在符合规划、确实有必要设置的地方设置相关的合法广告,而对一些随意乱设、没有任何审批手续的广告牌,应严令拆除。在没有制定相关管理条例的城市,应尽快出台此类办法,使广告牌的设置与拆除做到有法可依。

(3)路侧房屋

当房屋等建筑物紧靠公路时,宜实施路宅分离、机非分离,采取设置非机动车专用车道等措施(图 4-112),以提高路侧的安全性。

(4)路侧堆积物

路侧堆积物同样按“移除为先、防护次之”的原则处理,即:

①有条件移除、移位时,可将路侧堆积物移除。

②无法采取移除、移位等措施处置时,则宜采取设置防护栏、在危险堆积物前方设置警示标志、堆积物上刷反光漆或粘贴反光膜标识其轮廓等方式提醒驾驶员危险物的存在。

图 4-112　非机动车专用车道设置

二、典型路侧安全综合改造示例

1. 隧道洞口路段

1)路段特点

受地形条件所限,山区现有国道隧道洞口路段多存在线形条件差、路侧容错空间小、隧道洞内外光线反差大等特点,隧道洞口路段通常为事故多发处(图 4-113)。

图 4-113　隧道洞口路段

2)综合改造技术

针对隧道洞口路段线形及主要隐患特点,采用的路侧改造技术措施主要包括以下几个方面:

(1)进出口处的护栏尤其是进口段的护栏应进行特殊处置。当隧道进口上游和出口下游设置波形梁护栏时,应在波形梁护栏和隧道壁间设置过渡段,防止车辆正面撞向坚硬的隧道壁发生严重事故。

(2)隧道进口前方一定范围内的右侧硬路肩施画斑马线或设置减速丘、减速线,提示驾驶员在正常行驶车道内行驶,并注意控制车速,进一步提高隧道洞口段的运行安全水平(图 4-114)。

(3)设置限速标志。

(4)视情况改善隧道内照明情况,减小洞内外光线反差。

a)

b)

c)

图 4-114　隧道进口前标线设置图

注：a)良好的隧道洞口设计：护栏端部延伸至隧道洞内；路肩施画斑马线；b)G319 涪陵路段上隧道进洞口前设置了减速丘，控制车辆进入隧道的速度；c)隧道洞口施画倾角 30°的折线形式的车行道边缘线，提醒驾驶员注意前方变化。

3)实施示例

以 G319 重庆段打石场隧道(图 4-115)为例：

a)

b)

图 4-115　G319 重庆段打石场隧道

(1)路段特点

隧道长 860m，隧道出口位于下坡弯道处，隧道线形包含曲线，洞内无照明和通风设施，微尘大，能见度低，洞口前直线长 230m，洞内双向两车道，车道宽 4m×2，发生过刮蹭、对撞等事故。

(2)处置措施(图 4-116)

①洞内距离洞口前后 30m 处铺设薄层铺装，洞内弯道路段两端铺设薄层铺装；

②隧道两端设置限速标志，限速 40km/h；

③完善路侧护栏与隧道连接处的过渡；

④完善路面隧道内路面中心线，采用黄色实线，并设置太阳能自发光的突起路标；

⑤隧道洞内壁安装太阳能自发光的附着式轮廓标；

⑥设置隧道通风设施。

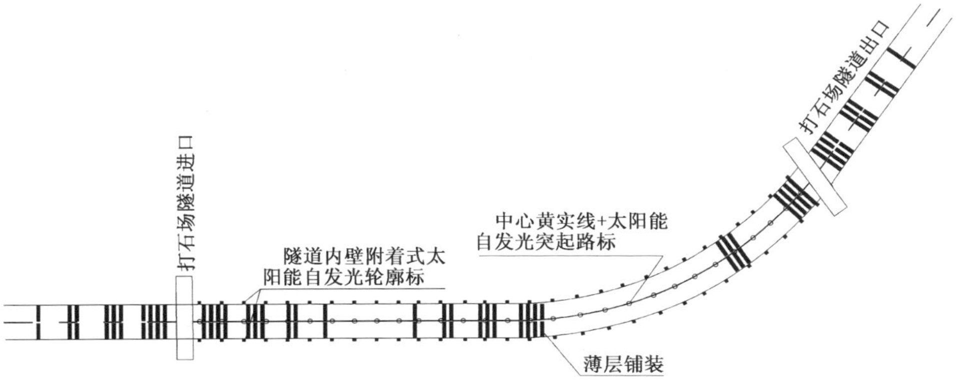

图 4-116　打石场隧道路段处置方案

2. 急弯路段

1)路段特点

受山区高差大、地形复杂等条件限制，连续急弯在山区公路中较为常见。由于受道路路侧植被或山体等因素的影响，急弯路段多存在视距不良、道路窄等问题(图 4-117)，易引发交通事故(图 4-118)。

图 4-117　山区典型急弯路段

2)综合改造技术

针对急弯路段线形及主要隐患特点，采用的路侧改造技术措施主要包括以下几个方面：

(1)调整线形:调整平面线形是提高小半径弯道交通安全水平最直接、最有效的方式,但实施难度较大,相关部门可根据事故或可能发生事故的严重程度,视情况列入大修计划。

图 4-118　小半径弯道处发生侧翻事故

(2)加宽路肩:条件许可时适当加宽路肩,或采用砂浆栽砌等路肩硬化方式增加道路侧向净宽(图 4-119),提高通行安全水平。

图 4-119　通过砂浆栽砌等路肩硬化方式增加侧向余宽

(3)采取减速措施:对路面进行处理,如拉毛(图 4-120)、薄层铺装、设置减速丘等方式增加道路摩擦系数以降低车速;在进入急弯路段前设置限速标志。

图 4-120　路面拉毛处理的急弯路段

(4)增设警告、警示及线形诱导等标志:在弯道外侧设置视线诱导设施(线形诱导标、轮廓标、示警桩)以指示或警告行驶方向的改变,引导驾驶员按照正确方向行驶(图 4-121)。视线诱导设施可以使驾驶员在进入弯道前明确道路走向,做好进入弯道的驾驶准备,并且使驾驶员有时间采取各种措施,保障车辆安全运行。视线诱导设施设置困难时,可通过在弯道处路面上施画导向箭头进行交通引导。

(5)改善视距措施:如通过设置凸面镜、削坡、修剪树枝等方式改善视距。

(6)设置防护设施:在对弯道外侧进行路侧危险评估的基础上,设置与车辆组成、运行速度适应的规范的路侧护栏或路侧拦挡设施(图 4-122),对失控车辆起诱导、拦挡作用。

a)　b)

c)　d)

图 4-121　警告、警示及线形诱导标志设置图

注：a)设置连续弯道预告标志，提醒驾驶员注意；b)进入弯道前设置弯道警告标志；c)施画波浪形道路边缘线提示驾驶员行驶方向的变化；d)进入弯道前设置弯道警告标志。

图 4-122　防护设施设置

3)实施示例

以贵州 G210 黔南州段 K2348+900 为例(图 4-123)：

(1)路段特点

此路段属于弯坡组合，路段纵坡 4%，路基宽度 6.7m，左侧浅边沟，右侧陡坡，受弯道内侧山体与植物的影响，视距不良。

(2)处置措施(图 4-124)

①此路段内侧为土质山体,因此建议"削坡",修剪树木改善视距;

②在进入弯道前的路段设置薄层铺装;

③在进入弯道前的路段设置急弯警告标志;

④设置视线诱导标。

图 4-123 贵州 G210 黔南州段 K2348+900

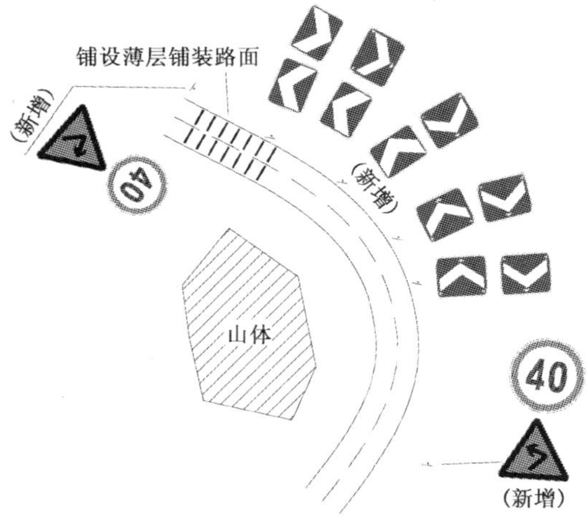

图 4-124 综合改造实施方案

3. 跨线桥墩路段

1)路段特点

跨线桥墩路段受桥梁结构物、路段坡度、视线及光线等因素影响,是事故多发路段(图 4-125)。该路段主要易产生如下的事故隐患:

图 4-125 跨线桥路段发生的事故

(1)车辆超过跨线桥限高,发生碰撞。

(2)车辆与桥墩发生碰撞,一些桥梁受跨径限制,不能采用单跨通过,在中间带设置桥墩,更增加了事故的隐患点。车辆与跨线桥桥墩相撞是山区跨线桥路段的主要事故,这主要是由于山区公路路基宽度较窄,跨线桥桥墩距离行车道较近。

(3)跨线桥后设置平面交叉,受跨线桥视线影响,易发生车祸。

2)综合改造技术

针对跨线桥路段存在的安全隐患，其路侧的改造技术应从以下几方面进行：

(1)针对车辆超过跨线桥限高而产生的碰撞，可通过醒目的限高标志和防撞护栏来防止事故发生。

(2)对易发车辆与桥墩相撞事故路段，主要从两个层次加以改造。

第一层次，视觉突出。首先通过对跨线桥墩柱进行警示，通过视觉突出，引起驾驶员重视，避免事故产生。

第二层次，防护。当出现由于驾驶员疏忽，使车辆冲向跨线桥墩，而产生不可避免的碰撞时，应通过设置防护措施，最大程度上减少事故的损失。

(3)应避免在跨线桥路段设置平交口，对于存在的跨线桥桥后平交口，建议采取改路措施，使平交口远离视距受到严重影响的跨线桥区，同时宜对跨线桥路段限速，通过降低速度，减少事故隐患。

3)实施示例

以美国加利福尼亚州公路为例，通过视距突出跨线桥墩，引起驾驶员重视，避免发生碰撞(图 4-126)。

图 4-126　通过各种方式突出跨线桥墩

加利福尼亚州公路常用的处理方式有：

(1)通过设置柔性护栏(图 4-127)，最大程度减少事故发生的损失。

图 4-127　桥墩护栏设置

(2)通过对跨线桥区限速(图 4-128)，可有效减少事故发生。

(3)通过醒目的限高标志(图 4-129)和防护栏能够防止超高车与跨线桥相撞。

图 4-128　跨线桥区限速

注:通过太阳能测速仪检测自己的速度,搭配完整的防护体系,是跨线桥路段防范事故行之有效的方案。

图 4-129　醒目的跨线桥标志

4. 弯坡组合路段

1)路段特点

山区公路需要克服高差大、路侧限制较多等因素影响,连续长下坡接连续弯道及下坡接急弯等线形较为常见(图 4-130),加上货车制动器淋水常导致路面湿滑,易发生车辆冲出路外及超高车辆侧翻等事故。

图 4-130　典型的弯坡组合路段

2)综合改造技术

针对弯坡组合路段的主要事故隐患,采用的路侧改造技术措施主要包括以下几个方面:

(1)完善路面标线：施画边缘线和中心线，在弯道路段施画中心实线；弯道外侧的车道边缘采用振动标线，以振动感提示驾驶员道路边缘。

(2)采取减速措施：对路面进行处理，如拉毛、薄层铺装、设置减速丘等方式增加道路摩擦系数以降低车速；在进入弯道路段前设置限速标志。

(3)增设警告、警示及线形诱导等标志：在弯道外侧设置视线诱导设施(线形诱导标、轮廓标、示警桩)以指示或警告行驶方向的改变。

(4)设置路侧护栏：在弯道外侧设置与路侧险要程度相当的护栏等防护设施。

(5)设置避险车道：在连续下陡坡路段，结合车辆、路线条件等选择合适的位置，设置避险车道。

3)实施示例

以云南 G108 线武定段 K3267＋600 处为例(图 4-131)。

图 4-131　云南 G108 线弯坡组合路段

(1)路段特点

纵坡组合回头曲线线形，路面宽度较窄，重车尤其是超高车辆转弯困难。虽然视距条件较好，但是线形回头程度较大，驾驶员能识别转弯半径，但是容易对曲线长度估计不足，如果车速过高容易发生侧翻。

(2)处置措施

①下坡弯道前设置减速丘；

②施画道路中心线、边缘线，弯道中间设置黄色实线；

③弯道前补充完善向左/右急弯警告标志；

④曲线中部内侧加宽路面；

⑤弯道外侧设置混凝土护栏，并附着线形诱导标。

5.临崖路段

1)路段特点

受地形条件所限，山区公路常在山腰布线，从而使路线一侧傍山，一侧临崖，存在线形较差、路侧险要、视距不良等问题(图 4-132)，常成为事故多发路段。

2)综合改造技术

针对临崖路段存在的主要安全隐患特点，采用的路侧改造技术措施主要包括以下几个方面：

图 4-132　临崖路段

(1)改善视距,为驾驶员应对安全隐患提供充足时间。

(2)加固傍山侧山体,避免路侧边坡出现危岩、落石、滑坡等危险。

(3)完善路面标线。

(4)加固或改建路侧护栏,使之达到与路侧险要程度相当的防护等级。

(5)增设警告、警示及线形诱导等标志。

3)实施示例

以重庆 G319 线武隆、彭水段 K2154＋100 路段为例(图 4-133)。

图 4-133　重庆 G319 线临崖路段

(1)路段特点

该临崖路段位于弯道处,半径 200m,相对较小,超高为 0。该路段路基宽 12m,车道宽 3.75m×2,车速高。内侧山体侵入道路净空,视线不良,防护设施防护能力有限。车辆行驶线路接近道路中线,曾发生视线不良情况下超车引起的对向碰撞事故。

(2)处置措施(图 4-134)

①完善路面标线,弯道部分设置加宽的路面中心实线,宽度为 30m,并采用振动标线。

②完善弯道前方的减速丘,并按照《道路交通标志和标线》(GB 5768—2009)要求设置减速丘标志和标线,弯道两端起点处设置薄层铺装。

③加固或改建路侧护栏,使之达到 A 级防护等级。

④弯道外侧安装线形诱导标,标示道路走向。

⑤弯道两端设置急弯标志和限速标志,限速 40km/h。

⑥建议削去侵入路面部分的山体。

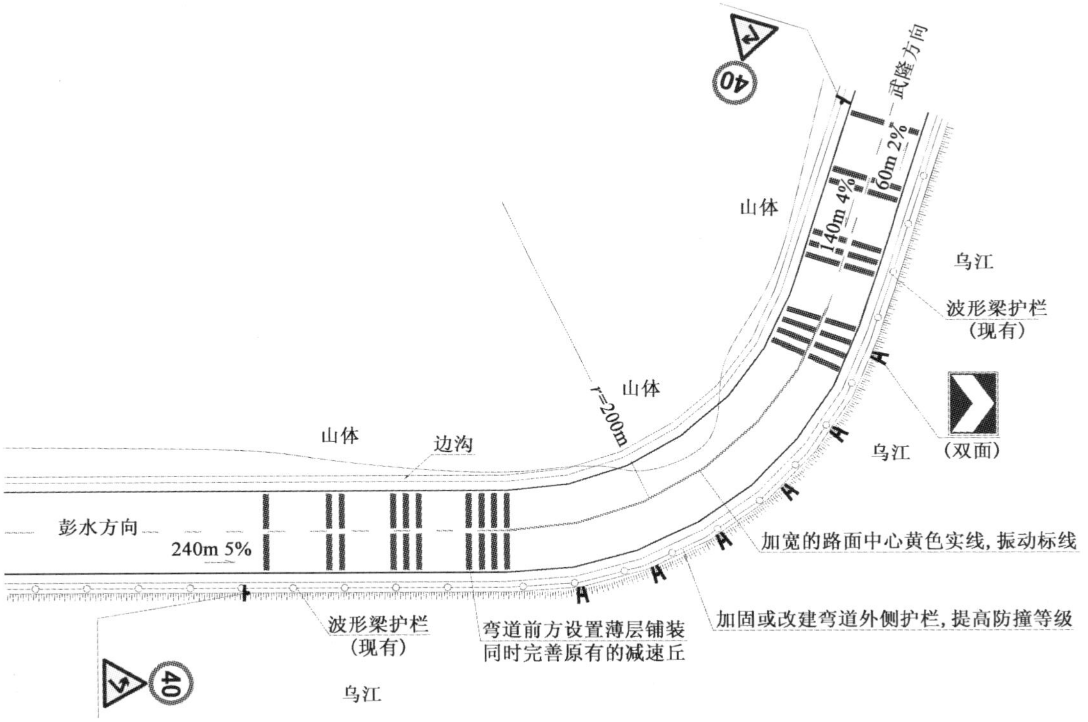

图 4-134　K2154+100 路段处置方案

6. 弯道桥梁路段

1)路段特点

桥梁比例占路线长度比例的增大,有利于减少小半径曲线、连续弯道等不利线形,但是受地形条件所限,山区公路在弯道或接近弯道时设置桥梁较为常见,桥头引线段也往往存在相对不良的平面线形(图 4-135、图 4-136)。由于桥梁路段路侧余宽小并且较为险要,桥梁端头或弯道中间多数成为安全隐患或事故多发路段。

2)综合改造技术

针对弯道桥梁路段线形及主要隐患特点,采用的路侧改造技术措施主要包括以下几个方面:

图 4-135　陡坡坡底接弯道大桥

图 4-136　反向弯路接直桥

(1)完善路面标线,弯道路段的路面边缘线和中心线使用振动标线。

(2)完善减速设施带和振动标线的设置,并按照《道路交通标志和标线》(GB 5768—2009)要求设置减速带、减速丘标志、振动标线及薄层铺装,增加路面的摩擦系数;根据线形配合设置限速标志控制车速。

(3)弯道外侧安装线形诱导标,标示道路走向。

(4)加固或改建桥梁护栏,使之达到与路侧险要程度相当的防护等级。

3)实施示例

以重庆 G319 线武隆、彭水段 K2058+200 为例(图 4-137)。

图 4-137　重庆 G319 线 K2058+200 处窄桥

(1)路段特点

该路段为下坡急弯路段接窄桥,直线下坡坡度为 6%,接较小半径曲线,弯道半径为

350m；弯道后存在横断面变化，路面宽度 9m 变化为桥宽 7m，过渡段标线引导不良，路侧危险程度很高；弯道路段由于山体遮挡，视距不良，驾驶员不能预知危险；车辆通过危险位置车速过快，减速设施设置效果不佳。该路段曾发生过坠车事故。

(2)处置措施(图 4-138)

①完善路面标线，弯道部分路面中心实线采用振动标线，在路段和桥梁过渡段施画过渡段标线，过渡段边缘线采用振动标线。

②完善减速带和振动标线的设置，并按照《道路交通标志和标线》(GB 5768—2009)要求设置减速丘标志和标线。

③在弯道前方、窄桥两侧设置薄层铺装。

④窄桥两侧设置限速标志和窄桥警告标志。

⑤弯道外侧安装线形诱导标，标示道路走向。

⑥拆除桥头波形梁护栏和石砌挡墙，窄桥两端设置 A 级混凝土护栏，一端与桥梁护栏相连，一端外展隐入山体，混凝土护栏上标画黄黑相间的实体标记。

⑦加固或改建桥梁护栏，使之达到 A 级防护等级。

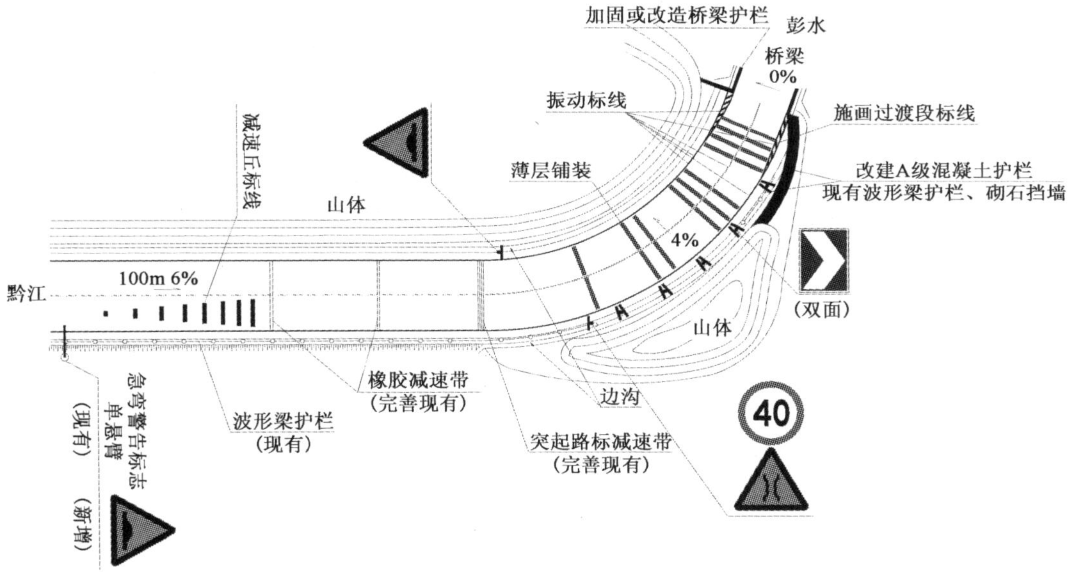

图 4-138　K2058＋200 桥梁路段处置方案

7.路侧干扰较大路段

1)路段特点

过村镇、学校等路侧干扰较大路段具有交通出行复杂、交通流量大、公路两侧建筑物密集、出入口过多接入主路等特点，路侧条件复杂，潜在危险物多，是事故多发路段(图 4-139)。

2)综合改造技术

对于交通出行复杂的城镇过境段特别是较低等级的穿越城镇的过境公路，安全设计尤为重要，这些路段的安全设计一般均需采用综合改造技术措施。

图 4-139　典型的过村镇等路侧干扰较大的路段

采用的路侧改造技术措施主要包括以下几个方面：

(1)条件许可时适当加宽路肩，或增设路侧人行道，以增加道路侧向净宽，提高通行安全水平。

(2)施画摩托车车道和非机动车道，实现各行其道，减少不同交通参与者之间的干扰。

(3)采取一定措施改善路侧环境，如给边沟加盖、降低边坡坡度、高填方路段安装护栏等，提供一定的缓冲空间。

(4)适当位置设置减速标线、减速丘(图 4-140)。

(5)增设限速标志、警告标志及必要的标线(图 4-141)。

(6)采用特殊路面以控制车速，如拉毛路面、块石路面等。

(7)适当路段增设护栏。

(8)出入口路段,尽可能采取措施改善视距,在出入口形成一个开阔的视野,便于驾驶人员采取相应措施;并设置交叉口警告、警示等标志、标线,设置减速设施。

(9)实行路宅分家,利用护栏、植物、花坛等设施将公路主线与路侧住户活动场所隔离,保障路侧居民的交通安全。

图 4-140　设置减速标线和减速丘的过村镇路段

图 4-141　增设警告、限速标志,施画标线的过境路段

3)实施示例

以云南 G213 砚山至富宁段 K1890+800 路段为例(图 4-142、图 4-143):

(1)路段特点

此弯道附近有土路出入口 4 处,前往砚山方向弯道内侧挖方视距不足,且入弯道前无弯道

图 4-142 云南 G213 线 K1890+800 路段

预告及村落预告标志，容易与进入公路的车辆发生事故。

(2)处置措施

①交叉口前设置交叉口警告标志。

②交叉口两侧安装示警桩，标示交叉口位置。

③支路上设置“减速让行”标志和标线，明确主路车辆的优先权。

④支路上设置减速丘，控制进入主路车辆的速度，并按照《道路交通标志和标线》(GB 5768—2009)要求设置减速丘标志。

⑤弯道适当削坡，修剪弯道处及交叉口相应影响范围内的树木以改善视距。

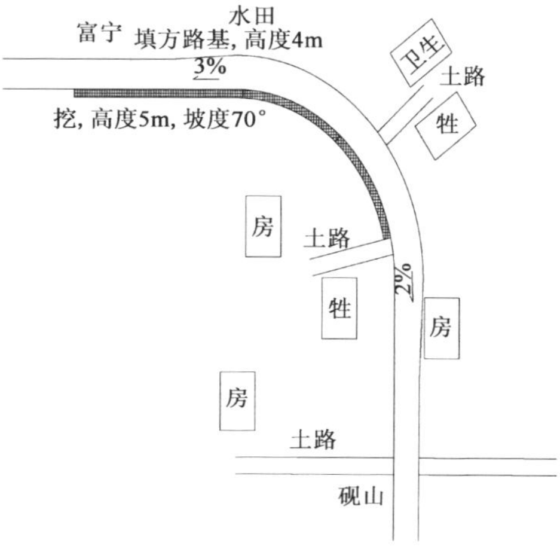

图 4-143 云南 G213 线 K1890+800 路段平面图

第六节 山区公路网交通安全保障措施集成与对策库

根据山区公路网安全风险评估结果和道路交通特征建立安全保障对策库，可以提供山区公路网典型安全隐患路段的安全保障对策建议，解决现有公路安全保障技术系统性差、集成度低、对策制订缺乏科学依据等技术弱点，提供针对性强的、高度集成的安保技术对策。

一、山区公路网典型安全隐患路段类型划分

通过国内外公路安全改善对策的总结分析，建立针对山区公路网各类典型安全隐患路段的对策库。

在对我国典型山区公路网大规模调研基础上，通过与公路管理养护人员座谈和交通事故分析，将山区公路网存在安全隐患的典型路段分为 11 类，见表 4-15。

通过国内外公路安全改善对策的总结分析，建立针对山区公路网各类典型安全隐患路段的集成处置措施，形成山区公路网交通安全保障对策库。

山区公路网典型安全隐患路段类型　　表 4-15

序　号	类　型	序　号	类　型
1	视距不良路段	7	长直线接小半径曲线路段
2	连续下坡路段	8	路基沉降路段
3	连续弯道路段	9	桥头接小半径曲线路段
4	弯坡组合路段	10	隧道路段
5	平交口	11	桥梁路段
6	雨天路滑路段		

1.视距不良路段

(1)修剪弯道内侧树木等植物[图 4-144a)]。

(2)条件允许的情况下移除或者适当整理弯道内侧山体和土丘[图 4-144b)]。

(3)弯道前补充完善向左/右急弯警告标志。

a)

b)

图 4-144　视距不良路段处置措施实例

(4)公路中间设置黄色实线。

(5)弯道外侧设置线形诱导标。

(6)修补破损路面。

(7)设置鸣笛标志。

(8)设置禁止超车标志(含解除)。

(9)设置交通凸面镜。

(10)改变道路平纵曲线改善视距。

视距不良路段处置措施如图 4-145 所示。

2.连续下坡路段

(1)针对线形特点,设置提示连续纵坡坡长的告示标志(图 4-146)。

(2)增加连续下坡路侧危险路段的防护设施,根据路侧危险情况设置相应防护等级的护栏。

(3)在弯道路段,设置减速设施控制车速,如在弯道前设置减速标线或薄层铺装,提示驾驶员减速。

(4)有条件时,应选取适当地点在路侧开辟休息区,供驾驶员检查制动器,休息。
(5)条件允许时,可设置避险车道。此时应配合设置避险车道预告标志。
(6)设置限速标志,控制车辆速度。
(7)弯道部分中心线画实线。
(8)设置禁止超车标志(含解除)。

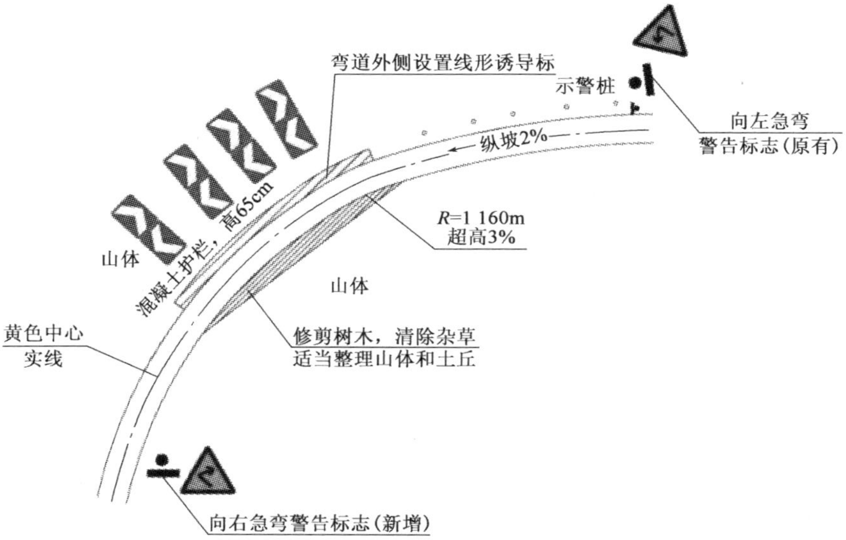

图 4-145　视距不良路段处置措施示意图

图 4-146　标志设置

3. 连续弯道路段

(1)回头曲线路段加宽。
(2)弯道顶端混凝土护栏设置附着式线形诱导标。
(3)加强弯道处防护等级,增设混凝土护栏。
(4)弯道前后补充完善向左/右急弯警告标志。
(5)弯道路段设置中心黄色实线。
(6)进入弯道前设置振动减速标线。
(7)设置禁止超车标志(含解除)。
(8)设置限速标志(含解除)。
(9)把路侧沟坎修整为宽浅边沟。
连续弯道路段处置措施如图 4-147 所示。

4. 弯坡组合路段

(1)下坡弯道前设置减速丘。
(2)施画道路中心线、边缘线,弯道中间设置黄色实线。
(3)弯道前补充完善向左/右急弯警告标志。
(4)曲线中部内侧加宽路面。
(5)弯道外侧设置混凝土护栏,并附着线形诱导标。

弯坡组合路段处置措施如图 4-148 所示。

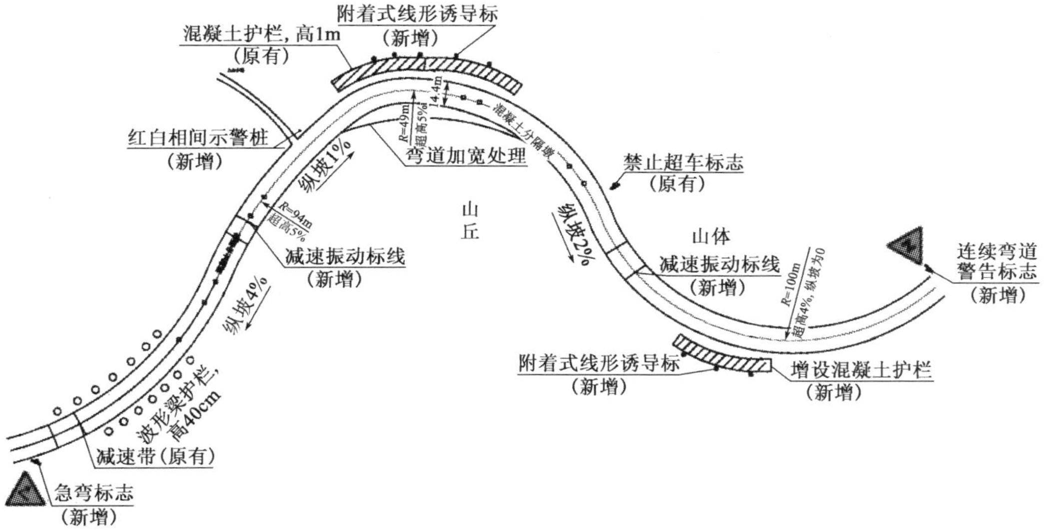

图 4-147　连续弯道路段处置措施示意图

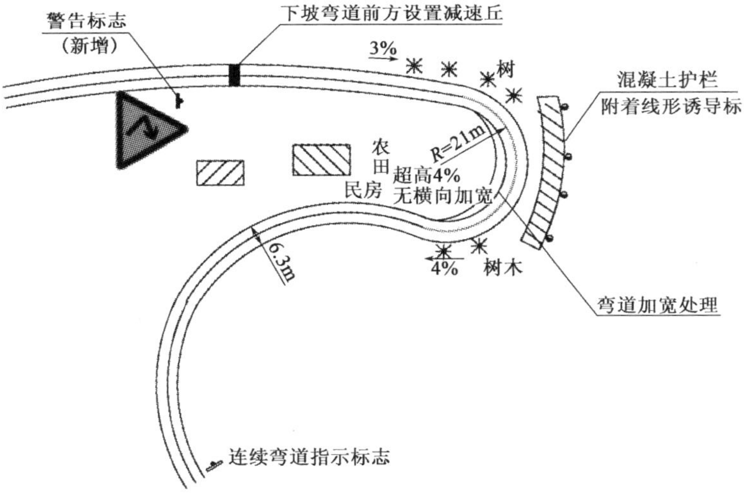

图 4-148　弯坡组合路段处置措施示意图

5. 平交口

(1)交叉口前设置交叉口警告标志。

(2)交叉口两侧安装示警桩，标示交叉口位置。

(3)支路上设置“减速让行”标志和标线，明确主路车辆的优先权。

(4)支路上设置减速丘，控制进入主路车辆的速度，并按照《道路交通标志和标线》(GB 5768—2009)要求设置减速丘标志。

(5)修剪交叉口两侧 20m 范围内的树冠，在交叉口形成一个开阔的视野。

(6)大型平交口采用预告、告知、确认三级信息提示模式设置指路标志。

交叉口处置方案如图 4-149 所示。

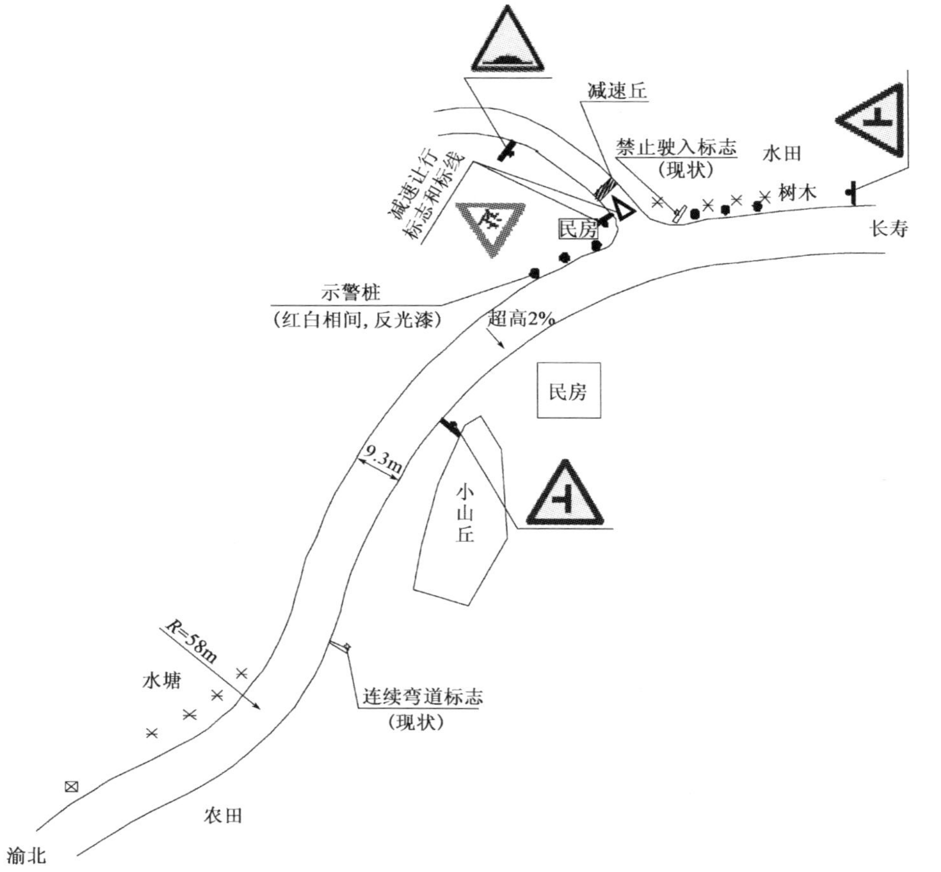

图 4-149 交叉口处置方案

6. 雨天路滑路段

(1)增设超高。

(2)设置雨天路滑的警告标志。

(3)设置限速标志。

(4)便道两侧设置示警柱。

(5)设置线形诱导标志。

雨天路滑路段处置措施如图 4-150 所示。

7. 长直线接小半径曲线路段

(1)直线段设置振动减速标线。

(2)弯道处设置薄层铺装。

(3)曲线中点加宽路面。

(4)弯道顶端设置线形诱导标。

(5)弯道前后补充完善向左/右急弯警告标志。

(6)弯道路段设置中心黄色实线。

长直线接小半径路段处置措施如图 4-151 所示。

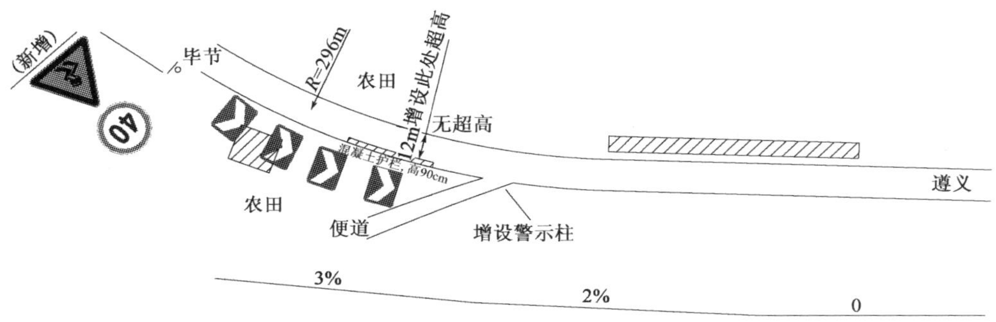

图 4-150　雨天路滑路段处置措施示意图

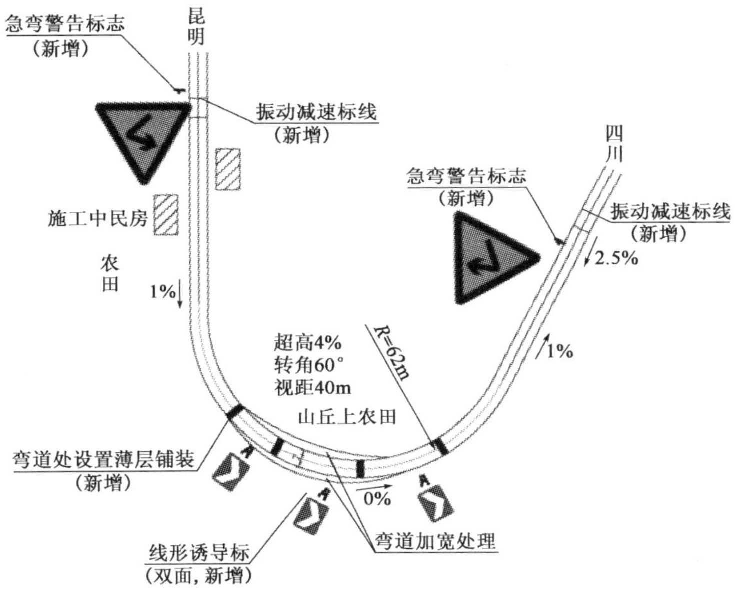

图 4-151　长直线接小半径路段处置措施示意图

8. 路基沉降路段

条件允许情况下应优先进行公路改线,在无法进行改线的路基沉降路段建议:

(1)路基压实或软基处理。

(2)路基经常沉陷的路段换成手摆块石路面,日常维护成本低。

(3)路基沉降路段前设置警告标志。

路基沉降路段处置措施如图 4-152 所示。

9. 桥头接小半径曲线路段

针对线形特点,设置必要的警告标志和视线诱导设施。

(1)设置急弯标志,在弯道处设置线形诱导标;

(2)桥头设置桥头警示牌。

10. 隧道路段

(1)完善路面隧道内路面中心线，采用黄色实线，并设置太阳能自发光的突起路标；隧道洞内壁安装太阳能自发光的附着式轮廓标；拟达到如图 4-153 所示效果。

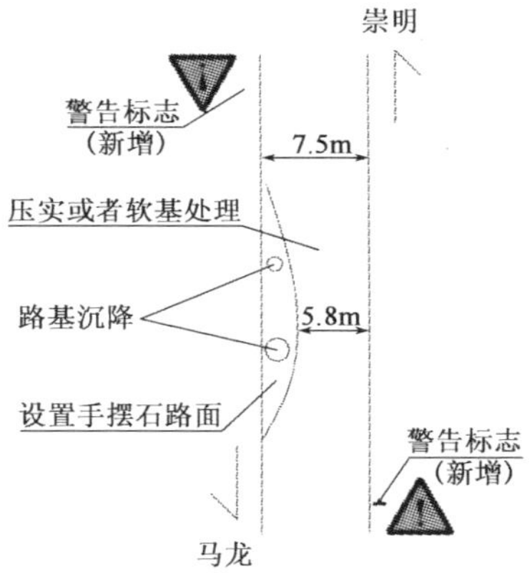

图 4-152　路基沉降路段处置措施示意图

图 4-153　G109 北京段东方红隧道使用太阳能诱导设施洞内效果图

(2)洞内距离洞口 30m 处开始全路宽铺设薄层铺装，如图 4-154 所示。

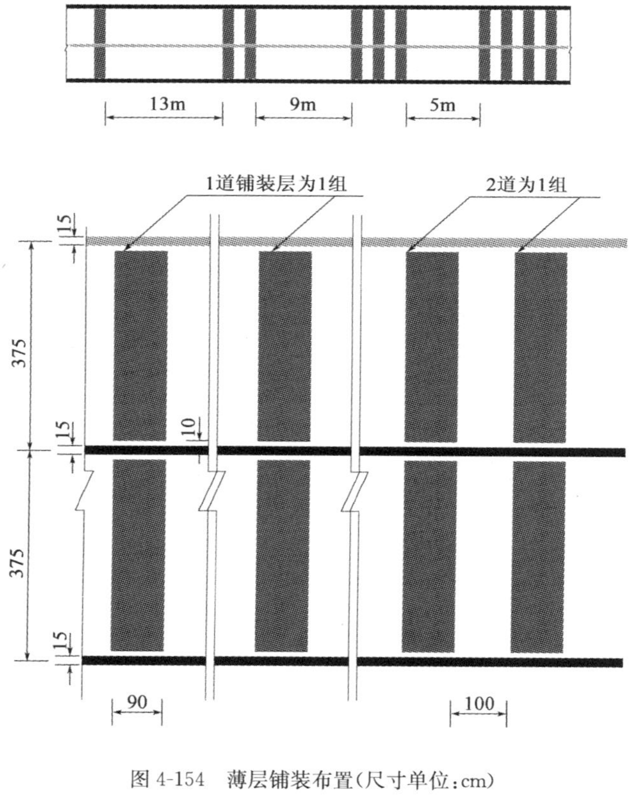

图 4-154　薄层铺装布置(尺寸单位:cm)

(3)完善路侧护栏与隧道连接处的过渡。

(4)全路段限速 40km/h。隧道群两端设置限速标志,并在隧洞间缝隙相对较大的路段重复设置三四次。

(5)设置隧道内的通风设施,有条件时平整隧道内壁。

(6)设置禁止超车标志。

11. 桥梁路段

(1)完善路面标线,在视距不良路段及弯道路段的路面边缘线和中心线采用振动标线。

(2)完善减速带和振动标线的设置,并按照《道路交通标志和标线》(GB 5768—2009)要求设置减速丘标志和标线,根据线形配合设置限速标志控制车速。

(3)桥头弯道前方设置薄层铺装,增加路面的摩擦系数。

(4)清理视距不良弯道内侧植物,改善视距。

(5)弯道外侧安装线形诱导标,标示道路走向。

(6)加固或改建桥梁护栏,使之达到 A 级防护等级。

桥梁路段处置方案如图 4-155 所示。

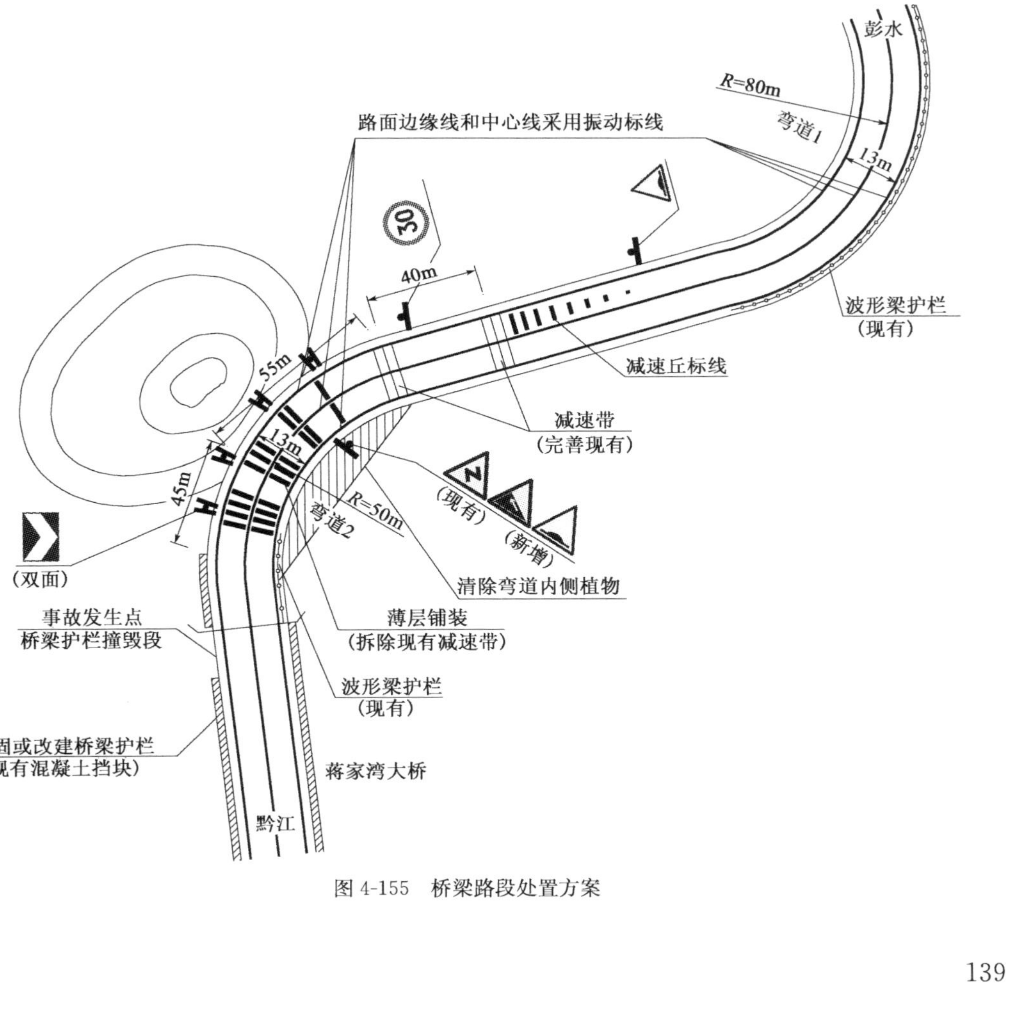

图 4-155　桥梁路段处置方案

二、各类典型安全隐患路段的对策成本分析

基于山区公路安保措施的调研，对各类典型安全隐患路段处置对策的建设成本、养护成本、使用寿命进行了分析。各类典型安全隐患路段的对策成本见表4-16。

各类典型安全隐患路段的对策成本　　表4-16

序号	隐患路段类型	对　策	建设成本	养护成本	寿　命
1-1	视距不良	修剪弯道内侧树木等植物	100元/m^2	—	1年
1-2		条件允许的情况下移除或者适当整理弯道内侧山体和土丘	100元/m^3	—	永久
1-3		弯道前补充完善向左/右急弯警告标志	2 500元/标志	400元/个标志年	10年
1-4		公路中间设置黄色实线	600元/100m	—	2年
1-5		弯道外侧设置线形诱导标	2 500元/单柱	400元/个标志年	10年
1-6		修补破损路面	1 500元/m^2	—	—
1-7		设置鸣笛标志	2 500元/单柱	400元/个标志年	10年
1-8		设置禁止超车标志(含解除)	2 500元/单柱	400元/个标志年	10年
1-9		设置交通凸面镜	2 500元/单柱	400元/个标志年	10年
1-10		改变道路平纵曲线改善视距	8 000元/m	—	永久
2-1	连续下坡	针对线形特点，设置提示连续纵坡坡长的告示标志	2 500元/单柱	400元/个标志年	10年
2-2		增加防护	350元/m	80元/m	10年
2-3		在弯道路段，设置减速设施控制车速	1 200元/处	120元/年	2年
2-4		有条件时，应选取适当地点在路侧开辟休息区，供驾驶员检查制动器，休息	30 000元/处	3 000元/年	永久
2-5		条件允许时，可设置避险车道并配合设置避险车道预告标志	400 000元/处	100 000元/年	永久
2-6		设置限速标志，控制车辆速度	2 500元/单柱	400元/个标志年	10年
2-7		弯道部分中心线画实线	600元/100m	—	2年
2-8		设置禁止超车标志(含解除)	2 500元/单柱	400元/个标志年	10年
3-1	连续弯道	回头曲线路段加宽	8 000元/m	—	永久
3-2		弯道顶端混凝土护栏设置附着式线形诱导标	30元/个	—	2年
3-3		加强弯道处防护等级，增设混凝土护栏	400元/m	—	10年
3-4		弯道前后补充完善向左/右急弯警告标志	2 500元/单柱	400元/个标志年	10年
3-5		弯道路段设置中心黄色实线	600元/100m	—	2年
3-6		进入弯道前设置振动减速标线	1 200元/处	—	2年
3-7		设置禁止超车标志(含解除)	2 500元/单柱	400元/个标志年	10年

续上表

序号	隐患路段类型	对策	建设成本	养护成本	寿命
3-8	连续弯道	设置限速标志(含解除)	2 500 元/单柱	400 元/个标志年	10 年
3-9		把路侧沟坎修整为宽浅边沟	300 元/m	—	—
4-1	弯坡组合	下坡弯道前设置减速丘	1 200 元/处	120 元/年	2 年
4-2		施画道路中心线、边缘线,弯道中间设置黄色实线	1 800 元/100m	—	2 年
4-3		弯道前补充完善向左/右急弯警告标志	2 500 元/单柱	400 元/个标志年	10 年
4-4		曲线中部内侧加宽路面	8 000 元/m	—	永久
4-5		弯道外侧设置混凝土护栏,并附着线形诱导标	400 元/m 2 500 元/单柱	— 400 元/个标志年	10 年
5-1	平交口	交叉口前设置交叉口警告标志	2 500 元/单柱	400 元/个标志年	10 年
5-2		交叉口两侧安装示警桩,标示交叉口位置	300 元/个	—	3 年
5-3		支路上设置"减速让行"标志和标线,明确主路车辆的优先权	3 000 元/套	400 元/个标志年	标线 2 年,标志 10 年
5-4		支路上设置减速丘,控制进入主路车辆的速度,并按照 GB 5768—2009 要求设置减速丘标志	1 200 元/处	120 元/年	2 年
5-5		修建交叉口两侧 20m 范围内的树冠,在交叉口形成一个开阔的视野	100 元/m^2	—	1 年
5-6		对交叉口进行必要、合理的渠化	4 000 元/个平交口	—	2 年
5-7		采用预告、告知、确认三级信息提示模式设置指路标志	20 000 元/单悬	2 000 元/个标志年	10 年
6-1	雨天路滑	增设超高	8 000 元/m	—	永久
6-2		设置雨天路滑的警告标志	2 500 元/单柱	400 元/个标志年	10 年
6-3		设置限速标志	2 500 元/单柱	400 元/个标志年	10 年
6-4		便道两侧设置示警柱	300 元/个	—	3 年
6-5		设置线形诱导标志	2 500 元/单柱	400 元/个标志年	10 年
7-1	长直线接小半径	直线段设置振动减速标线	1 200 元/处	—	2 年
7-2		弯道处设置薄层铺装	180 元/m^2	—	2 年
7-3		曲线中点加宽路面	8 000 元/m	—	永久
7-4		弯道顶端设置线形诱导标	2 500 元/单柱	400 元/个标志年	10 年
7-5		弯道前后补充完善向左/右急弯警告标志	2 500 元/单柱	400 元/个标志年	10 年
7-6		弯道路段设置中心黄色实线	600 元/100m	—	2 年
8-1	路基沉降	路基压实或软基处理	8 000 元/m	—	永久
8-2		路基经常沉陷的路段换成手摆块石路面,日常维护成本低	8 000 元/m	—	永久
8-3		路基沉降路段前设置警告标志	2 500 元/单柱	400 元/个标志年	10 年

续上表

序号	隐患路段类型	对　策	建设成本	养护成本	寿　命
9-1	桥头接小半径曲线	针对线形特点,设置必要的警告标志和视线诱导设施	2 500 元/单柱	400 元/个标志年	10 年
9-2		设置减速设施	1 200 元/处	—	2 年
9-3		增强路侧防护等级	350 元/m	80 元/m	10 年
10-1	隧道路段	完善路面隧道内路面中心线,采用黄色实线,并设置太阳能自发光的突起路标,隧道洞内壁安装太阳能自发光的附着式轮廓标	800 元/100m	—	2 年
10-2		洞内距离洞口 30m 处开始全路宽铺设薄层铺装	180 元/m^2	—	2 年
10-3		完善路侧护栏与隧道连接处的过渡	1 200 元/处	600 元/处年	10 年
10-4		隧道群两端设置限速标志	2 500 元/单柱	400 元/个标志年	10 年
10-5		设置隧道内的通风设施,有条件时平整隧道内壁	—	—	—
10-6		设置禁止超车标志	2 500 元/单柱	400 元/个标志年	10 年
11-1	桥梁路段	完善路面标线,在视距不良路段及弯道路段的路面边缘线和中心线使用振动标线	2 000 元/100m	—	2 年
11-2		完善减速带和振动标线的设置,并按照 GB 5768—2009 要求设置减速丘标志和标线,根据线形配合设置限速标志控制车速	2 500 元/单柱 2 000 元/100m	400 元/个标志年	标志 10 年, 标线 2 年
11-3		桥头弯道前方设置薄层铺装,增加路面的摩擦系数	180 元/m^2	—	2 年
11-4		清理视距不良弯道内侧植物,改善视距	100 元/m^2	—	1 年
11-5		弯道外侧安装线形诱导标,标示道路走向	2 500 元/单柱	400 元/个标志年	10 年
11-6		加固或改建桥梁护栏,使之达到 A 级防护等级	350 元/m	80 元/m	10 年

第五章　公路网交通安全保障措施效果评估技术与案例库

效果评估主要反映项目的产出对项目目标的实现程度。公路交通安全保障工程的最终目标是提升公路安全水平，降低事故发生率，减轻事故严重程度。因此，公路安全水平的变化是安全保障措施实施效果的直接反映。分析安全保障措施导致的公路安全水平变化即是对安全保障工程实施效果的评估。

本章首先对公路交通安全保障措施效果评估的目标、评估思路、评估方法进行了概述，建立了公路交通安全保障措施效果评估理论体系。其中，主观评估方法关键在于调查问卷设计的科学性，因具体的评估对象和评估目标等具体情况而异，本书不做深入讨论。本书重点对客观评估方法进行阐述，包括基本的分析步骤和计算模型，并深入分析各种评估方法的适用性、优点和不足。在本章的最后几节，分别提供了应用相关评估方法对标志设置相关措施、车速管理措施和农村公路安全保障措施进行效果评估的具体案例。

第一节　公路交通安全保障措施效果评估方法概述

一、评估目标

公路交通安全保障措施效果评估根据评估对象和评估目的的不同，可分为宏观效果评估和微观效果评估两大类。

宏观层面的效果评估面向一个区域公路网实施安全保障措施的整体效果评估，或某一类公路实施安全保障措施的整体效果评估。评估结果反映的是公路安全保障措施实施有无效果，以及效果如何，从而为安全保障工程的发展方向和投资规划提供决策依据。

微观层面的效果评估面向具体安全保障措施的效果评估，包括某一项单项措施的效果评估和某一类综合措施的效果评估。评估结果反映的是哪种措施的效果较好，哪种措施的效果较差，从而为安全保障措施的选择和优化提供决策依据。

二、评估思路

由于公路安全水平的变化可以从时间和空间两种不同的维度来分析，从而相应地提出两种安全保障效果评估的思路。

第一种是从时间维度分析安全保障措施实施前后公路安全水平的变化情况，即所谓的前后对比分析法(Before-after Study)。

前后对比分析法的通用计算公式为：

$$B = \frac{R_a - R_b}{R_b} \times 100\% \tag{5-1}$$

式中：B——安全保障措施实施效果；

R_a——安全保障措施实施后公路安全水平表征指标；

R_b——安全保障措施实施前公路安全水平表征指标。

第二种是从空间维度分析实施安全保障措施和未实施安全保障措施两种情况下公路安全水平的差异，即所谓的横向对比分析法(Cross-sectional Study)。

横向对比分析法的通用计算公式为：

$$B=\frac{R_n-R_y}{R_y}\times 100\% \tag{5-2}$$

式中：B——安全保障措施实施效果；

R_n——未实施安全保障措施时的公路安全水平表征指标；

R_y——已实施安全保障措施时的公路安全水平表征指标。

三、评估方法

公路交通安全保障工程效果评估根据评估采用的方法分为主观评估和客观评估两大类。主观评估方法主要通过对道路用户和道路管理者进行关于安全保障工程实施效果的问卷调查来实现。客观评估方法主要通过客观地反映安全状况的指标的实际观测和对比分析来实现。

四、评估理论体系

通过上述评估目标、评估思路和评估方法的分析，构建公路交通安全保障措施效果评估的理论方法体系，如图 5-1 所示。

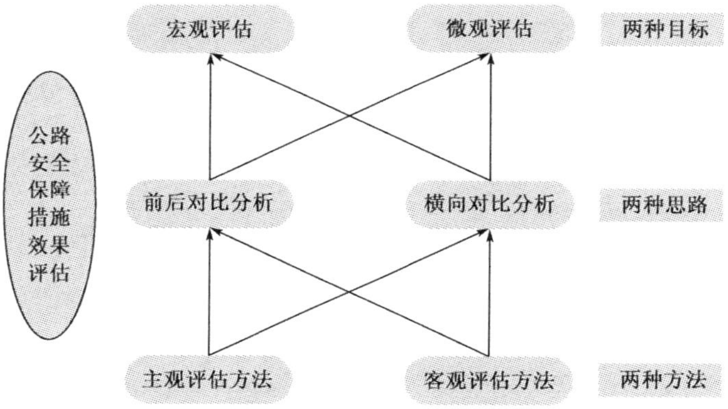

图 5-1　公路交通安全保障措施效果评估理论方法体系

围绕宏观评估和微观评估两种目标，可分别采用前后对比分析法和横向对比分析法两种思路进行研究，而两种评估思路都可以采用主观评估和客观评估两类方法来实现。

第二节　区域公路网安全保障工程宏观效果评估方法

区域公路网安全保障工程宏观效果主要通过分析公路网由于安全保障工程的实施所带来的路网整体事故发生频率或严重程度的变化情况来进行评估。宏观评估的指标主要采用事故指标，通过路网事故指标的前后对比分析和横向对比分析来评估安全保障效果。

常用的事故指标有以下几种：

1. 车公里事故率

车公里事故率综合考虑了路网的交通量、通车里程和事故发生情况，能较为科学地表征路网事故发生频率。通常采用百亿车公里事故率、亿车公里事故率或百万车公里事故率等指标。

1)百亿车公里事故率

计算公式为：

$$R = \frac{N}{V} \times 10^{10} \tag{5-3}$$

式中：R——待评估公路网百亿车公里事故率；

N——待评估公路网全年交通事故次数；

V——待评估公路网全年总计运行车公里数。

2)亿车公里事故率

计算公式为：

$$R = \frac{N}{V} \times 10^{8} \tag{5-4}$$

式中：R——待评估公路网亿车公里事故率；

N——待评估公路网全年交通事故次数；

V——待评估公路网全年总计运行车公里数。

3)百万车公里事故率

计算公式为：

$$R = \frac{N}{V} \times 10^{6} \tag{5-5}$$

式中：R——待评估公路网百万车公里事故率；

N——待评估公路网全年交通事故次数；

V——待评估公路网全年总计运行车公里数。

该类指标可以分析全部事故，或特定类型的事故，或不同严重程度的事故，从而可以派生出更多具体的指标，从不同的角度反映安全保障工程的实施效果。

2. 交通事故致死率

交通事故致死率指交通事故中死亡人数占伤亡人数的比例，能反映交通事故的严重程度，是一项评价事故伤害程度和抢救水平的指标，也是衡量道路基础设施安全保障能力的一个重要指标。

$$d = \frac{D}{W + D} \times 100\% \tag{5-6}$$

式中：d——事故致死率；

D——死亡人数；

W——受伤人数。

第三节 公路交通安全保障措施微观效果评估方法

公路交通安全保障措施实施效果的微观评估主要通过分析由于某一类具体的安全保障工程措施的实施所带来的事故发生频率或严重程度的变化来评估。微观评估同样可采用前后对比分析法和横向对比分析法两种思路。

事故自身的偶然性及安全影响因素的复杂性使得安全保障效果评估不可避免地存在着不确定和不可靠的因素，而这些因素的影响对于宏观层面的评估较小，可以在一定程度上忽略，但在进行微观层面的评估时则会产生重大影响，如果不对这些影响因素进行充分的考虑，评估结果的可靠度将大大降低。因此，在进行微观层面的安全保障效果评估时应采用概率统计分析理论来尽可能地规避由于上述因素所导致的评估结果的偏差。本节将重点讨论这一问题，从而保障评估方法的有效性和可靠性。

公路安全保障措施的实施旨在降低事故发生率和减轻事故后果严重性，因此公路安全保障措施的效果一般以表征由于采用某种措施所带来的事故发生率或事故严重程度变化情况的统计量，即该措施对应的事故修正系数(Crash Modification Factor，CMF)来表示。

公路安全保障措施效果微观评估方法主要包括两类：一类是试验型的效果评估；另一类是观测型的效果评估。试验型的效果评估是有计划地进行的，即以效果评估为目的，事先计划好在哪些路段实施安全保障措施，而没有实施安全保障措施的路段作为对照路段，通过对比安全保障措施实施路段和对照路段的安全性能差异来评估措施效果。观测型的效果评估是没有事先计划的，是针对已经实施了安全保障措施的路段或路网，而这些已经实施安全保障措施的路段的选择不是基于效果评估的目的确定的，而是基于工程方面的考虑，主要是安全方面的考虑，即事故多发路段往往被选为实施安全保障措施的路段。事故随机性的特征所带来的“回归到平均”的现象是影响效果评估准确性和可靠性的主要因素，试验型的效果评估方法由于实施安全保障措施的路段是随机选取的，能够有效地规避“回归到平均”现象，而观测型的效果评估方法一般以事故多发路段作为实施安全保障措施的路段，难以规避“回归到平均”现象。因此采用观测型的效果评估方法时应充分考虑“回归到平均”现象，采用适当的统计理论方法提高评估的精度和准确度。

无论是试验型的效果评估，还是观测型的效果评估，前后对比分析法都优于横向对比分析法。前后对比分析法是根据安全保障措施实施前后事故频数的变化来反映措施效果。但是在评估过程中应考虑由于措施以外的其他因素导致的安全水平的变化，以免低估或高估安全保障措施的实施效果。在试验型的效果评估方法中，对照组的存在意义即在于此。然而，观测型的效果评估方法在交通安全研究工作中应用得更为广泛，因其更符合安全保障工程实施的具体工作实践，即安全保障工程的实施并不是以评估措施效果为出发点，而是注重事故多发路段的安全改善。因此，本节重点阐述观测型的效果评估方法。

简单前后对比分析法只是对安全保障措施实施路段事故数据进行直接的前后对比，没有考虑由于非安全保障措施因素导致的事故变化，因此是一种可靠性较低的评估方法。为提高评估的可靠性，应选取与安全保障措施实施路段具有相似的道路交通特征但未实施安全保障措施的路段作为对照组，利用对照组来考虑由于安全保障措施之外的其他因素所导致的安全水平的变化情况。对照组在前后对比分析中的应用主要有两种：一种是基于对照组的前后对比分析法，该方法较为简便；另一种是经验贝叶斯前后对比分析法，该方法较为复杂，但评估结果更为可靠。此外，一些学者提出采用完全贝叶斯前后对比分析法来进行安全保障措施效果评估，这种方法更为复杂。

有些情况下由于前后对比分析方法的分析条件不具备而需要使用其他替代方法，横向对比分析法应运而生。横向对比分析法包括多要素回归横向对比分析法、病例对照法、队列法等。前后对比分析方法通常优于横向对比分析法。此外，在特殊条件下，非事故的间接指标对比研究等也可以用于安全保障措施效果评估。下面将逐一介绍每一种方法，包括方法概述、详细计算公式、应用案例、样本量考虑，以及使用各方法存在的问题，从而方便研究人员或管理人员根据实际情况选择适当的评估方法。

一、基于对照组的前后对比分析法

1. 名词术语

为了使安全保障效果评估方法的阐述更为明确严谨，首先对基于对照组的前后对比分析法（以下简称对照组方法）中将要大量使用的一些典型的名词术语进行解释：

（1）前期——以安全保障措施实施时间为界，在此之前称为前期；

（2）后期——以安全保障措施实施时间为界，在此之后称为后期；

（3）措施组——已经实施了安全保障措施，待评估安全保障措施实施效果的路段的组合；

（4）对照组——与措施组具有相同或相似的道路交通特征，但没有实施安全保障措施的路段的组合。

2. 方法概述

采用对照组方法进行安全保障措施效果评估时，通过对照组来分析与安全保障措施无关的因素导致的事故变化，如由于时间和交通量变化导致的事故变化等。通过对照组计算前期和后期两个时期观测到的事故数比值。在此基础上，措施组在前期的事故数观测值与此比值相乘，即可得到措施组在假设没有实施安全保障措施的情况下，后期预测将发生的事故数。然后，将此预测事故数与后期实际发生的事故数作比较，即可评估安全保障措施的实施效果。

理想条件下，对照组与措施组应从相同的地区选取，并具有相似的道路交通运营特征。然而，这样的要求有时候难以满足，因为当大部分路段或所有路段都采取了安全保障措施或至少受措施影响时，对照组的数量往往非常有限。比如，以政策形式实施的全路网的安全改善措施或者某些安全保障措施（如红灯照相机）的实施会对未进行安全改善的路段产生显著的影响。有些学者称这种影响为溢出效应（Spill-over Effects）。所谓溢出效应指在特定路段实施的安全保障措施在相邻的未实施安全保障措施的路段也产生了安全效果。

对照组方法分析过程较为简单，但难以考虑“回归到平均”现象，除非措施组和对照组在前期基于观测事故数进行匹配。具体来说，每个选取的对照路段须与每个安全保障措施实施路段基于前期的事故数进行逐年的匹配。显然，选择满足这样要求的考虑了回归到平均现象的理想对照组存在很大的难度。此外，这个方法应用的必要假设前提，即对照组未受安全保障措施的影响，也很难验证，甚至在有些情况下这个假设可能是不合理的。

通过上述分析，当回归到平均现象不存在，或者存在合适的对照组的情况下，这种方法可以替代较为复杂的经验贝叶斯前后对比分析法进行效果评估。主要包括以下两种情形：

(1)安全保障措施实施地点的选取没有考虑事故多发路段，而是随机选取的。

(2)在某特定类型公路的所有路段都实施了安全保障措施，比如全路段的罩面。实际上，除了类似全路段罩面这样的措施，很难确定完全没有"回归到平均"现象。只有完全随机地选取安全改善路段，才能确保没有选择倾向。

3. 具体评估方法

对于一个合适的对照组，应满足的基本条件是：假设安全保障措施未实施的情况下，对照组和措施组具有相同的事故变化量，即后期和前期的事故比值相同。举例来说，如果假设安全保障措施未实施，措施组的期望事故数在后期比前期增加 10%，那么理想的对照组也应当反映出 10%的增长。显然，很难找到完美的对照组，因为措施组在假设安全保障措施未实施的情况下预期的事故变化情况是未知的。

对照组的适用性可通过相似性检验的方法来确定，相似性检验是比较前期措施组和备选对照组的事故数时间序列，如果措施组和备选对照组的事故数在时间变化趋势上相似，则认为备选的对照组是比较好的。Hauer(1997)提出通过计算样本的比值比序列，对对照组的适用性进行定量分析的方法，将前后相邻年份的事故数组成一组，针对前期的每个数据组计算样本比值比，从而形成一个样本比值比的序列。计算样本比值比序列的均值和标准差。当样本比值比序列的均值足够接近 1.0(即均值非常接近 1.0，置信区间包括 1.0)时，则认为该对照组是适合的。样本比值比的计算公式如下：

$$\text{Sample Odds Ratio}=\frac{(\text{Treatment}_{\text{before}}\text{Comparison}_{\text{after}})/(\text{Treatment}_{\text{after}}\text{Comparison}_{\text{before}})}{1+\frac{1}{\text{Treatment}_{\text{after}}}+\frac{1}{\text{Comparison}_{\text{before}}}} \tag{5-7}$$

式中：$\text{Treatment}_{\text{before}}$——第 i 年措施组的事故总数；

$\text{Treatment}_{\text{after}}$——第 j 年措施组的事故总数；

$\text{Comparison}_{\text{before}}$——第 i 年对照组的事故总数；

$\text{Comparison}_{\text{after}}$——第 j 年对照组的事故总数。

以表 5-1 中的事故数时间序列为例，说明上述相似性检验法的应用。

措施组和对照组事故数时间序列 表 5-1

组　别	第 1 年	第 2 年	第 3 年	第 4 年
措施组	100	90	105	110
对照组	95	98	110	105

用第 1 年和第 2 年的数据来计算第一个样本比值比，如下：

$$\text{Sample Odds Ratio}=\frac{(100\times98)/(90\times95)}{1+\frac{1}{90}+\frac{1}{95}}=1.12$$

采用相同的方法依次计算第 2 年和第 3 年以及第 3 年和第 4 年的样品比值比，相应得到

1.12、0.94 和 0.89 的比值比序列。进而计算该比值比序列的均值和标准差分别为 0.99 和 0.12。

$$95\%\text{置信区间}=0.99\pm1.96(0.12)=(0.75,1.23)$$

根据上述分析，样本比值比的均值非常接近 1.0，其 95% 置信区间包括 1.0。因此，可以认为这是一个适合的对照组。

除了满足相似性要求外，一个适合的对照组还应满足以下要求：

(1)措施组和对照组的前期和后期应该是相同的时期。

(2)在影响安全的非措施因素(如交通量的变化)方面，措施组和对照组应具有相同的特征。

(3)事故数量必须足够大。(这一点将在后面的样本量需求分析中详细讨论。)

下面具体介绍对照组方法的计算步骤和公式，需要用到的计算参数符号汇总于表 5-2。

对照组方法的计算参数符号汇总表　　表 5-2

时　期	措　施　组	对　照　组	时　期	措　施　组	对　照　组
前期	$N_{\text{observed},T,B}$	$N_{\text{observed},C,B}$	后期	$N_{\text{observed},T,A}$	$N_{\text{observed},C,A}$

注：$N_{\text{observed},T,B}$——措施组前期的观测事故数；

$N_{\text{observed},T,A}$——措施组后期的观测事故数；

$N_{\text{observed},C,B}$——对照组前期的观测事故数；

$N_{\text{observed},C,A}$——对照组后期的观测事故数。

对照组后期和前期的事故比值($N_{\text{observed},C,A}/N_{\text{observed},C,B}$)显示了在没有实施安全保障措施的情况下事故数将如何改变，即由于非安全保障措施导致的事故变化情况。从而，措施组在后期假设不实施安全保障措施情况下的期望事故数由下式计算：

$$N_{\text{expected},T,A}=N_{\text{observed},T,B}(N_{\text{observed},C,A}/N_{\text{observed},C,B}) \tag{5-8}$$

如果所选择的对照组是适合的，也就是说，如果对照组和措施组的事故变化趋势根据相似性检验确定是相似的，那么 $N_{\text{observed},T,A}$这个变量的方差可以用下式近似估计。

$$\text{Var}(N_{\text{expected},T,A})=N^2_{\text{expected},T,A}(1/N_{\text{observed},T,B}+1/N_{\text{observed},C,B}+1/N_{\text{observed},C,A}) \tag{5-9}$$

上述方法得到的效果评估值只是一个近似值，因为它适用于一个理想的对照组，但实际上这样的对照组是不可能存在的。Hauer(1997)的著作中提到了一种提高评估精度的修正方法，但是这种修正的作用不大。在实际评估过程中仍然建议按照理想对照组的假设来估计方差，但需承认这是较为保守的近似。在这种假设的理想情况下，安全保障措施的效果(CMF)和其方差利用下式计算：

$$\text{CMF}=(N_{\text{observed},T,A}/N_{\text{expected},T,A})/[1+\text{Var}(N_{\text{expected},T,A})/N^2_{\text{expected},T,A}] \tag{5-10}$$

$$\text{Var(CMF)}=\frac{\text{CMF}^2[(1/N_{\text{observed},T,A})+\text{Var}(N_{\text{expected},T,A})/N^2_{\text{expected},T,A}]}{[1+\text{Var}(N_{\text{expected},T,A})/N^2_{\text{expected},T,A}]^2} \tag{5-11}$$

4. 评估示例

下面以一个示例来说明如何运用对照组方法来评估安全保障措施效果，即计算 CMF 值。示例的基础数据见表 5-3，措施组和对照组都有 25 个路段。为了简化 CMF 方差的计算，假设对照组是理想的，但将导致得到的安全保障效果评估值偏于保守。

基于对照组的前后对比分析法示例数据　表 5-3

时　期	措施组(25 个路段)	对照组(25 个路段)	时　期	措施组(25 个路段)	对照组(25 个路段)
前期	100	84	后期	75	80

示例中对照组后期和前期的事故比值为：

$$\text{Comparison Ratio}=80/84=0.952\,4$$

措施组后期假设不实施安全保障措施情况下的期望事故数等于前期事故数乘以上述比值：

$$N_{\text{expected},T,A}=100\times 0.952\,4=95.24$$

$N_{\text{expected},T,A}$的方差(用来衡量其精度和计算 CMF 及其方差)：

$$\text{Var}(N_{\text{expected},T,A})=95.24^2\times(1/100+1/84+1/80)=312.06$$

CMF 近似等于措施组后期的观测事故数除以 $N_{\text{expected},T,A}$，并基于 $N_{\text{expected},T,A}$的值和方差进行修正。

$$\text{CMF}=(75/95.24)/[1+(312.06/95.24^2)]=0.761$$

$$\text{Var(CMF)}=0.761^2\times(1/75+312.06/95.24^2)/(1+312.06/95.24^2)^2=0.025\,8$$

CMF 的标准差，即方差的平方根是 0.168。

95%置信区间为 0.761±1.96×0.168=(0.432，1.090)。

该示例中有几个关键点需要说明：

(1)“回归到平均”的影响是可能存在的，因为安全保障措施实施路段的选择往往是因为前期有非常高的事故率，而这种异常高的事故率在后期有趋于平均的可能。

(2)如果对照组和措施组前期的事故数相同，并在其他方面的特征都相似，那么回归到平均的影响将不存在，或者该方法已经考虑并有效规避了这种影响。因此，这种情况下得到的安全保障效果评估值在“回归到平均”的影响方面将是无偏的。

(3)得到的 CMF 估计值 0.761 在 95%置信度水平下并不显著(评估可靠度一般要求 95%的置信度水平)。CMF 估计值的 95%置信区间为(0.432，1.090)，这不能以 95%的置信度说明 CMF 的真实值不是 1.0(也即，不能以 95%的置信度说明该安全保障措施产生了效果)。在这种情况下，需要更大的样本量(包括措施组和对照组的样本数量)来提高评估结果的可靠度，即通过增加数据来说明 CMF 不近似于 1.0。关于样本量将如何来影响 CMF 估计值的可信度，下面将进一步讨论。

5. 样本量需求

当计划采用对照组方法来进行安全保障效果评估时，至关重要的是确保有足够的事故数，从而使措施导致的安全水平变化能够通过统计分析手段显著地体现出来。一个统计上显著的 CMF 是指能够以一定的置信水平来说明 CMF 的置信区间不包含 1.0。

决定样本量是否充分的四个变量为：

(1)措施组在前期的事故数；

(2)前期和后期相对的持续时间；

(3)预计的 CMF 值；

(4)对照组在前期和后期的事故数。

首先，分析一下措施组样本量的影响。在前面的示例中，如果措施组前期和后期的事故数增加到 300 和 225，重新计算结果如下：

$$N_{\text{expected,T,A}}=300\times0.9524=285.72$$

$$\text{Var}(N_{\text{expected,T,A}})=285.72^2\times(1/300+1/84+1/80)=2264.42$$

$$\text{CMF}=(225/285.72)/(1+2264.42/285.72^2)=0.766$$

$$\text{Var(CMF)}=0.766^2\times(1/225+2264.42/285.72^2)/(1+2264.42/285.72^2)^2=0.018$$

$$\text{Standard Error}=0.018^{0.5}=0.134$$

需要说明的是，措施组样本量的增加可以通过选取更多的路段或更长时间的数据来实现。

在新的样本量下，CMF 的标准差为 0.134。95％的置信区间为 0.766±1.96(0.134)＝(0.503,1.028)，在 95％的置信水平下安全保障效果仍然不显著，因为 95％置信区间仍然包括 1.0。但是 90％的置信区间为 0.766±1.64(0.134)＝(0.546,0.986)，该置信区间小于 1。换句话说，该评估结果以 90％的置信度表明该安全保障措施将会减少交通事故。如果要得到 95％的置信度结果，则需要更大的样本量。

其次，分析一下对照组样本量的影响。如果在措施组样本量增加到 3 倍的情况下，对照组样本量增加 1 倍，则 CMF 的估计值为 0.775，标准差为 0.108。相关计算结果如下：

$$\text{Comparison Ratio}=160/168=0.9524$$

$$N_{\text{expected,T,A}}=300\times0.9524=285.72$$

$$\text{Var}(N_{\text{expected,T,A}})=285.72^2\times(1/300+1/168+1/160)=1268.27$$

$$\text{CMF}=(225/285.72)/(1+1268.27/285.72^2)=0.775$$

$$\text{Var(CMF)}=0.775^2\times(1/225+1268.27/285.72^2)/(1+1268.27/285.72^2)^2=0.011$$

$$\text{Standard Error}=0.011^{0.5}=0.108$$

可见，在这样的样本量条件下，CMF 的标准差为 0.011。95％的置信区间为 0.775±1.96×(0.108)＝(0.563,0.986)，得到的结果在 95％置信水平下是显著的。这也告诉我们，如果措施组样本有限，难以增加时，选取更多的对照路段也能提高结果的可信度，这种办法往往是可行的。

最后，分析一下措施效果大小的影响。假设在前面的示例中，措施组后期的事故数量是 69，而不是 75，表明 CMF 较小(事故减少量较大)。CMF 的估计值是 0.700，95％置信区间的上限是 0.994，这表明事故的减少是显著的。因此，如果预期的措施效果较明显，那么只需要较小的样本量就够了。

6. 对照组方法存在的问题

安全保障措施实施路段在前期和后期的观测事故数变化可能不仅是因为安全保障措施的实施，其他的非措施因素也可能引发事故的变化。如果这些因素在评估方法中没有进行充分正确的考虑，得到的评估结果将会存在偏差。这些其他的非措施因素包括：

(1)由于一般趋势或措施本身引发的交通量变化。

(2)由于事故上报规定的变化、天气、驾驶员的行为、安全项目的效果等因素导致的观测事故数的变化。

(3)由于“回归到平均”现象的存在，即使在没有采取安全保障措施的情况下，路段的安全水平也有可能发生变化。只有在措施组和对照组基于事故发生情况进行匹配的条件下，对照组方法才不需要考虑“回归到平均”现象的影响。然而，措施组和对照组基于事故发生情况进行匹配存在现实困难。

综上，运用对照组方法进行安全保障效果评估时，保证对照组选择的适用性存在现实困难，而且该方法难以考虑“回归到平均”现象的影响。

二、经验贝叶斯前后对比分析法

1. 名词术语

经验贝叶斯前后对比分析法（以下简称经验贝叶斯方法）用到的名词术语与对照组方法基本相同。

2. 方法概述

经验贝叶斯方法旨在更为精确地预测每个安全保障措施实施路段在后期假设未实施安全保障措施条件下的期望事故数（在对照组方法中记作 $N_{\text{expected},T,A}$）。与对照组方法类似，安全保障措施的效果是通过比较所有安全保障措施实施路段假设未实施安全保障措施条件下的期望事故总数 $N_{\text{expected},T,A}$ 与安全保障措施实施条件下实际发生的事故总数来进行评估的。

经验贝叶斯方法的优点在于它能正确解释安全保障措施实施路段在安全保障措施实施前后由于“回归到平均”现象而产生的事故变化，而且在考虑由于交通流量以及时间等非措施因素对安全产生的影响方面也优于对照组方法。

3. 具体评估方法

考虑到“回归到平均”现象，经验贝叶斯方法中前期的期望事故数 $N_{\text{expected},T,B}$ 是以下两项事故信息的加权均值：

（1）安全保障措施实施路段前期的观测事故数，记为 $N_{\text{observed},T,B}$；

（2）安全保障措施实施路段前期的预测事故数（参照与安全保障措施实施路段具有类似特征的路段的事故发生情况分析得到的，通常通过构建事故预测模型进行计算），记为 $N_{\text{predicted},T,B}$。

为了得到上述权重和预测事故数，需要选取与安全保障措施实施路段相似的一组路段，这点与对照组方法原理相似。不同点在于经验贝叶斯方法中首先要基于参照路段的数据构建一个安全性能函数，该函数建立了事故数与交通和道路特征（包括交通量、交通控制和几何特征等）的相关关系，能够预测具有相似特征的路段的事故数。

安全性能函数（SPF）是一个基于给定的交通和道路特征来预测事故数的数学方程。安全保障措施实施路段前期的预测事故数 $N_{\text{predicted},T,B}$ 通过安全性能函数来计算。

基于经验贝叶斯方法预测前期的期望事故数，$N_{\text{expected},T,B}$ 由下式计算：

$$N_{\text{expected},T,B}=\text{SPF}_{\text{weight}}(N_{\text{predicted},T,B})+(1-\text{SPF}_{\text{weight}})(N_{\text{observed},T,B}) \tag{5-12}$$

上式说明了期望事故数是如何通过 SPF 和观测事故数的加权得到的。经验贝叶斯估计值落在 SPF 和观测事故数之间的某点。“回归到平均”的效果体现在观测事故数和期望事故数的差异上。

安全性能函数的权重是根据安全性能函数构建过程中的过渡离散系数来确定的，同时也依赖于前期事故的年限数。安全性能函数的权重与过渡离散系数成反比关系。当构建的安全性能函数能够更好地解释各路段的事故差异时，将具有较低的过渡离散系数，相应的安全性能函数权重将较高。具体来说，如果安全性能函数具有较小的过渡离散性，则将被赋予较大的权重，相应的观测事故数的权重将较小。如果使用很多年的事故观测数据来计算前期期望事故数，则安全性能函数的权重将降低。

SPF 不仅考虑了"回归到平均"现象，而且在考虑时间变化和交通量的变化等非措施因素所导致的事故变化方面优于对照组方法。SPF 能够拟合由于交通量变化带来的安全方面的变化。SPF 也能够对每年的情况进行标定。标定系数是一些相乘的系数，反映了事故率与交通量相关关系的时间趋势。采用与构建 SPF 相同的参照组来计算这些时间趋势系数。对于一个给定的年份，时间趋势系数为该年份观测事故数的总和除以预测事故数的总和。

运用经验贝叶斯方法计算安全保障措施实施路段后期假设未实施安全保障措施条件下的期望事故数，如下式：

$$N_{\text{expected},T,A}=N_{\text{expected},T,B}(N_{\text{predicted},T,A}/N_{\text{predicted},T,B}) \tag{5-13}$$

式中：$N_{\text{expected},T,B}$——前期期望事故数的经验贝叶斯估计；

$N_{\text{predicted},T,B}$——前期根据安全性能函数得到的事故数预测值；

$N_{\text{predicted},T,A}$——后期根据安全性能函数得到的事故数预测值。

$N_{\text{expected},T,A}$的方差根据 $N_{\text{expected},T,A}$、前期和后期的 SPF 预测值，及 SPF 权重来计算，如下式：

$$\mathrm{Var}(N_{\text{expected},T,A})=N_{\text{expected},T,A}(N_{\text{predicted},T,A}/N_{\text{predicted},T,B})(1-\mathrm{SPF}_{\text{weight}}) \tag{5-14}$$

参照前面介绍的对照组方法，经验贝叶斯方法中相应的计算参数符号见表 5-4。

经验贝叶斯方法的计算参数符号汇总表　　表 5-4

时　期	措施组的观测事故数	基于 SPF 的措施组预测事故数(SPF 模型基于参考组数据构建)
前期	$N_{\text{observed},T,B}$	$N_{\text{predicted},T,B}$
后期	$N_{\text{observed},T,A}$	$N_{\text{predicted},T,A}$

注：$N_{\text{observed},T,B}$——措施组前期的观测事故数；

$N_{\text{observed},T,A}$——措施组后期的观测事故数；

$N_{\text{predicted},T,B}$——措施组前期的事故数预测值(各路段安全性能函数预测值的总和)；

$N_{\text{predicted},T,A}$——措施组后期的事故数预测值(各路段安全性能函数预测值的总和)。

4. 评估示例

下面将给出一个经验贝叶斯方法应用的示例，该示例将使用与对照组方法中相同的数据来估计 CMF。

表 5-5 给出了使用经验贝叶斯方法进行效果评估所需的数据。这个示例进行了一定程度的简化，假设所有路段安全性能函数预测值的权重均为 0.25，路段交通量没有变化。在这样的假设前提下，所有路段的计算可以一步进行。正常情况下，$N_{\text{expected},T,A}$和 $\mathrm{Var}(N_{\text{expected},T,A})$的计算应逐个路段分别计算，然后相加用于 CMF 及其标准差的计算。

经验贝叶斯方法的示例数据　　表 5-5

时　期	措施组观测事故数(25 个路段)	基于 SPF 的措施组事故数预测值(SPF 通过参考组的数据构建)
前期	100	25 个路段的预测值总和=81.08
后期	75	25 个路段的预测值总和=77.36

$N_{expected,T,B}$的经验贝叶斯估计，按下式计算：

$$N_{expected,T,B}=0.25\times81.08+(1-0.25)\times100=95.27$$

后期和前期 SPF 预测值的比值为：

$$N_{predicted,T,A}/N_{predicted,T,B}=77.36/81.08=0.954$$

措施组后期假设未实施安全保障措施条件下的期望事故数($N_{expected,T,A}$)为：

$$N_{expected,T,A}=95.27\times0.954=90.90$$

$N_{expected,T,A}$的方差为：

$$\mathrm{Var}(N_{expected,T,A})=90.90\times0.954\times(1-0.25)=65.05$$

CMF 近似等于后期的观测事故数除以 $N_{expected,T,A}$，并根据 $N_{expected,T,A}$的值和方差进行修正。

$$\mathrm{CMF}=(75/90.90)/[1+(65.05/90.90^2)]=0.819$$

$$\mathrm{Var(CMF)}=0.819^2\times(1/75+65.05/90.90^2)/(1+65.05/90.90^2)^2=0.0140$$

取方差的平方根，CMF 的标准差为 0.118。

95％置信区间为 0.819±1.96×0.118=(0.588,1.050)。

如上所示，使用经验贝叶斯方法评估得到的 CMF 为 0.819，标准差为 0.118，比对照组方法得到的 CMF 值 0.761 大(也就是说，事故减少的估计值较小)，原因在于考虑了"回归到平均"的效果。此外，即使 CMF 较大，其标准差也小于对照组方法的标准差 0.168。经验贝叶斯方法的一个主要特点是它减少了 CMF 估计中的不确定性，因为它使用了更多的信息和更严格的方法。然而，和前面相同的是，CMF 在 95％置信度水平下仍然不显著，因为 95％置信区间为(0.588,1.050)，包含 1.0。

在上面的例子中，假设安全保障措施实施前后的交通量保持不变。如果交通量有变化，就必须将相关信息纳入分析。然而，这并不会改变估计 CMF 和标准差的一般过程。交通量的变化通过 SPF 来考虑(即通过前期和后期的预测事故数 $N_{predicted,T,B}$和 $N_{predicted,T,A}$来反映交通量变化的影响)。这只会影响后期和前期预测事故数的比值。预测事故数($N_{predicted,T,A}$和 $N_{predicted,T,B}$)和 $N_{expected,T,A}$及其方差的计算将针对每个路段单独计算，然后相加用以计算 CMF 和标准差。

5. 样本量需求

当计划采用经验贝叶斯方法来进行安全保障效果评估时，至关重要的是确保有足够的事故数，从而使安全水平的变化能够通过统计分析显著地体现出来。目前，还没有标准的方法来确定经验贝叶斯方法所需要的样本量。Hauer(1997 年)著作中提出的方法适用于对照组方法，也可用于近似地确定经验贝叶斯方法所需的样本量。样本量的估计可以保守一些，因为经验贝叶斯方法降低了期望事故数预测的不确定性。

尽管经验贝叶斯方法对样本量的要求相对宽松一些，但仍需要探讨一下样本量是如何影响评估结果的。具体来说，如果想得到统计上显著的结果，需要有多大的样本量？在前面的例子中，如果安全保障措施实施路段的样本量增加 1 倍，即前期和后期的事故数达到 200 和 150，重新计算的结果为 0.822，而不是 0.819，标准差从 0.118 减少到 0.084。需注意，在此情况下，前期和后期的 SPF 估计值也增加 1 倍，分别达到 162.16 和 154.72。

$$N_{\text{expected,T,B}}=0.25\times162.16+(1-0.25)\times200=190.54$$

$$N_{\text{predicted,T,A}}/N_{\text{predicted,T,B}}=154.72/162.16=0.954$$

$$N_{\text{expected,T,A}}=190.54\times0.954=181.78$$

$$\text{Var}(N_{\text{expected,T,A}})=181.78\times0.954\times(1-0.25)=130.06$$

$$\text{CMF}=(150/181.78)/(1+130.06/181.78^2)=0.822$$

$$\text{Var(CMF)}=0.822^2\times(1/150+130.06/181.78^2)/(1+130.06/181.78^2)^2=0.0071$$

取方差的平方根，CMF 的标准差是 0.084，95%置信区间 = 0.822 ± 1.96 × 0.084 = (0.657，0.987)。该值在 95%置信水平是显著的，因为 95%置信区间不包括 1.0。

6. 经验贝叶斯方法存在的问题

与对照组方法类似，经验贝叶斯方法采用参考组反映交通量和事故报告等非措施因素导致的事故变化，因此，需要对参考组的适用性进行检验。

另一个问题是，在某些情况下，措施组路段安全保障措施的实施可能会影响参考组路段的安全状况，特别是当措施组路段和参考组路段相邻时。而这种影响可能会被误认为是事故的时间趋势变化或者是其他非措施因素导致的变化，从而造成安全保障措施效果评估的偏差。

三、完全贝叶斯前后对比分析法

1. 名词术语

完全贝叶斯前后对比分析法（以下简称完全贝叶斯方法）用到的名词术语与经验贝叶斯方法基本相同。

2. 方法概述

完全贝叶斯方法本身不是一种评价方法，而是一种建模方法，可以像常见的广义线性建模方法一样进行应用，通常应用在经验贝叶斯方法或横向对比分析法的模型构建中。

在经验贝叶斯方法中，参考组是用来构建 SPF 函数，从而对措施组的预测事故数和其方差进行估计。通过得到的预测事故数与实际观察到的事故数相结合，从而改进对安全保障措施实施路段在假设没有实施安全保障措施情况下的期望事故数（$N_{\text{expected,T,A}}$）的估计。

在完全贝叶斯方法中，不是计算期望事故数及其方差的点估计，而是要生成一个期望事故数的概率分布。通过期望事故数的概率分布与所观察到的事故数相结合来估计期望事故数。通过使用概率分布，而不是一个点估计，可以更准确地计算期望事故率及其方差，从而更准确地计算 CMF 的方差。

在横向对比分析法中，常用广义线性回归来建立道路几何和运营特征与期望事故数的关系模型。同样，完全贝叶斯方法也可以用来建立该关系模型，而且是更加灵活的建模工具。下面将进一步对此进行讨论。

3.具体评估方法

经验贝叶斯方法和完全贝叶斯方法都需要充分考虑和规避安全保障措施效果评估中的复杂干扰因素。在这方面,完全贝叶斯方法具有很多优越性。完全贝叶斯方法的建模框架允许采用复杂的模型形式,比如同时包括相乘和相加的函数关系。这样的模型形式在传统的广义线性建模方法中难以处理。

完全贝叶斯方法的另一个好处是使用较小的样本就可以构建有效的模型。此优点对于分析比较少见的事故类型尤其实用,如行人事故或不常用的道路结构(如五路交叉口)。

完全贝叶斯方法的最大优点是可以考虑路段之间的空间相关性。所谓考虑空间相关性,即考虑一个路段对其相邻路段的期望事故数的影响。对于前后对比分析法,当措施路段和对照路段或参考路段邻近时,空间相关性往往是一个无法考虑的问题。完全贝叶斯方法考虑了空间相关性,那么措施路段和对照路段在地理位置上邻近就不成问题。如果交通量随时间的变化规律未知,那么选取的对照路段或参考路段实际上越接近越好,因为两者交通量的变化规律与相隔较远的路段相比更为相似。

完全贝叶斯方法的另一个突出优点是可以吸纳以往的知识和成果。以往的知识可以是事故预测模型的参数估计或 CMF 的估计。当以往的研究对事故预测模型或 CMF 的估计较为可靠时,这些成果可以纳入完全贝叶斯方法,从而改进新方法的研究结论。当然,如果以往的知识或成果没有或不可靠时,将不引入完全贝叶斯方法中。

综上所述,完全贝叶斯方法与经验贝叶斯方法相比,其优势在于以下几点:

(1)复杂模型的建模能力;

(2)以较小的样本量构建有效的事故模型;

(3)考虑路段间的空间相关性;

(4)纳入以往知识和成果的能力。

4.样本量需求

完全贝叶斯方法建模样本量的考虑与横向对比分析法或前后对比分析法相似,所需的样本数量取决于以下因素:

(1)平均事故数;

(2)模型中所需的变量数量;

(3)模型所需的统计显著水平。

模型开发前是难以估量样本量的需求的,只有当模型输出结果后才能确定样本量是否足够。如果结果在统计分析上不显著,那么就需要更多的数据。由于这个原因,样本量的确定是一个反复的过程,虽然通过经验的积累或对数据的掌握可以进行有把握的猜测。

如前所述,前后对比分析法确保足够的样本量才能通过统计分析手段对安全效果进行评估。目前还没有针对完全贝叶斯方法的样本量确定方法,可以应用对照组方法中确定样本量的方法。但应注意该方法用于完全贝叶斯方法是保守的。因为完全贝叶斯方法已经降低了期望事故数预测的不确定性,样本量需求较小。

5.完全贝叶斯方法存在的问题

完全贝叶斯方法的主要问题是其复杂性,评估人员需要非常高水平的统计分析理论和方法培训。经验贝叶斯方法已经开发了相应的应用程序软件，但这对于完全贝叶斯方法是非常困难的。

完全贝叶斯方法的好处是否大于其增加的复杂性仍然是一个争论中的问题。有限的研究表明，如果能够为经验贝叶斯方法提供足够的样本量来构建高可靠的安全性能函数，经验贝叶斯方法将能得到与完全贝叶斯方法同样可靠的结果。

四、横向对比分析法

1. 方法概述

横向对比分析法是对比分析同一时期安全保障措施实施路段和未实施路段事故发生情况的差异，并将该差异认为是安全保障措施的效果。应用该方法进行安全保障效果评估时，CMF 为安全保障措施实施路段和未实施路段平均事故率的比值。为了保证该方法的可靠性，要求所有路段除了安全保障措施实施和未实施的差别之外，在影响事故风险的其他因素方面都相似。但实际上，这种要求很难达到。

以交叉口设置信号灯的安全效果评估为例，收集了 100 个双向停车控制交叉口和 100 个信号控制交叉口的事故数据。所有交叉口都是四路交叉，交通量相似。双向停止控制交叉口的年平均事故率为 3.4 起，信号控制交叉口的年平均事故率为 2.9 起。因此，双向停车控制交叉口安装信号灯的效果为：

$$\mathrm{CMF}=\frac{2.9}{3.4}=0.85$$

当没有足够的安全保障措施实施路段（样本量不足）来进行前后对比分析时，横向对比分析法尤其有用。例如，可能很少有或根本没有路肩从 2m 加宽到 3m 的路段，但存在很多路肩为 2m 的路段和路肩为 3m 的路段。在这种情况下，前后对比分析法是不实用的，因为没有足够的样本用来分析以得到可靠的结果。

2. 具体评估方法

实际上，要收集到足够的事故风险影响因素全部都相似的路段是很难的。因此，横向对比分析法经常通过构建多变量回归模型来完成。这些模型试图将影响安全的所有变量都考虑进去，如果能够实现，那么这些模型可以用来评估由某个特定变量的单位变化引起的事故变化。CMF 一般可从模型参数中得来。

3. 评估示例

以“山区公路网安全保障技术体系研究与示范工程”（课题编号：2009BAG13A02）构建的山区双车道公路事故预测模型为例，说明如何使用多元回归模型推导出 CMF。该模型的构建旨在评估山区双车道公路道路交通特征的变化对期望事故率的影响。模型如下：

$$Y=T\times\exp(-1.878+\mathrm{ldtz}+\mathrm{lmlx}+0.067\mathrm{brg}-0.039\mathrm{zxzrbl}+0.061\mathrm{dkzrbl}+0.039\mathrm{mtzrbl}+0.011\mathrm{hczrbl}+\mathrm{wpbz}+\mathrm{byx}+\mathrm{zxx}+\mathrm{zmss}+\mathrm{rxhdx}+\mathrm{linc}+0.015\mathrm{jrkmd}) \quad (5\text{-}15)$$

式中：Y——山区双车道公路每年的预测事故数；

T——机动车自然交通量曝露度；

$$T=\frac{L\times365\times\mathrm{AADT}\times4.67}{1\,000\,000}$$

L——路段长度；

AADT——机动车年平均日交通量自然数；

ldtz——路段特征，0 为普通路段，1 为桥梁路段，2 为隧道路段；

lmlx——路面铺层特性，0 为沥青表面处治，1 为沥青混凝土，2 为水泥混凝土，3 为沥青碎石；

brg——加权转角值；

zxzrbl——自行车自然数比例；

dkzrbl——大型客车自然数比例；

mtzrbl——摩托车自然数比例；

hczrbl——货车自然数比例；

wpbz——指路标志，0 为没有，1 为有；

byx——边缘线，0 为没有，1 为模糊，2 为清晰；

zxx——中心线，0 为没有，1 为模糊，2 为清晰；

zmss——照明设施，0 为没有，1 为有；

rxhdx——人行横道线，0 为没有，1 为有；

linc——路段是否与村庄相接，0 为不相接，1 为相接；

jrkmd——接入口密度。

根据拟合的模型参数，可以推断 CMF。CMF 表示当一个变量值增加一个单位所引发的平均预测事故数的变化量。例如，加权转角值 brg 增加一个单位对应的 CMF 为：

$$\text{CMF}=\exp(0.067\text{brg})=\exp(0.067\times 1)=1.07$$

即加权转角值每增加一个单位，事故数将增加(1.07－1)×100％＝7％。

采用横向对比分析法来估算 CMF 时，CMF 不仅可以是一个值，也可以是一个函数。当事故发生的因果关系非常明确时，构建 CMF 函数的效果更好。

4. 样本量需求

横向对比分析法所需样本量的确定是困难的。对于构建多元回归模型，需要的路段数量取决于以下多个因素：

(1)平均事故率；

(2)模型所需的变量的数量；

(3)模型所需的统计显著水平；

(4)不同样本路段间每个变量的差异大小。

样本量是否足够只能根据模型是否可用来判定。如果构建的模型中所关注的变量不够显著，那么还需要更多的数据来建模。由于这个原因，样本量的确定是一个反复的过程，虽然通过经验的积累或对数据的掌握可以进行有把握的猜测。

5. 横向对比分析法存在的问题

与前后对比分析法类似，横向对比分析法的根本问题在于安全保障效果是通过比较两类不同的路段(即实施安全保障措施的路段和未实施安全保障措施的路段)的事故差异得到的。然而，事故的差异可能是由于安全保障措施以外的已知或未知的因素造成的。其中，交通量或几何特征等因素，可以通过多变量回归模型进行控制，并通过模型系数推断 CMF。但是，未知的或已知但不可测量的因素在模型中难以正确考虑。因此，这个问题并不能彻底得到解决。基于这些原因，运用横向对比分析法来推断 CMF 时，应非常谨慎。当有足够的安全保障措施实施路段（样本量）时，前后对比分析法仍然是首选。

目前，从多变量回归模型来获取 CMF 的方法还没有得到充分的发展。因此，采用这样的方法得到的 CMF 的有效性尤为重要。造成 CMF 不准确的原因有很多，包括不适当的函数形式，遗漏变量的偏差，或变量的相关性等。常见的做法是使用广义线性建模技术，假设误差服从负二项分布，来构建多元事故预测模型。但是，这种建模技术很难考虑到所有影响安全的因素。例如，带左转车道的交叉口往往有照明。如果事故预测模型是用来估计左转车道的安全效果的，而照明的存在又没有在模型中进行考虑，根据模型预测出来的是否设置左转车道的差异有可能部分是由于照明条件的不同引起的，从而高估了左转车道的安全效果。更为严重的是，当一个变量与其他变量相关时，建模过程中可能会被忽略。如果分析过程中包含了相关的变量，那么有可能会得到违背常理的结论（比如设置照明会增加夜间事故）。

建模的样本量太小、因素值无变化或变化量很小也是导致安全影响因素的效果在模型中无法体现的原因。比如，当样本中的所有路段都有照明时，那么照明的效果就无法体现出来。

评估横向对比分析法得出的 CMF 是否有效，应考虑以下几个问题：

（1）评估得到的安全保障措施效果是正面的还是负面的（即事故增加或减少），与预期是否一致？

（2）评估得到的安全保障措施效果的大小是否合理？

（3）模型的参数估计是否具有统计的显著性？

（4）不同的横向对比分析法得出的结论是否相似？

（5）前后对比分析法是否能得出类似的结论？

五、病例对照法

1. 名词术语

（1）病例组——有事故发生的路段的组合；

（2）对照组——无事故发生的路段的组合。

2. 方法概述

病例对照法是迄今为止最常用的流行病学研究方法之一，广泛应用于探讨疾病病因、干预措施、项目评价等许多方面，也已经用于公路安全研究的某些领域。比如，病例对照法已经用于调查摩托车驾驶员使用头盔的安全效果以及货车驾驶员工作时间的事故风险，但是极少有人用于公路几何设计要素的安全效果分析。直到近几年，病例对照法才被用于评估公路几何设计要素的安全效果，如车道宽度和路肩宽度的安全效果。

病例对照法与横向对比分析法所需要的基础数据相同，即需要同时期特征相似的安全保障措施实施样本路段和未实施样本路段来进行分析。然而，这两种方法不应混为一谈。对于横向对比分析法，其样本的选择往往基于某种特性存在或不存在或基于特定类型的道路或交叉路口，而不考虑是否有事故发生。病例对照法样本的选择是基于结果状态的（即有无事故发生，有事故发生称为病例，无事故发生称为对照），然后分析每个结果状态分类中安全保障措施实施情况的差异。因此，病例对照法是一种由果追因的分析方法。

病例对照法通过分析比较病例组和对照组中安全保障措施实施路段所占的比例是否存在差异，经统计学检验，若两组差别有意义，则可认为安全保障措施与事故发生率之间存在着统计学上的关联，从而来判断安全保障措施是否具有实际的效果。

应用病例对照法同样需要进行路段特征的匹配，以保证病例组和对照组在事故风险的影响因素方面具有一致性，从而消除潜在的干扰因素。匹配过程中，对照组的样本路段是随机抽样的，并与每个病例组的样本路段基于潜在混杂变量的相似度进行匹配。

3. 具体评估方法

在病例对照法中，安全保障措施的效果体现为措施对应的变量取不同值时对应的事故概率的比值比。比如，平曲线曲率大于 15 的路段发生事故的概率是平曲线曲率小于 15 的路段的 1.5 倍。这个比值比即是措施的效果（CMF）。有的措施可以采用 0 和 1 二元变量的形式，如道路照明、信号灯等属性的存在与否。有的措施需要分成多个水平的变量，比如纵坡可以分为≤1.5%、1.5%～2.5%、2.5%～4%、>4%等。

以表 5-6 中的数据为例，说明病例对照法中比值的具体含义和计算方法。

病例对照法基础数据表 表 5-6

安全保障措施实施情况	病例组路段数量	对照组路段数量	安全保障措施实施情况	病例组路段数量	对照组路段数量
实施	A	B	未实施	C	D

根据表 5-6 中的基础数据，比值比的计算公式如下：

$$\text{病例组的比值} = A/C$$

$$\text{对照组的比值} = B/D$$

$$\text{比值比 Odds Ratio(OR)} = \text{CMF} = \frac{A/C}{B/D} = \frac{AD}{BC}$$

比值比是指事故发生的概率与不发生的概率之比，表示由于措施的存在事故发生的风险是增加了还是减少了。比值大于 1.0 表示措施增加了事故发生的概率，反之比值小于 1.0 表示措施降低了事故发生的概率。

病例对照法不能计算事故发生的频率大小。这种方法更多用于评估措施的相对效果。通常采用多因素 logistic 回归方法等统计分析方法来研究其关联关系，因为这些方法能够通过控制其他干扰因素来分析某个因素的风险或效益。

病例数和对照数的比例可能有所不同，往往取决于时间、预算和潜在的路段。增加对照组的样本数量会增加研究的可靠度，尤其是当病例数量比较少时。可靠度指研究结论经统计学检验能够拒绝一个错误无效假设的可能性。

病例对照法对于分析发生率比较低的事故类型非常有用，因为研究时事故已经发生，病例组和对照组已经确定。病例对照法的另一个优点是可以用相同的样本分析多个措施的效果。一个样本可以用来分析任何在抽样和匹配过程中没有包括的措施。虽然病例对照法可以分析多个措施的效果，但每个样本只能针对某一事故类型进行分析。因为病例和对照的抽样是基于特定事故类型的发生情况进行的，针对不同类型事故的发生情况将产生不同的样本。

4.评估示例

下面给出一个示例，采用病例对照法分析路侧振动带对于冲出路侧事故的影响。6个月内发生过冲出路侧事故的路段为案例路段，同期内没有发生过冲出路侧事故的路段为控制路段。

同一样本可用于研究其他变量（如车道和路肩宽度）对冲出路侧事故的影响。但是，这个样本不能被用来研究对其他类型事故（如夜间事故）的影响，因为病例的定义是基于冲出路侧事故的。如果研究路侧振动带对夜间事故的影响，需要基于新的病例定义（即发生夜间事故为病例样本，而非发生路侧事故为对照样本）抽取新的样本。

5.样本量需求

一般来说，采用病例对照法研究安全保障措施的实施效果时，所需的样本量可使用下列公式计算：

$$n=\frac{(r+1)[1+(\lambda-1)P]^2}{rP^2(P-1)^2(\lambda-1)^2}\left\{z_\alpha\sqrt{(r+1)p_c(1-p_c)}+z_\beta\sqrt{\frac{\lambda P(1-P)}{[1+(\lambda-1)P]^2}+rP(1-P)}\right\}^2 \tag{5-16}$$

$$p_c=\frac{P}{r+1}\left[\frac{r\lambda}{1+(\lambda-1)P}+1\right] \tag{5-17}$$

式中：n——样本总数；

r——病例样本与对照样本的比率（病历样本数除以对照样本数）；

λ——预期的措施效果；

P——措施实施路段所占的比例；

p_c——病例组和对照组的通用比例；

z_α——显著性水平的 Z 统计检验（显著性水平为 α 的单边检验或显著性水平为 $\alpha/2$ 的双边检验）；

α——统计检验显著性水平；

z_β——Z 统计检验在 $1-\beta$ 的置信度；

β——统计检验犯 II 型错误的可能性（II 型错误即本来原假设是错误的，而根据样本得出的统计量的值落入了接受域，不能拒绝原假设，接受了原本错误的原假设）。

下面以一个例子来说明病例对照法的样本量对评估结果的影响。该示例采用病例对照法研究双车道公路上设置车道边线振动带对路侧事故的预防效果。双车道公路被划分为1km长的路段，分析每个路段6个月的事故数据。6个月内发生过路侧事故的路段为病例样本，同期内没有发生过路侧事故的路段为对照样本。随机抽取同等数量的病例样本和对照样本（即 $r=1$），得到8 000个病例样本和8 000个对照样本。

在这个例子中，要得到路侧事故减少10%（$\lambda=0.9$）的结论，并且用5%的双边显著性检验满足90%的置信度，分析样本量是否足够。该示例中车道边线振动带的安装里程约占双车道公路总里程的30%（即措施的实施比例 P 为0.3）。

$$p_c=\frac{0.3}{1+1}\left[\frac{1\times0.9}{1+(0.9-1)\times0.3}+1\right]=0.289$$

$$n=\frac{(1+1)\times[1+(0.9-1)\times 0.3]^2}{1\times(0.3)^2\times(0.3-1)^2\times(0.9-1)^2}\left\{1.96\sqrt{(1+1)\times 0.289\times(1-0.289)}+1.2816\sqrt{\frac{0.9\times 0.3\times(1-0.3)}{[1+(0.9-1)\times 0.3]^2}+1\times 0.3\times(1-0.3)}\right\}^2=18\,408$$

通过上述计算可得出，该示例需要 9 204 个病例样本和相同数量的对照样本来得到路侧事故减少 10%($\lambda=0.9$)的结论，采用 5%的双边显著性检验满足 90%的置信度。然而，目前的样本中病例和对照都各只有 8 000 个。一种选择是增加样本量；另一种选择是重新审视假设，提高安全效果的预期值或降低显著性水平。两者都将减少样本量的需求。

对于一个经过匹配的病例对照研究，所需的样本量与预期的病例—对照对的数量是成正比的。而病例—对照对的数量需求(d_p)是基于要求的统计显著性水平、置信度和安全保障措施的预期效果来确定的，如下式所示：

$$d_p=\frac{[z_\alpha(\lambda+1)+2z_\beta\sqrt{\lambda}]^2}{(\lambda-1)^2} \tag{5-18}$$

式中：d_p——病例—对照对的数量；

z_α——显著性水平的 Z 统计检验(显著性水平为 α 的单边检验或显著性水平为 $\alpha/2$ 的双边检验)；

α——统计检验显著性水平(statistical significance level)；

z_β——Z 统计检验在 $1-\beta$ 的置信度；

β——统计检验犯 II 型错误的可能性；

λ——预期的措施效果。

所需的样本量等于不匹配的病理—控制对的数量除以样本中期望的不匹配的病理—控制对的比例。通过检查病例对照数据的样本，可确定针对一项具体措施的一个不匹配的病例—对照对发生的概率(π_d)。此时，样本量的计算公式如下：

$$n=\frac{2d_p}{\pi_d} \tag{5-19}$$

式中：n——总样本量；

π_d——不匹配的病例—对照对发生的概率。

仍以双车道公路上设置车道边线振动带对路侧事故的效果评价为例。此前，病例组和对照组是按相等的数量(即 $r=1$)随机抽样的。现在考虑对照路段随机选择，并基于潜在的混杂因素(即交通量、车速限制、平曲线曲率)与每个病例路段进行匹配。

基于同样的假设，分析所需的样本量是如何通过匹配设计而改变的。假设一个不匹配对的概率是 0.8。

$$d_p=\frac{[1.96\times(0.9+1)+2\times 1.2816\times\sqrt{0.9}]^2}{(0.9-1)^2}=3\,789.22$$

$$n=\frac{2\times 3\,789.22}{0.8}=9\,473$$

在这种情况下，只需要 4 737 个病例样本和相同数量的对照样本，远远小于一个没有匹配的评估方案所需的样本量。因此，经过匹配的评估方案可以提高效率，减少样本量的需求。然而，匹配过程不是一个简单的工作，如果匹配条件过于严格，那么可用于分析的样本将非常有限。

6. 病例对照法存在的问题

病例对照法的应用最重要的是确定病例样本和对照样本。病例样本和对照样本的模糊或宽泛的定义，可能会导致错误分类，从而得不到明确的结论。因此，必须非常谨慎，确保病例样本和对照样本的选取是与安全保障措施效果评估的目标密切相关的。

由于分析过程中没有事故的时间序列，所以病例对照法不能体现因果关系。比值比(OR)只能表示当措施存在的情况下事故发生的概率是增加还是减少，但不能体现发生许多事故和发生一起事故的区别，即不能计算事故发生频率。这些潜在重要信息的缺失使得风险的真实增加量可能会被低估。

六、队列法

1. 名词术语

(1)措施队列——安全保障措施实施路段组成的队列；

(2)参考队列——安全保障措施未实施路段组成的队列；

(3)结果——有事故发生的路段；

(4)无结果——无事故发生的路段。

2. 方法概述

队列法也是一种常用的流行病学研究方法，已经被应用于一些公路安全研究领域，比较典型的有安全带有效性和驾驶员培训等相关的问题。到目前为止，这些方法在高速公路设计领域应用较少，但在评估安全成效方面具有良好的应用前景。

在安全保障措施效果评估研究中，队列是指在安全保障措施相关的特征方面具有共同性的一组路段。基于安全保障措施的实施情况将路段分配到特定的队列(措施队列或参考队列)，结果定义为发生事故。随时间推移(或回顾过去某一特定时间段)观察不同队列的交通量和事故发生的比例。队列法通过评估不同队列间事故发生率的差异，从而判定安全保障措施与事故发生率之间有无因果关联及关联大小。与病例对照法相反，队列法是一种由因到果的分析方法。

队列研究可用于分析同一种安全保障措施的实施与不同类型的事故风险之间的因联关系，这正是队列法不可取代的用途。

根据作为观察终点的事件在研究开始时是否已经发生，可把队列法分为前瞻性与回顾性两类。前瞻性队列法对应试验型效果评估，回顾性队列法对应观测型效果评估。

3. 具体评估方法

在最简单的制表方法中，安全保障措施实施与否两种情况所对应的事故风险分别按措施队列和参考队列中发生事故的样本数量除以样本总数量计算。而安全保障措施的效果体现为两种风险的比值，即相对风险。同样，该方法的关键也在于合理地考虑混杂因素的影响，因为忽略真实存在的混杂变量将得到相对风险的错误估计。

以表 5-7 中两个队列的数据为例，说明制表方法的应用。每一个队列中结果的数量是指有事故发生的路段的数量，无结果的数量是没有事故发生的路段的数量。队列的总风险是队列中路段的数量总和。用这个简单的表分析存在的问题没有合理地考虑混杂因素。

简单队列分析表 表 5-7

队 列	结 果	无 结 果	风险总和
安全保障措施实施路段	A	B	$A+B$
安全保障措施未实施路段	C	D	$C+D$

“安全保障措施实施路段”相对于“安全保障措施未实施路段”的相对风险可以用下式来计算：

$$\text{Relative Risk} = \text{CMF} = \frac{A}{A+B}\Big/\frac{C}{C+D} \tag{5-20}$$

与病例对照法类似，匹配也是队列法中考虑潜在混杂变量的一种方法。尤其是对已知的重要的混杂因素或者难以精确衡量的因素，更需要匹配方案。举例来说，管理部门没有完整的平曲线曲率记录，但他们知道哪些路段包含曲线，哪些路段不包含曲线。并且确定了平曲线曲率对于待评估措施来说是潜在的混杂因素。在这种情况下，平曲线曲率的存在可以作为匹配变量来考虑潜在的混杂效应，即使精确的曲线半径或曲率是未知的。

队列法非常适合于研究不常用的措施，因为样本是基于措施状态选择的。此外，对于一个特定的措施可以研究其对多个事故的效果。从方法论上讲，队列法比病例对照法更为强大，因为它更容易确保队列组的定义和选择与结果相独立。

对于安全保障效果评估，实施试验性的研究通常是不可行的。然而，有时候仍有必要去检验新的措施是否有效。当新的措施出现时，通常在大规模应用之前会非常谨慎地在相对小的规模上实施，以检验措施的有效性。队列法适合于研究此类措施的效果。

4. 样本量需求

队列法所需的样本量，可使用下式计算：

$$n = \frac{r+1}{r(\lambda-1)^2\pi^2}\left[z_\alpha\sqrt{(r+1)p_c(1-p_c)} + z_\beta\sqrt{\lambda\pi(1-\lambda\pi)+r\pi(1-\pi)}\right]^2 \tag{5-21}$$

$$p_c = \frac{p(r\lambda+1)}{r+1} \tag{5-22}$$

式中：n——样本总量；

r——措施组和参考组样本量之比；

p——发生事故的样本占参考组样本总量的比例；

p_c——措施队列和参考队列的一般比例；

λ——期望的相对风险（安全效果）；

z_α——显著性水平的 Z 统计检验（显著性水平为 α 的单边检验或显著性水平为 $\alpha/2$ 的双边检验）；

α——统计检验显著性水平；

z_β——统计检验在 $1-\beta$ 的置信度；

β——统计检验犯 II 型错误的可能性。

下面以一个例子来说明队列法的样本量对评估结果的影响。某队列研究希望以10%的双边检验和90%的置信度得到事故率减少20%的结论($\lambda=0.8$),计算样本量的需求。已知发生事故的样本占参考组样本总量的比例 $p=0.5$,分析当措施组和参考组样本量之比 r 从1变化到0.25时,样本总量如何变化。

当 $r=1$ 时:

$$p_c=\frac{0.5(1\times0.8+1)}{1+1}=0.45$$

$$n=\frac{1+1}{1\times(0.8-1)^2\times0.5^2}\Big[1.6449\sqrt{(1+1)\times0.45\times(1-0.45)}+1.2816\sqrt{0.8\times0.5\times(1-0.8\times0.5)+1\times0.5\times(1-0.5)}\Big]^2$$

$$n=200\times(1.157+0.897)^2=844$$

当 $r=0.25$ 时:

$$p_c=\frac{0.5(0.25\times0.8+1)}{0.25+1}=0.48$$

$$n=\frac{0.25+1}{0.25\times(0.8-1)^2\times0.5^2}\Big[1.6449\sqrt{(0.25+1)\times0.48\times(1-0.48)}+1.2816\sqrt{0.8\times0.5\times(1-0.8\times0.5)+0.25\times0.5(1-0.5)}\Big]^2$$

$$n=500\times(0.919+0.705)^2=1\,319$$

假设措施组和参考组的样本量相等($r=1$),将需要422个措施组样本和等量的参考组样本。如果措施组样本比较少,而参考组样本量是措施组大小的4倍($r=0.25$),那么将总共需要1 319个样本(264个措施组样本和1 055参考组样本)。

5. 队列法存在的问题

成本和时间的限制是队列法的缺点。队列法往往需要大样本,相对昂贵,特别是当事故发生率很低,或在前瞻性研究中需要长期跟踪观测对比时。

七、间接指标评估法

当进行安全保障措施效果评估时,有时候安全保障措施实施之后的观测时期很短,或者措施的实施量很小,这时前面阐述的基于事故的安全保障措施效果评估方法是不可行的,需要采用非事故的间接指标来进行效果评估,即间接指标评估法。

1. 方法概述

间接指标评估方法中常用的典型安全性能衡量指标包括运行车速、加减速度、心率、行车轨迹、交通控制服从度、停车行为,以及交通冲突等。在一些情况下,可以通过构建间接指标在措施实施前后的变化与期望事故率的变化之间的关系模型来评估安全保障措施的效果。

2. 具体评估方法

间接指标的变化可以使用与事故变化同样的方法进行评估。与基于事故指标的评估方法类似,间接指标评估法也分为试验型、观测型两种。这种方法应用的关键是提供可靠的事故率与间接指标的关系模型。这类关系模型中,研究最多且最可靠的是运行车速与事故率的关系模型。此外,加减速、交通冲突、心率增值、行车轨迹等与事故率的相关关系研究也较多。

3. 评估示例

表 5-8 是平均车速的变化与受伤事故的变化之间的关系表(来源:NCHRP Report 617)。只要知道措施实施前的平均车速和措施实施后的速度降低情况,就可以用该表中的数据来评估措施的效果。

减速措施的事故修正系数(CMF)　　表 5-8

措施实施前的平均车速(mi/h)	措施实施后的速度降低量(mi/h)							
	8	7	6	5	4	3	2	1
45	0.51	0.57	0.64	0.70	0.76	0.82	0.88	0.94
50	0.56	0.62	0.68	0.73	0.79	0.84	0.89	0.95
55	0.60	0.66	0.71	0.76	0.81	0.86	0.90	0.95
60	0.64	0.68	0.73	0.78	0.82	0.87	0.91	0.96
65	0.66	0.71	0.75	0.79	0.83	0.88	0.92	0.96
70	0.69	0.73	0.77	0.81	0.84	0.88	0.92	0.96

注:①表中的 CMF 是针对非死亡的受伤事故。
②1mi/h=1.609 344km/h。

4. 间接指标评估法存在的问题

前述基于事故的安全保障效果评估法中存在的问题,在间接指标评估法中也同样存在。此外,间接指标评估法应用的关键问题是建立间接指标与事故率之间的相关关系,在这方面除了运行车速之外,其他指标的相关研究还相对较少,有待深入开展相关研究。

八、评估方法总结

本节对不同的安全保障措施效果评估方法进行了阐述和讨论,包括每种方法的概述、计算方法、样本需求以及相关问题。表 5-9 对前述讨论的各种方法的适用情况、优势和缺点进行了汇总。

安全保障措施效果评估方法汇总　　表 5-9

评估方法	适用范围	优点	不足
基于对照组的前后对比分析法	安全保障措施实施路段特征相似; 措施组和对照组前期和后期的数据都可获取; 对照组用于考虑非措施因素相关的事故变化	简单; 考虑了时间趋势和交通量变化等非措施因素的影响	难以考虑“回归到平均”现象的影响
经验贝叶斯前后对比分析法	安全保障措施实施路段特征相似; 措施组和参考组前期和后期的数据都可获取; 当安全保障措施的实施对参考组的安全水平有影响时,需要一个单独的对照组	采用安全性能函数(SPF)考虑以下因素的影响: “回归到平均”现象; 交通量随时间变化情况; 非措施相关的时间趋势	相对复杂; 不考虑已有的措施效果评估的研究成果; 不考虑样本路段间的空间相关性; 无法采用复杂的模型形式

续上表

评估方法	适用范围	优　点	不　足
完全贝叶斯前后对比分析法	在下列情况下可用于前后对比分析法和横向对比分析法： 需要采用复杂的模型形式； 需要考虑样本路段间的空间相关性； 建模过程中吸纳了以往的相关研究成果	基于较小的样本量可得到可靠的结果； 可吸纳以往的相关研究成果； 考虑了样本路段间的空间相关性； 可采用复杂的模型形式	复杂； 采用该方法需要进行高水平的专业知识培训
横向对比分析法	当安全保障措施实施前后的数据有限时宜采用； 除了安全保障措施实施路段外，需要足够多相似的路段	可得到效果评估函数； 当安全保障措施实施前后的数据非常少时，可进行效果评估	由于以下原因，得到的评估结果可能不准确： 不恰当的函数形式； 忽略变量； 变量之间的相关性
病例对照法	通过分析比较病例组和对照组中安全保障措施实施路段所占的比例是否存在差异来评估安全保障措施的效果； 采用比值比体现措施效果	适用于研究发生率比较低的事故类型，因为研究时事故已经发生，病例组和对照组已经确定； 可以用相同的样本分析多个措施的效果	每个样本只能分析一种事故类型的效果； 不能区分发生一起事故和多起事故的路段； 不能体现因果关系
队列法	用来估计相对危险，相对危险体现措施的效果	适合研究不常用的措施，因为样本是基于措施状态选择的； 能够体现因果关系	往往需要大量样本，成本较高
间接指标评估法	事故数据无法获取或数据量不足时宜采用，如措施实施后的时间较短或措施的实施量很小时	事故数据无法获取的情况下可以进行评估	对于间接变量与事故之间的相关关系研究较少，缺少成熟公认的成果，评估结果的可靠性难以保证

第四节　标志设置相关措施效果评估和案例

一、交通标志相关措施效果评估方法

1. 问卷调查

道路交通标志问卷调查的终极目标是评判交通标志的有效性，寻找标志体系中存在的种种问题，继而为道路交通标志的设计、设置及视认性研究工作提供现实依据。在此基础上，问卷的整体架构在生理、心理等学科的研究成果之上明确调查对象——机动车驾驶员的自身特征，并根据标志的属性确定调查的方向。

在驾驶员的自身特征方面，调查应将重心集中在驾驶员的视觉上。通过对视觉功效学研究成果的整理、分析，明确了影响驾驶员视觉功能的因素主要包括如下几个方面。

（1）大小和距离：标志的远近、图案或字体的大小。

(2)亮度对比:合理的标志板前、后景亮度可提高驾驶员视觉的敏感度。

(3)材料的性质:反光效果、逆反射系数的大小和材料的眩光性。

(4)运动和观察时间:驾驶员行驶速度和交通标志呈现时间的长短。

(5)颜色形状:研究表明,由远及近看清楚的色光顺序为红、绿、黄、白,易于识别的对比色光顺序依次为黑/黄、绿/白、红/白、蓝/白、黑/白。

另外,根据视觉功效学的相关理论可知,驾驶员对交通标志的视认过程依次分为发现、识别、认读、理解等阶段。图 5-2 表征了驾驶行为学中人的普遍视认顺序规律。发现阶段只能觉察到交通标志的存在,不能判定其形状和特征;识别阶段已能确定标志的外部形状,但不能读出其内容;认读和理解阶段能读出内容并以其为基础进行综合处理和做出操作决策。

图 5-2 驾驶员的视认规律

在交通标志的属性方面,明确了与驾驶员视认有关的三个层面。

(1)标志实体信息的调查:包括标志的形状、颜色是否清晰易辨,是否有利于不同种类标志间的区分;标志设置方式及设置地点是否有利于视认等。

(2)标志版面所载信息的调查:包括文字、图案是否清晰易辨、是否容易理解等。

(3)标志所载信息的有效性调查:主要针对不同种类的标志所要表达的涵义是否单一、准确;标志信息的发布方式是否能够满足驾驶员的需求;标志的管制与服务功能所发挥的作用是否达到一定的服务水平等。

因此,问卷设计过程中始终围绕两条主线:其一是驾驶员的视认过程,即行车时,驾驶员由远及近逐渐看清并理解标志含义的过程;其二是交通标志信息发布形式的属性特征,即标志的颜色、形状、文字、图案等。前期的研究成果表明,这两条主线不是孤立的,而是相互作用、不可分割的:驾驶员在由远及近的视认过程中,先识别、判断有无标志,而后是标志颜色,再是标志形状,最后是文字和图案。

综合以上分析,在设计问卷时,将对道路交通标志的有效性的调查转化为对以下几个定性指标的评价:

(1)交通标志实体的易见性;

(2)交通标志实体的易懂性;

(3)交通标志指引有效性;

(4)交通标志约束有效性。

道路交通标志有效性问卷调查体系框架如图 5-3 所示。

2. 设置前后的事故对比及车速对比分析

为得到交通标志对于提升交通安全的主要效用,给出客观评价结果,进行交通标志设置前后的事故对比及车速对比分析,这是最为重要的方法。事故对比分析方法的主要指标包括交通标志设置前后的交通事故总数、伤亡人数等,其中比较周期应基本相同。车速对比分析方法的主要指标为交通标志设置前后的车辆平均速度。

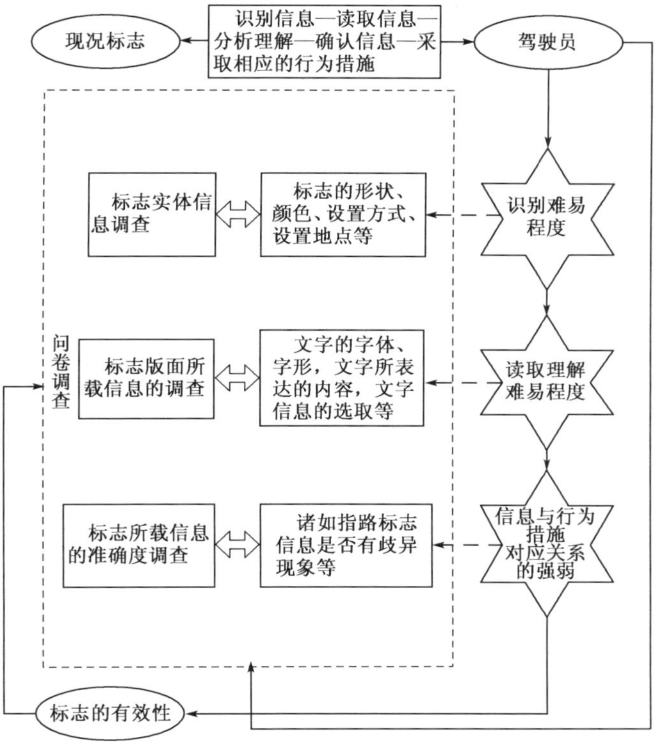

图 5-3　道路交通标志有效性问卷调查体系框架图

二、效果评估案例

1. 问卷调查示例

下面给出一个交通标志设置效果评估调查问卷的示例。

公路网交通标志效果评价表（主观问卷部分）

您好！非常感谢您参与我们的调查。为了完善公路交通标志设置，更好地为您的出行服务，请您完成以下问卷。请在您认为正确的选项上划“√”或在横线上填写相应的回答内容。

性别：□男　□女　　年龄：________　　驾龄：________

受教育程度：□高中　□大学　□研究生及以上　□其他

驾驶车型：□出租车　□私家小轿车　□长途客车　□大货车　□小货车　□其他

对该路段的路况您熟悉么？　□经常跑，非常熟　□偶尔跑，比较熟　□很少跑，不熟

您是本地人么？　□是本地市（区）人　□不是本地人但是本省人　□不是本省人

1. 白天行车是否有看不清标志的情况？

□没有　□基本没有　□偶尔有　□有些时候会有　□经常有

2. 夜间行车是否有看不清标志的情况？

□没有　□基本没有　□偶尔有　□有些时候会有　□经常有

3. 标志是否美观大方？

□很好　□较好　□一般　□较差　□很差

4. 是否有因其他标志、山体、建筑物等障碍物阻挡而无法看到标志的情况？

□没有　□基本没有　□偶尔有　□有些时候会有　□经常有

5. 是否有看到标志后已来不及做出反应的情况？

□没有　□基本没有　□偶尔有　□有些时候会有　□经常有

6. 该路段上设置的交通标志对安全行车帮助大不大？

□帮助很大　□帮助比较大　□有些帮助　□基本没帮助　□没帮助

7. 是否有因缺少标志提醒而导致需要突然制动或转向等纠正性驾驶操作的情况？

□没有　□基本没有　□偶尔会有　□有过一两次　□有过多次

8. 道路上设置的交通标志是否够用？

□很多，够用　□基本够用　□一般　□有些地段不够用　□太少，不够用

9. 指路标志对行车是否有帮助？

□帮助非常大　□比较有帮助　□帮助一般　□基本无帮助　□无帮助

10. 是否有因标志设置不当而走错路的情况？

□没有　□基本没有　□偶尔会有　□有过一两次　□有过几次

11. 是否熟悉标志上的地名、路名、编号等信息？

□非常熟悉　□比较熟悉　□大部分熟悉　□有些不熟悉　□大部分不熟悉

12. 是否有标志上信息无法及时读完的情况？

□没有　□基本没有　□偶尔会有　□有些无法读完　□大部分无法读完

13. 标志上的地名、路名、编号等信息是否合适？

□合适　□比较合适　□一般合适　□有些不合适　□大部分不合适

14. 是否有因标志设置问题而对行车方向产生疑惑的情况？

□没有　□基本没有　□偶尔会有　□有过一两次　□有过多次

15. 您认为在这段山区公路上行车什么类型的交通标志最重要？

□地名、路名、方向等指路标志　□安全提示类标志

□限速、限重等管理标志

16. 您认为这段山区公路交通标志需要在哪方面进行改进？（可多选）

□标志数量太少　□标志看不清

□标志位置不对，看到时很难再改变操作　□标志内容不合适，缺信息或信息有误

□标志被遮挡

17. 您对这段山区公路指路标志的总体评价是什么？

□很好　□较好　□一般　□较差　□很差

18. 您认为这段山区公路上哪些位置最需要补充设置安全提示类标志？（可选 1～2 个）

□弯道路段　□视线不良路段　□长下坡路段

□桥梁、隧道路段　□交叉口　□两侧有村庄段

□易结冰、积水、大雾段　□路侧有悬崖、河流段

以下由调查员完成：

调查时间：______年______月______日______时______分

调查地点：______________________________

调查员签名：__________

问卷编号：______号，是否有效　有　无

2. 新型弯坡警告标志的设置效果评估案例

针对山区公路弯道多、下坡多的特点，在急弯且事故多发的路段设置了新型弯坡警告标志，如图 5-4 所示。

图 5-4　新型弯坡警告标志

对安装了新型弯坡警告标志的路段进行测速试验，发现警告标志设置前后运行车辆行驶特征有较大差异。试验路段如图 5-5 所示。

图 5-5　试验路段照片

警告标志设置前，车辆进入弯道过程中，大多数车辆在下坡的时候，在制动点后有一个先加速再减速的过程，原因为开始减少的只是重力分向加速度，而此过程速度一直增加，直到加速度小于或等于 0。另外，各类型车辆制动点位置基本固定。小型车一般两次制动，其中第一次为点制动，即看到弯道后先制动一次，进入弯道前再持续制动。小型车第一次制动点一般在弯道前 110～120m，第二次制动点一般在弯道前 55～75m。对于小型车来说，进入弯道过程存在明显的速度突变。而大型车一般是持续制动，在弯道前 90～110m 就开始减速，速度没有大的突变。

警告标志设置后，在车辆进入弯道过程中，明显感觉标志的设置改变了车辆速度的分布情况，使车辆速度变化均匀。只有很少的车辆在下坡的时候，在制动点后有一个先加速再减速的过程，多数逐步减速，这与设置前不一样。大型车和小型车的速度变化过程差异变小。对于小型车，设置前一般都是两次制动，设置后只有在速度很高的情况下才是如此，否则只需一次制动，制动点约在弯道前 50m。对于大型车，除了载重很大的货车外，制动点比设置前滞后了大约 30m。

为得到准确的结果，对数据进行了统计分析，该路段警告标志设置前后的制动点速度、最高速度、进入曲线速度、制动点位置的统计结果见表 5-10。

警告标志设置前后车辆运行特征数据对比表 表 5-10

阶　段	车　型	制动点速度(km/h)	制动后最高速度(km/h)	进入曲线速度(km/h)	制动点位置(m)
设置前	总体平均	47.1	48.1	36.5	84.3
	小型车平均	50.92	52.12	38.67	79.80
	大型车平均	37.15	37.7	30.75	95.5
	85%要素	58.65	59.65	42.65	115
	总体标准差	10.31	10.63	7.24	24.83
设置后	总体平均	52.16	49.90	38.81	69.48
	小型车平均	54.29	51.92	40.35	64.60
	大型车平均	44.83	42.94	33.50	86.28
	85%要素	59.00	56.15	45.00	110.00
	总体标准差	8.07	7.16	5.96	32.67

根据表 5-10，有如下数据分析结果：

(1)总体制动点平均速度提高 5.06km/h，制动后最高速度平均提高 1.8km/h，进入弯道最低速度平均提高 2.31km/h。

(2)总体制动点 v_{85} 提高 0.35km/h，制动后最高速度 v_{85} 降低 3.5km/h，进入弯道最低速度 v_{85} 提高 2.35km/h。

(3)总体制动点速度、制动后最高速度、进入弯道最低速度离散程度降低。

(4)小型车制动点平均速度提高 3.37km/h，制动后最高速度平均降低 0.2km/h，进入弯道最低速度平均提高 1.68km/h。

(5)大型车制动点平均速度提高 7.68km/h，制动后最高速度平均提高 5.24km/h，进入弯道最低速度平均提高 2.75km/h。

(6)总体制动点位置比设置前平均滞后 14.82m，小型车平均滞后 15.2m，大型车滞后 9.22m。

由上述分析结果可知，在该路段上设置警告标志后提高了车辆的速度，即提高了车辆在该路段的运行效率；警告标志设置后道路条件的改善，对大型车速度的影响大于小型车，使大、小型车辆运行特征更接近；由于急弯、减速标志设置在弯道前 95m 左右，大型车平均制动点在 95.5m，而小型车在 79.8m，车辆制动更加普遍，且普遍具有相似的规律性，与设置前不同车辆的随机性有所区别。这说明该标志的设置对于驾驶员的驾驶行为产生了一定的影响，驾驶员的警惕性提高，且能够按照标志的警示适时地进行减速。同时，试验显示出该标志对大型车驾驶员操作行为的影响大于小型车。

3. 太阳能标志设置效果评估案例

太阳能交通警示牌是利用太阳能电池的光电转换原理设计的主动发光式交通警示工具，在有阳光的白天警示牌将太阳能转换成电能储存起来，在光线昏暗或夜幕降临时能自动将电能释放，通过发光元件发出强烈、耀眼的闪烁光，其警示效果大大优于现有反光膜式交通警示牌，实现了由被动发光到主动发光的转变，在一些高危路段可有效避免重大交通事故的发生，是有别于现行反光式交通警示标志牌的新一代交通警示产品(图 5-6)。

图 5-6　太阳能标志设置实例

在设置太阳能标志的路段进行事故的跟踪观测统计，统计情况见表 5-11。

3 个周期一般以上夜间事故以及全部事故统计情况　　表 5-11

2002.5—2003.4		2003.5—2004.4		2004.5—2005.4	
全部事故	一般以上	全部事故	一般以上	全部事故	一般以上
173	11	289	9	431	3

根据表 5-11 统计结果，对 3 个周期一般以上事故的分布情况做图表分析，分析结果如图 5-7 所示。3 个周期中一般以上夜间事故在全部事故中所占的比例逐渐降低，且降低明显，即夜间事故的严重程度降低明显。

对 3 个周期的原始事故记录进行进一步分析，发现在 2004.5—2005.4 周期，只有 3 起一般以上的事故发生在夜间，没有人员死亡事故；2003.5—2004.4 周期有 3 起重大事故发生在夜间，占全部重大事故的 75%；2002.5—2003.4 周期有 7 起重大事故发生在夜间，占全部重大事故的 50%。进一步分析结果也可说明该太阳能标志对降低夜间事故严重程度的显著效果。

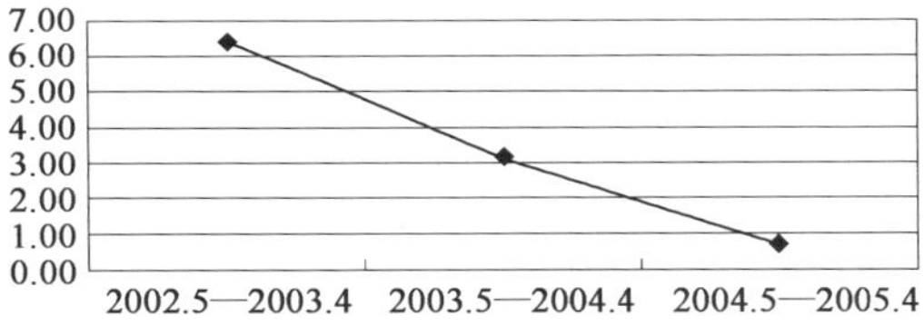

图 5-7　3 个周期一般以上夜间事故在全部事故中比例变化

第五节　车速管理措施效果评估和案例

本节对常用的几种减速设施进行介绍，并对其应用效果结合国内外应用情况进行效果评价。

一、公路限速标志效果评估案例

公路限速标志是目前传递限速信息的主要途径和手段，设置限速标志的目的是使驾驶员明确当前路段的最高或最低限速信息，传递给驾驶员的只是信息，是否严格按照限速信息行驶，受到多种因素影响。总体而言，需要依靠驾驶员在当前道路条件下综合考虑行车安全及违法成本而决策当前车辆的行驶速度。

限速标志主要包括固定限速标志和可变限速标志，是一种禁令标志，如图 5-8 所示。车辆在限速标志设置区域内必须保持在速度限制的范围内。限速标志设置于需要限速区域的起点，对车辆通行进行法规限制，为最常见的强制性限速手段。

通过驾驶员对限速标志的态度及遵守情况的问卷调查研究，并将造成驾驶员违反限速标志的原因分为三类共 10 项，确定了各项原因对驾驶员违章超速的影响程度。认为限速标志在实际应用中起到了一定作用，但是由于对限速标志的设计、设置缺少系统科学的依据，限速标志的作用不是很明显。

通过开展限速标志限速效果调查，对 29 个设置限速标志的断面进行速度观测，结果显示：设置限速标志的路段断面，小型客车平均超速率 77%，大中型客车平均超速率 69%，货车平均超速率 15%，总体平均超速率 62%。可见，在我国仅设置限速标志无法满足安全车速控制的需要。

全国个别路段开展限速值（限速标志）与运行速度的调查，发现总体上大部分驾驶员是不按照限速信息来行驶的。

1. 高速公路限速与运行速度的关系

从图 5-9 中可以看出，限速值为 60km/h 时，所有断面小型车 85%位速度均大于限速值，最高超速幅度为 49.3km/h；限速值为 80km/h 时，93%的断面小型车 85%位速度大于限速值，最高超速幅度为 40.3km/h；限速值为 100km/h 时，92%的断面小型车 85%位速度大于限速值，最高超速幅度为 44.86km/h；限速值为 120km/h 时，所有断面小型车 85%位速度大于限速值，最高超速幅度为 23.49km/h。因此，调研数据表明几乎所有的小型车 85%位速度均大于相应的限速值，小型车 85%位速度随限速值的升高而升高。个别断面小型车 85%位速度低于限速值，可能是受摄像头、限速牌、道路线形条件等的影响。

图 5-8 限速标志示例

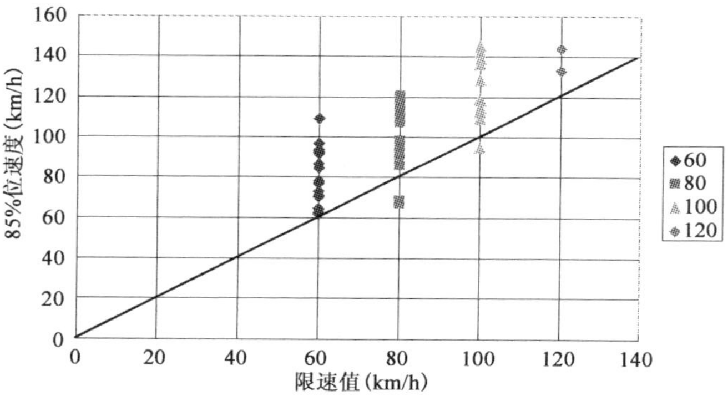

图 5-9 小型车 85%位速度与限速的关系

从图 5-10 中可以看出，限速值为 50km/h 时，所有断面大型车 85%位车速均大于限速值，最高超速幅度为 36.44km/h；限速值为 60km/h 时，80%的断面大型车 85%位车速大于限速值，最高超速幅度为 17km/h；限速值为 80km/h 时，80%的断面大型车 85%位车速大于限速值，最高超速幅度为 24.72km/h；限速值为 90km/h 时，所有断面大型车 85%位车速接近或小于限速值；限速值为 100km/h 时，71％的断面大型车 85％位车速高于限速值，最高超速幅度为 9.8km/h。由此可见，大多数大型车的 85％位车速均大于相应的限速值，随着限速值的升高，85％位车速超过限速值的比例和超速幅度有所下降。部分断面受到摄像头、限速牌、地形的影响，85％位车速低于限速值。

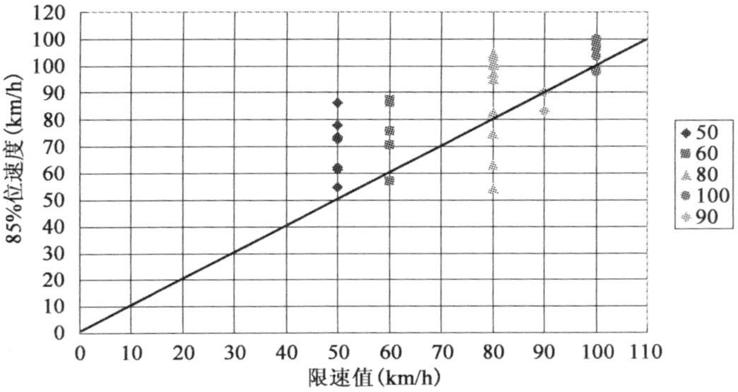

图 5-10　大型车 85％位速度与限速的关系

2. 一、二级公路限速与运行速度的关系

从图 5-11 中可以看出：

(1)具有干线功能的一、二级公路在限速值为 40km/h 及 60km/h 的断面，其运行速度远大于限速值，因此应综合考虑其他相关因素来确定道路的合理限速。小型车限速值为 80km/h 及 100km/h 时，77％的断面运行速度大于限速值，且不同的断面运行速度的变化较大，其中超速幅度最高为 40.5km/h。

(2)对于具有干线功能的一、二级公路，小型车运行速度随限速值的增加而增加。

从图 5-12 中可以看出：

(1)当大型车的限速值为 40km/h 时，所有断面的大型车运行速度均高于限速值；当限速值为 60km/h 时，83％的大型车运行速度高于限速值；当限速值为 80km/h 时，只有 34％的大型车运行速度高于限速值。

(2)当限速值较低时，大型车的运行速度普遍高于限速值；当限速值增加到一定程度时，运

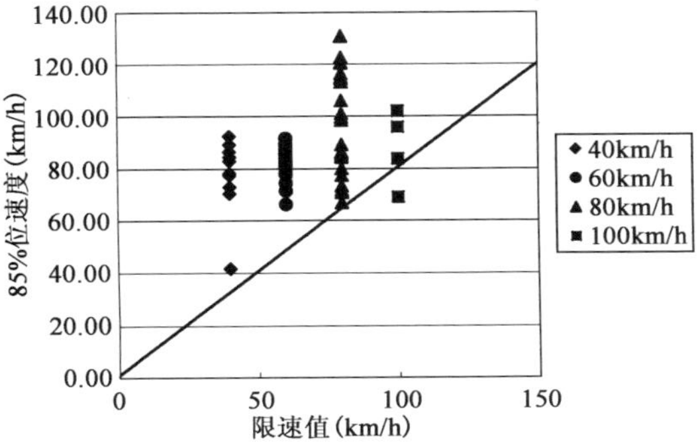

图 5-11　具有干线功能的一、二级公路小型车 85％位速度与限速的关系

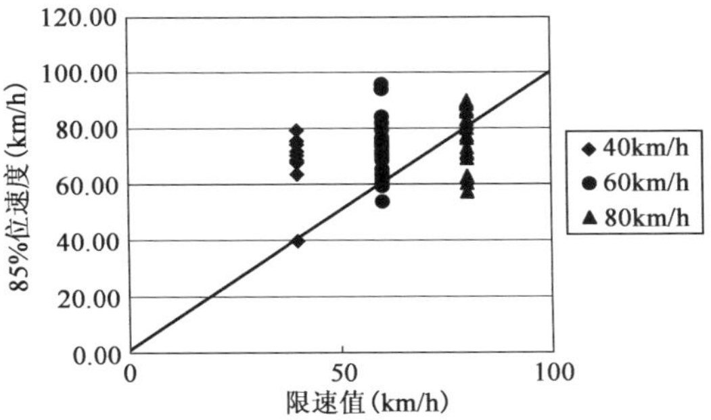

图 5-12　具有干线功能的一、二级公路大型车 85％位速度与限速的关系

行速度随限速的增加而逐渐低于相应的限速值。

二、振动减速设施效果评估案例

1. 橡胶减速丘

在山区、丘陵地带交通事故多发路段的行车道上，全国很多地点安装了各式各样的减速设施。有的属于强制性减速设施，也有半强制性减速设施，还有的属于警示性减速设施。从使用情况来看，有的产生了较好的交通安全改善效果，但也有效果不佳甚至由此造成车辆损坏和公路破坏的例子。

近年来，我国对公路强制性减速设施的使用效果已有初步研究，认识到强制性减速设施极有可能是一把双刃剑。不同种类、设置技术水平和状态的减速设施，有的可以有效地组织和控制车辆行驶节奏，从而改善道路交通安全状况；有的可能无法收到预期效果，成为公路上的人为路障，扰乱交通流秩序，降低路段交通安全水平。

橡胶减速丘，属于典型的强制性减速设施。它使用橡胶与添加剂在专用模具里成型而得，横向铺设于路面上，纵断面为圆弧状，表面有花纹，高度为 5～8cm，表面黄黑相间，车辆通过时有较大震动，速度快时会有剧烈颠簸，通过影响驾乘的舒适性而达到减速效果，如图 5-13 所示。

经对车辆通过橡胶减速丘的速度进行观察发现，橡胶减速丘控制车辆速度的能力与减速丘的宽度和高度有关系。10cm 高的减速丘控制车辆行驶速度在 30km/h 左右，5cm 高的减速丘控制车辆行驶速度在 50km/h 左右。

1）成都至郫县快速通道减速丘

（1）调研断面信息

样本位于成都至郫县快速通道，成都富通光通信技术有限公司门口处，路段设计速度 60km/h，双向四车道，路基宽 24m，单车道宽 3.75m，设有中央分隔带，路段平面前后线形衔接平顺，纵断面平缓，无路侧干扰，设置道口减速标线标志，无监控设施，设置两组减速丘，间距为 6m(图 5-14)。此调研路段采用雷达测速仪完成速度检测，得到的数据样本车型按客车、货车进行分类。调研断面信息统计见表 5-12。

图 5-13　橡胶减速丘

图 5-14　减速丘调研现场

（2）速度统计

减速丘前后速度统计见表 5-13。

调研断面信息统计 表 5-12

断 面	桩 号	纵 坡	横 坡	备 注
断面 1	K75+600(减速丘前)	1%	2%	直线段
断面 2	K75+750(减速丘后)	1%	2%	直线段

减速丘前后速度统计 表 5-13

统计指标	减速丘前		减速丘后	
	客 车	货 车	客 车	货 车
样本量	370	42	344	56
均值(km/h)	48.0	52.1	12.8	27.6
标准差(km/h)	11.4	15.6	11.3	8.8
最低速度(km/h)	33.8	33.8	0.0	16.1
最高速度(km/h)	77.2	91.7	49.9	54.7
v_{85}(km/h)	57.9	66.0	24.1	37.0
v_{90}(km/h)	59.5	80.5	27.4	37.0
v_{95}(km/h)	64.1	80.5	32.2	41.2
v_{98}(km/h)	69.2	87.2	33.8	48.6

①进入限速区域前速度统计特性：

a. 客车的平均速度为 48.0km/h，最高速度为 77.2km/h，85%位速度为 57.9km/h，90%位速度 59.5km/h，95%位速度为 64.1km/h。可见，由于该路段线形较好，客车速度需求较高，速度较快。

b. 货车的平均速度为 52.1km/h，最高速度为 91.7km/h，85%位速度为 66.0km/h，90%位速度为 80.5km/h，95%位速度为 80.5km/h。可见，货车速度需求较高，且货车速度需求要高于客车。

②进入限速区域后速度统计特性：

a. 客车的平均速度为 12.8km/h，最高速度为 49.9km/h，85%位速度为 24.1km/h，90%位速度 27.4km/h，95%位速度为 32.2km/h。结果表明，减速丘对客车速度有显著影响。

b. 货车的平均速度为 27.6km/h，最高速度为 54.7km/h，85%位速度为 37.0km/h，90%位速度为 37.0km/h，95%位速度为 41.2km/h。结果表明，减速丘对货车速度有显著影响。

③速度差异分析：

a. 客车平均速度降低 35.2km/h，最高速度降低 27.3km/h，85%位速度降低 33.8km/h，90%位速度降低 32.1km/h，95%位速度为降低 31.9km/h，速度标准差减小 0.1km/h。

b. 货车平均速度降低 24.5km/h，最高速度降低 37.0km/h，85%位速度降低 29.0km/h，90%位速度降低 43.5km/h，95%位速度为降低 39.3km/h，速度标准差减小 6.8km/h。

(3)小结

通过对两个断面的车辆速度数据进行对比分析发现，与减速丘前相比，减速丘后客车的平均速度以及85%位速度、95%位速度分别下降了73%、58%、53%；货车的平均速度以及85%位速度、95%位速度分别下降了47%、43%、54%。因此，此处的双减速丘有效地控制了车辆速度。

2)成都百草路与新科路减速丘

(1)调研断面信息

样本位于成都百草路与新科路交叉口处，路段设计速度60km/h，双向四车道，路基宽18m，单车道宽3.75m，路段平面前后线形衔接平顺，纵断面平缓，无路侧干扰，设置40km/h限速标志及地面限速标线，无监控设施(图5-15)。此调研路段采用雷达测速仪完成速度检测，得到的数据样本车型按客车、货车进行分类。调研断面信息统计见表5-14。

图5-15　减速丘调研现场

调研断面信息统计　　表5-14

断面	桩号	纵坡	横坡	备注
断面1	K15+200(减速丘前)	2%	2%	直线段
断面2	K15+050(减速丘后)	2%	2%	直线段

(2)速度统计

减速丘前后速度统计见表5-15。

减速丘前后速度统计　　表5-15

统计指标	减速丘前		减速丘后	
	客车	货车	客车	货车
样本量	270	60	310	80
均值(km/h)	49.4	44.0	26.5	24.7
标准差(km/h)	16.9	13.4	20.2	11.9
最低速度(km/h)	14.5	22.5	0.0	3.2
最高速度(km/h)	85.3	67.6	67.6	43.5
v_{85}(km/h)	61.8	61.2	48.7	37.0
v_{90}(km/h)	62.8	62.8	51.5	40.2
v_{95}(km/h)	71.5	66.0	62.8	41.8
v_{98}(km/h)	85.3	66.9	66.1	42.8

①进入限速区域前速度统计特性：

a. 客车的平均速度为 49.4km/h，最高速度为 85.3km/h，85%位速度为 61.8km/h，90%位速度 62.8km/h，95%位速度为 71.5km/h。可见，该路段的驾驶员速度需求速度并不高，部分车辆速度较快。

b. 货车的平均速度为 44.0km/h，最高速度为 67.6km/h，85%位速度为 61.2km/h，90%位速度为 62.8km/h，95%位速度为 66.0km/h。可见，货车的速度需求较高。

②进入限速区域后速度统计特性：

a. 客车的平均速度为 26.5km/h，最高速度为 67.6km/h，85%位速度为 48.7km/h，90%位速度 51.5km/h，95%位速度为 62.8km/h。结果表明，减速丘对客车速度有显著影响。

b. 货车的平均速度为 24.7km/h，最高速度为 43.5km/h，85%位速度为 37.0km/h，90%位速度为 40.2km/h，95%位速度为 41.8km/h。结果表明，减速丘对货车速度有显著影响。

③速度差异分析：

a. 客车平均速度降低 22.9km/h，最高速度降低 17.7km/h，85%位速度降低 13.1km/h，90%位速度降低 11.3km/h，95%位速度为降低 8.7km/h，速度标准差增大 3.3km/h。

b. 货车平均速度降低 19.3km/h，最高速度降低 24.1km/h，85%位速度降低 24.2km/h，90%位速度降低 22.6km/h，95%位速度为降低 24.2km/h，速度标准差减小 7.1km/h。

(3)小结

对两个断面的车辆速度数据进行对比分析发现，与减速丘前相比，减速丘后客车的平均速度以及 85%位速度、95%位速度分别下降了 46%、21%、17%；货车的平均速度以及 85%位速度、95%位速度分别下降了 43%、39%、36%。因此，减速丘有效地控制了车辆速度。

3)成都郫县犀浦村由北向南方向减速丘

(1)调研断面信息

样本位于成都郫县犀浦村处，路段设计速度 40km/h，双车道，路基宽 16m，单车道宽 3.5m，非机动车道 1.5m，停车带 3m，路段平面前后线形衔接平顺，纵断面平缓，非机动车辆干扰严重，行人经常横穿马路(图 5-16)。此调研路段采用雷达测速仪完成速度检测，得到的数据样本车型按客车、货车进行分类。

图 5-16 减速丘调研现场

(2)速度统计

减速丘前后速度统计见表 5-16。

减速丘前后速度统计　　表 5-16

统计指标	减速丘前		减速丘后	
	客车	货车	客车	货车
样本量	320	52	282	72
均值(km/h)	33.2	24.5	19.0	18.2
标准差(km/h)	12.6	9.4	14.6	8.4
最低速度(km/h)	8.0	8.0	0.0	4.8
最高速度(km/h)	77.2	41.8	64.4	37.0
v_{85}(km/h)	49.9	37.6	30.6	24.1
v_{90}(km/h)	53.1	40.2	33.3	24.1
v_{95}(km/h)	57.9	40.5	45.1	29.9
v_{98}(km/h)	62.0	41.3	57.5	34.2

①进入限速区域前速度统计特性:

a.客车的平均速度为 33.2km/h,最高速度为 77.2km/h,85%位速度为 49.9km/h,90%位速度 53.1km/h,95%位速度为 57.9km/h。可见,由于受路侧干扰,客车驾驶员均能谨慎驾驶,速度需求不高,但部分车辆速度较快。

b.货车的平均速度为 24.5km/h,最高速度为 41.8km/h,85%位速度为 37.60km/h,90%位速度为 40.2km/h,95%位速度为 40.5km/h。可见,由于受路侧干扰,货车驾驶员均能谨慎驾驶,速度需求不高。

②进入限速区域后速度统计特性:

a.客车的平均速度为 19.0km/h,最高速度为 64.4km/h,85%位速度为 30.6km/h,90%位速度 33.3km/h,95%位速度为 45.1km/h。结果表明,减速丘对客车速度有显著影响。

b.货车的平均速度为 18.2km/h,最高速度为 37.0km/h,85%位速度为 24.1km/h,90%位速度为 24.1km/h,95%位速度为 29.9km/h。结果表明,减速丘对货车速度有显著影响。

③速度差异分析:

a.客车平均速度降低 14.2km/h,最高速度降低 12.8km/h,85%位速度降低 19.3km/h,90%位速度降低 19.8km/h,95%位速度为降低 12.8km/h,速度标准差增大 2.0km/h。

b.货车平均速度降低 6.3km/h,最高速度降低 4.8km/h,85%位速度降低 13.5km/h,90%位速度降低 16.1km/h,95%位速度为降低 10.6km/h,速度标准差减小 1.0km/h。

(3)小结

对两个断面的车辆速度数据进行对比分析发现,与减速丘前相比,减速丘后客车的平均速度以及 85%位速度、95%位速度分别下降了 43%、39%、37%;货车的平均速度以及 85%位速度、95%位速度分别下降了 26%、36%、40%。因此,减速丘有效地控制了车辆速度。

4)成都郫县犀浦村由南向北方向减速丘

(1)速度统计

减速丘前后速度统计见表5-17。

减速丘前后速度统计　　表5-17

统计指标	减速丘前		减速丘后	
	客车	货车	客车	货车
样本量	303	45	308	52
均值(km/h)	33.8	29.1	17.1	20.4
标准差(km/h)	13.3	10.1	15.8	8.7
最低速度(km/h)	17.7	17.7	0.0	6.4
最高速度(km/h)	80.5	48.3	66.0	33.8
v_{85}(km/h)	48.3	40.1	30.6	30.3
v_{90}(km/h)	54.7	43.1	32.2	32.8
v_{95}(km/h)	61.2	46.0	51.0	33.8
v_{98}(km/h)	67.6	47.4	56.1	33.8

①进入限速区域前速度统计特性:

a.客车的平均速度为33.8km/h,最高速度为80.5km/h,85%位速度为48.3km/h,90%位速度为54.7km/h,95%位速度为61.2km/h。可见,由于受路侧干扰,客车驾驶员均能谨慎驾驶,速度需求不高,但部分车辆速度较快。

b.货车的平均速度为29.1km/h,最高速度为48.3km/h,85%位速度为40.1km/h,90%位速度为43.1km/h,95%位速度为46.0km/h。由此可见,由于受路侧干扰,货车驾驶员均能谨慎驾驶,速度需求不高。

②进入限速区域后速度统计特性:

a.客车的平均速度为17.1km/h,最高速度为66.0km/h,85%位速度为30.6km/h,90%位速度为32.2km/h,95%位速度为51.0km/h。结果表明,减速丘对客车速度有显著影响。

b.货车的平均速度为20.4km/h,最高速度为33.8km/h,85%位速度为30.3km/h,90%位速度为32.8km/h,95%位速度为33.8km/h。结果表明,减速丘对货车速度有显著影响。

③速度差异分析:

a.客车平均速度降低16.7km/h,最高速度降低14.5km/h,85%位速度降低17.7km/h,90%位速度降低22.5km/h,95%位速度为降低10.2km/h,速度标准差增大2.5km/h。

b.货车平均速度降低8.7km/h,最高速度降低14.5km/h,85%位速度降低9.8km/h,90%位速度降低10.3km/h,95%位速度为降低12.2km/h,速度标准差减小1.4km/h。

(2)小结

对两个断面的车辆速度数据进行对比分析发现,与减速丘前相比,减速丘后客车的平均速度以及 85%位速度、95%位速度分别下降了 49%、37%、41%;货车的平均速度以及 85%位速度、95%位速度分别下降了 30%、24%、24%。因此,减速丘有效地控制了车辆速度。

2. 路面铺装类减速设施

北京市门头沟区国省道公路,为了控制车辆在弯道处的行驶速度,保障行车安全,在一些半径相对较小的平曲线路段前方一定距离处设置了薄层铺装(图 5-17)。薄层铺装的厚度在 4mm 左右,宽度在 20cm 左右,设置间距在 3~5m 之间。

通过对薄层铺装的成本进行调查可知,$1m^2$ 薄层铺装建造价格在 170 元左右。该种设施养护也比较方便,哪里损坏就养护哪里,养护成本也在 170 元/m^2 左右。

通过问卷调查及具体设施处车辆行驶速度的观察,对该设施进行评价。调查结果如图 5-18~图 5-21 所示。

图 5-17 薄层铺装设置

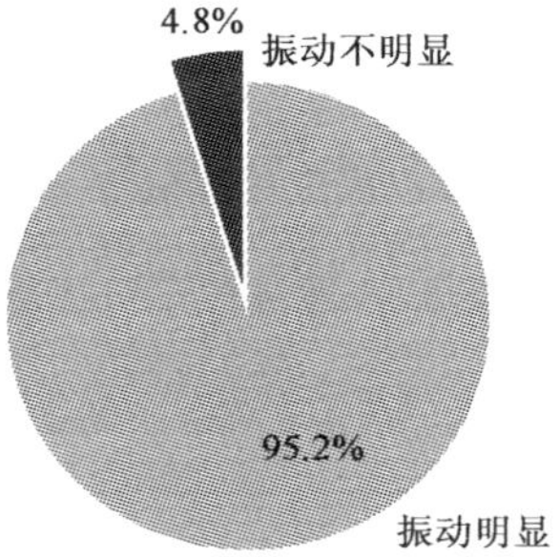

图 5-18 薄层铺装振动问卷调查结果

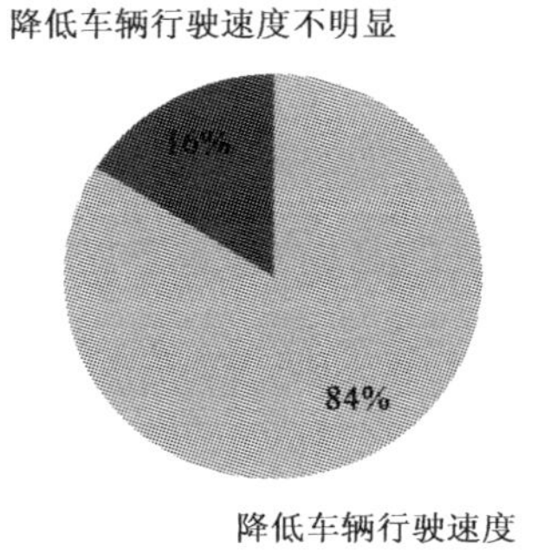

图 5-19 薄层铺装降低车辆行驶速度问卷调查结果

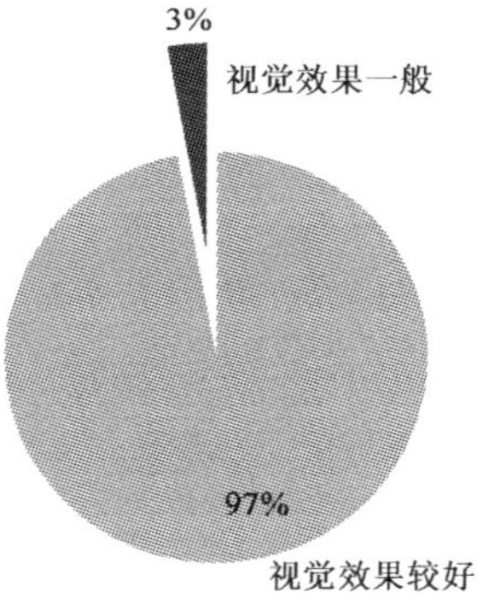

图 5-20 薄层铺装视觉效果问卷调查结果

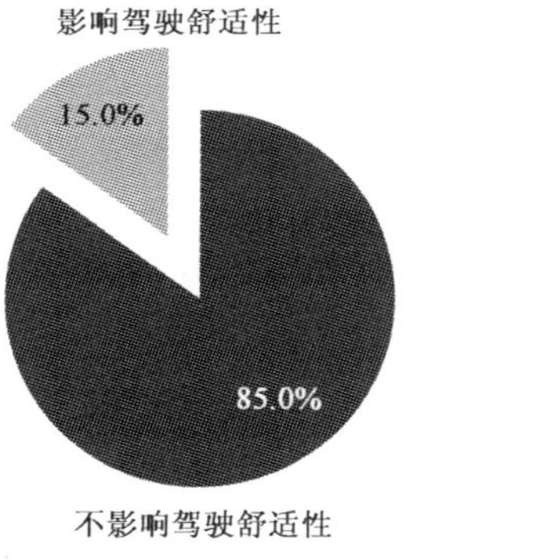

图 5-21 薄层铺装影响驾驶舒适性问卷调查结果

进行了 50 份问卷调查,95.2%的驾驶员认为车辆驶过薄层铺装,具有较为明显振动感受;84%驾驶员认为在驶过薄层铺装会降低车辆行驶速度,降低速度范围在 10~20km/h 范围之间;97%的驾驶员认为薄层铺装视觉效果较好,视认清晰,给予了驾驶员必要的警示作用;在行驶舒适性上,85%驾驶员认为薄层铺装不影响行驶的舒适性。对车辆的行驶速度也进行了分析,平均速度降低 5.16km/h,对比分析结果见表 5-18。

薄层铺装速度分析结果表　　表 5-18

项　目	85%位速度(km/h)	速度均方差(km/h)	平均速度(km/h)
设施处	51	5.27	43.68
设施前	55.6	6.30	48.84
对比差值	4.6	1.03	5.16

3. 振动减速标线

振动减速标线是一种半强制性减速设施，设置在路面上的振动带，与道路平面有一定的垂直高度差，因此车辆行驶在上面时会产生轻微的振动，这种振动会破坏驾驶员的舒适性，为了保证行车安全及舒适，驾驶员就会主动将车速降低，达到降速的目的，如图 5-22 所示。

图 5-22　振动减速标线

这种标线在具体使用时受到资金和技术能力的限制，经常会出现所选的喷涂材料与路面条件、气候条件不相符合的情况，或者随着车辆日复一日地不断碾压，因没有得到及时的养护而出现减速标线剥落、磨平的现象。另外，由于热塑振动减速标线的设置高度一般都比较低，车辆振动强度并不足以促使大型车辆驾驶员迅速降低车速，而只是提供给驾驶员一个警示。

项目组在调查过程中发现，这种减速标线宽度通常为 15～30cm，高度在 4～6mm，通常是连续设置。减速效果与设置的宽度、高度及连续设置条数相关，通常控制车辆行驶速度在40～80km/h 之间，高度越高条数越多，振动减速标线控制车辆行驶速度越低。

1)双白线减速标线

(1)调研断面信息

数据采集于广东清连高速公路双白线减速标线附近，此处的减速标线共 9 组，前 6 组间距 32m，后 3 组间距 15m，每条标线厚度为一层白色标线，线宽 45cm，线间距 95cm(图 5-23)。路段几何线形见表 5-19。

图 5-23　双白线减速标线

调研断面信息统计 表 5-19

断　面	桩　号	纵坡(%)	横坡(%)	平曲线半径(m)
断面 1	K2180+442(减速标线前)	4.30	3.1	1 100
断面 2	K2179+791(减速标线后)	2.60	1.5	1 180

(2)速度统计

减速标线前后大、小型车速度统计结果见表 5-20、表 5-21。

减速标线前后大型车速度统计结果 表 5-20

大型车	断面 1(减速标线前)(km/h)	断面 2(减速标线后)(km/h)	大型车	断面 1(减速标线前)(km/h)	断面 2(减速标线后)(km/h)
均值	87.0	86.4	最小值	33.7	34.2
v_{15}	69.6	67.4	最大值	124.5	120.2
v_{50}	88.7	88.8	方差	282.99	292.13
v_{85}	104.5	104.6	标准差	16.82	17.09

减速标线前后小型车速度统计结果 表 5-21

小型车	断面 1(减速标线前)(km/h)	断面 2(减速标线后)(km/h)	小型车	断面 1(减速标线前)(km/h)	断面 2(减速标线后)(km/h)
均值	92.0	90.9	最小值	41.9	39.3
v_{15}	74.5	75.1	最大值	132.9	129.7
v_{50}	92.6	91.8	方差	246.17	227.56
v_{85}	107.9	107.2	标准差	15.69	15.09

由速度的统计性描述可以看出,大型车和小型车在减速标线前和减速标线后两断面的各项速度指标没有明显差异。

(3)运行速度的时间分布(图 5-24、图 5-25)

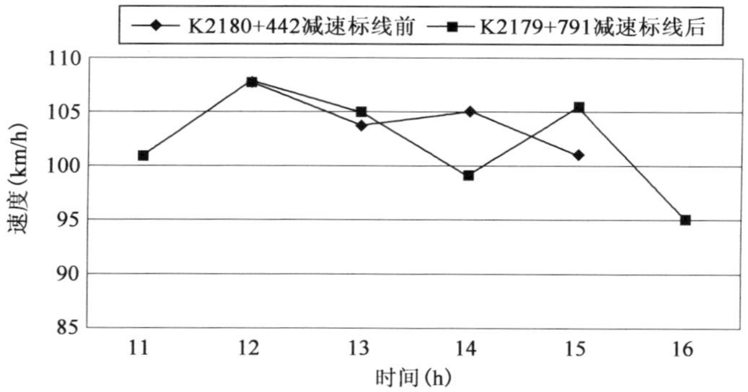

图 5-24　往连州方向大型车 85%位速度的时间分布

(4)速度差异显著性分析

独立样本 t 检验结果表明,减速标线前后两个断面的大、小型车速度均值不存在显著差异。

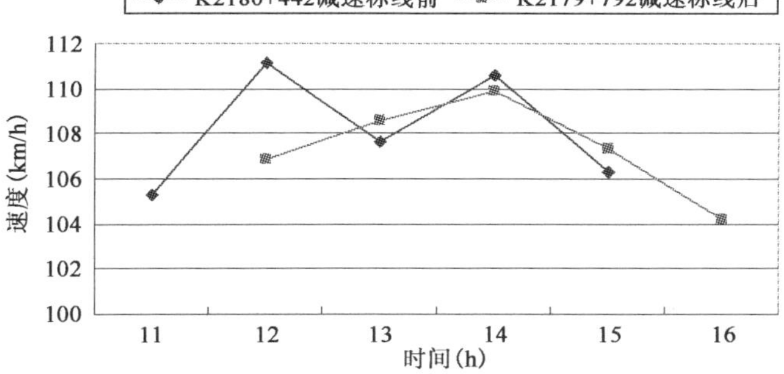

图 5-25　往连州方向小型车 85%位速度的时间分布

(5)小结

从统计结果可以看出,减速标线前后断面处大、小型车的速度均值和 15%位速度、50%位速度、85%位速度都几乎没有变化。速度差异的显著性分析也表明,减速标线前后两断面大、小型车的速度均值没有显著差异。说明此处的减速标线没有起到减速效果。分析原因可能是此处的减速标线位于长下坡路段,车辆在重力作用下速度的增加过快。

2)单白线减速标线

(1)调研断面信息

数据采集于广东清连高速公路单白线减速标线附近,此处的减速标线共 3 组,每组间距 30m,每组 11 条标线,每条标线厚度为三层白色标线的叠加,线宽 45cm,线间距 45cm(图 5-26)。路段几何线形见表 5-22。

图 5-26　单白线减速标线

调研断面信息统计　　表 5-22

断　　面	桩　　号	纵坡(%)	横坡(%)	平曲线半径(m)
断面 1	K2203＋355(减速标线前)	2.7	5.9	直线段
断面 2	K2203＋808(减速标线后)	1.2	3.4	直线段

(2)速度统计

减速标线前后大、小型车速度统计见表 5-23、表 5-24。

减速标线前后大型车速度统计 表 5-23

大型车	断面 1(减速标线前)(km/h)	断面 2(减速标线后)(km/h)	大型车	断面 1(减速标线前)(km/h)	断面 2(减速标线后)(km/h)
均值	79.8	87.6	最小值	33.1	32.7
v_{15}	63.8	70.0	最大值	110.4	120.4
v_{50}	82.5	91.2	方差	244.54	293.89
v_{85}	95.0	104.4	标准差	15.64	17.14

减速标线前后小型车速度统计 表 5-24

小型车	断面 1(减速标线前)(km/h)	断面 2(减速标线后)(km/h)	小型车	断面 1(减速标线前)(km/h)	断面 2(减速标线后)(km/h)
均值	83.3	93.6	最小值	27.6	39.0
v_{15}	70.9	78.6	最大值	124.2	144.0
v_{50}	83.4	93.7	方差	174.01	227.74
v_{85}	96.5	109.3	标准差	13.19	15.09

由速度统计可以看出,从减速标线前断面到减速标线后断面,大型车的 85%位速度由 95.0km/h上升至 104.4km/h,小型车的 85%位速度由 96.5km/h 上升至 109.3km/h,大、小型车的其他各项速度指标也呈现出明显的上升趋势。此外,通过减速标线之后,大、小型车速度的标准差也有所增大。

(3)运行速度的时间分布(图 5-27、图 5-28)

由运行速度的时间分布图可以看出,从减速标线前断面到减速标线后断面,大型车和小型车的运行速度明显升高。对于同一断面来说,在观测时段 10:00～15:00 内,大型车运行速度在 12:00～13:00 较高,而小型车却在 13:00 出现了一个明显的低谷,其他时段较为平稳。

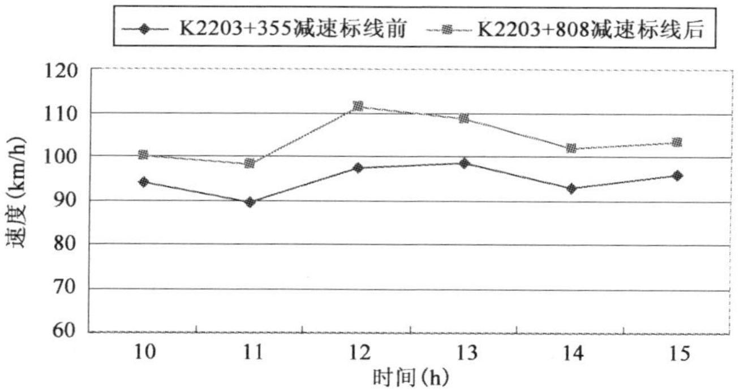

图 5-27 往清远方向减速标线前后大型车 85%位速度的时间分布

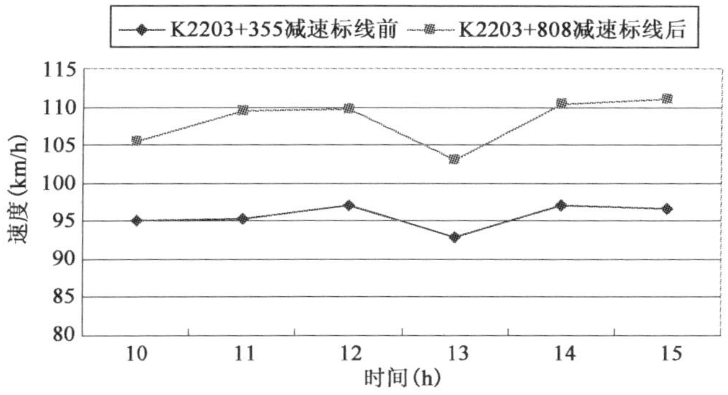

图 5-28　往清远方向减速标线前后小型车 85%位速度的时间分布

(4)速度差异显著性分析

独立样本 t 检验结果表明，减速标线前后两个断面的大、小型车速度均值存在显著差异，且减速标线后断面处大、小型车速度均值显著增大。

(5)小结

从速度统计可以看出，减速标线后断面处大、小型车的平均车速和 15%位速度、50%位速度、85%位速度都较减速标线前有一定程度的增加。速度差异的显著性检验也表明，减速标线后大、小型车的速度均值都显著增大。分析原因，可能是因为设备铺装的位置距离减速标线结束断面太远(228m)，车辆在经过减速标线之后，行驶至数据采集设备时车速已经恢复甚至超过了减速标线前的速度。

3)多线式减速标线

(1)调研断面信息

样本位于清连高速公路石潭路段 K2201＋400 处，路段设计速度 80km/h，分离式路基半幅宽 13.0m，单向车道宽 3.75m，路肩宽 3.0m，路段平面前后线形衔接平顺，纵坡 1.2%，无路侧干扰，设置减速标线(图 5-29)。此调研路段采用雷达测速仪完成速度检测，得到的数据样本车型按客车、货车进行分类。调研断面信息统计见表 5-25。

图 5-29　石潭路段 K2201＋400 测速点减速标线

调研断面信息统计　　表 5-25

断　面	桩　号	断面位置	描　述
断面 1	K2201＋350	减速标线前	石潭 2 号隧道前桥头
断面 2	K2201＋450	减速标线后	石潭 2 号隧道前桥头

观测时段内，天气晴朗，路面干燥，交通量(机动车绝对数)150～200 辆/h，车辆组成：小型客车∶货车＝2∶1，小型客车与大型客车的比例约 4∶1，7t 以上重载车比例＜10%。

(2)速度统计

减速标线前后断面速度统计见表5-26。

减速标线前后断面速度统计　　表5-26

统计指标	减速标线前		减速标线后	
	客　车	货　车	客　车	货　车
样本量	219	111	219	111
均值(km/h)	84.2	63.3	75.4	64.7
标准差(km/h)	13.9	18.2	11.4	12.4
最低速度(km/h)	45.0	26.0	45.0	26.0
最高速度(km/h)	127.0	93.0	101.0	86.0
v_{85}(km/h)	98.5	82.0	88.0	76.8
v_{90}(km/h)	100.3	84.1	90.7	78.5
v_{95}(km/h)	108.0	87.0	92.9	81.3
v_{98}(km/h)	110.7	88.0	96.3	84.5

①进入限速区域前速度统计特性：

a.客车的平均速度为84.2km/h，最高速度为127.0km/h，85%位速度为98.5km/h，90%位速度100.3km/h，95%位速度为108.0km/h。其中，小型客车(轿车)85%位速度为98.2km/h，90%位速度101.0km/h，95%位速度为108.1km/h，最高速度为127.0km/h；大型客车85%位速度为98.5km/h，90%位速度100.0km/h，95%位速度为107.0km/h，最高速度为109.0km/h。

b.货车的平均速度为63.3km/h，最高速度为93.0km/h，85%位速度为82.0km/h，90%位速度为84.1km/h，95%位速度为87.0km/h。其中，小型货车的平均速度为69.3km/h，85%位速度为81.6km/h；大型货车的平均速度为59.0km/h，85%位速度为82.0km/h。

②进入限速区域后速度统计特性：

a.客车的平均速度为75.4km/h，最高速度为101.0km/h，85%位速度为88.0km/h，90%位速度90.7km/h，95%位速度为92.9km/h。其中，小型客车(轿车)85%位速度为88.0km/h，90%位速度90.0km/h，95%位速度为92.8km/h，最高速度为101.0km/h；大型客车85%位速度为90.0km/h，90%位速度91.0km/h，95%位速度为92.3km/h，最高速度为95.0km/h。平均速度没有明显变化，但是最高速度减小幅度较大。

b.货车的平均速度为64.7km/h，最高速度为86.0km/h，85%位速度为76.8km/h，90%位速度为78.5km/h，95%位速度为81.3km/h。其中，小型货车的平均速度为62.7km/h，85%位速度为76.0km/h；大型货车的平均速度为66.6km/h，85%位速度为76.8km/h。

③速度差异分析：

a.客车平均速度降低8.8km/h，最高速度降低26.0km/h，85%位速度降低10.5km/h，90%位速度降低9.6km/h，速度标准差减小2.5km/h。

b.货车平均速度提高1.4km/h，最高速度降低7.0km/h，85%位速度降低5.2km/h，90%位速度降低5.6km/h，95%位速度降低5.7km/h，速度标准差减小5.7km/h。这说明减速标线对于速度较低的货车来说，其作用非常小，或者说限速设施对货车驾驶员的作用微乎其微。

货车的加速效果主要是由下坡作用引起的。

(3)小结

对白色多线式振动减速标线前后两个断面的车辆速度数据进行对比分析发现，进入减速标线前，车辆速度较高；当驾驶员遇到连续多条减速标线后往往有意识地控制行车速度。全部车辆的平均速度降低4.9km/h，最高速度降低26.0km/h，85％位速度降低9.0km/h，90％位速度降低9.3km/h，95％位速度降低10.0km/h，速度标准差减小5.6km/h。这说明多道白色振动式减速标线总体上对车速有一定影响，影响幅度较单道或双道减速标线大，具体降速幅度与进入减速标线前速度有关。通过分车型速度分析可知，白色多线式振动减速标线对小型客车影响较大，而对初速度较低的货车基本没有实质性的影响。

4)组合式振动减速标线

(1)调研断面信息

数据采集地点为西汉高速公路汉中往西安方向K54＋180附近的白色振动减速标线前后，共4组减速标线，每组减速标线由11小组减速标线组成，每小组减速标线由3条宽度为20cm的白色带方格凸起标线组成，振动减速标线间距为20cm(图5-30)。此路段为急弯路段，在K54＋100处，设置有1号避险车道。在K54＋180处设置有分车型限速标志(小型车限速60km/h，大型车限速50km/h)。调研断面信息统计见表5-27。

图5-30　减速标线的形式

调研断面信息统计　　表5-27

断　面	桩　号	纵坡(％)	横坡(％)	平曲线半径(m)
断面1	K54＋450(减速标线前)	3.1	3.5	600
断面2	K54＋180(减速标线)	2.4	0.2	—
断面3	K54＋000(减速标线后)	4.7	4.6	—

(2)速度统计

减速标线前后大、小型车速度统计见表5-28、表5-29。

由速度统计可以看出，小型车的85％位速度在减速标线前断面为91.5km/h，在减速标线处和减速标线后分别降低了5.5％和23.3％；在减速标线前和减速标线处两观测断面，大型车的85％位速度基本持平，与前两个观测断面相比，大型车的85％位速度在减速标线后90m断面处降至63.7km/h。此外，在减速标线后断面处，大、小型车速度标准差也有明显的下降。

减速标线前后大型车速度统计　　表5-28

大型车	断面1(减速标线前)(km/h)	断面2(减速标线处)(km/h)	断面3(减速标线后)(km/h)
均值	59.5	57.4	50.7
v_{15}	46.8	42.8	39.7
v_{50}	58.5	56.4	50.6
v_{85}	73.7	72.6	62.4
最小值	16.1	17.4	8.7
最大值	116.0	106.7	78.9
方差	187.96	193.82	118.83
标准差	13.71	13.92	10.90

减速标线前后小型车速度统计　　表5-29

小型车	断面1(减速标线前)(km/h)	断面2(减速标线处)(km/h)	断面3(减速标线后)(km/h)
均值	71.1	67.3	59.1
v_{15}	54.6	50.2	48.6
v_{50}	69.1	67.0	59.0
v_{85}	91.5	86.5	70.2
最小值	15.9	14.2	20.1
最大值	121.5	115.0	99.1
方差	303.76	310.24	128.10
标准差	17.43	17.61	11.31

(3)运行速度的时间分布(图5-31、图5-32)

由运行速度的时间分布图可以看出，从减速标线前断面到减速标线后断面，大、小型车的运行速度均呈现出降低的变化趋势。而同一断面处，车辆的速度值随时间的变化较小，速度的时间分布曲线很平缓。

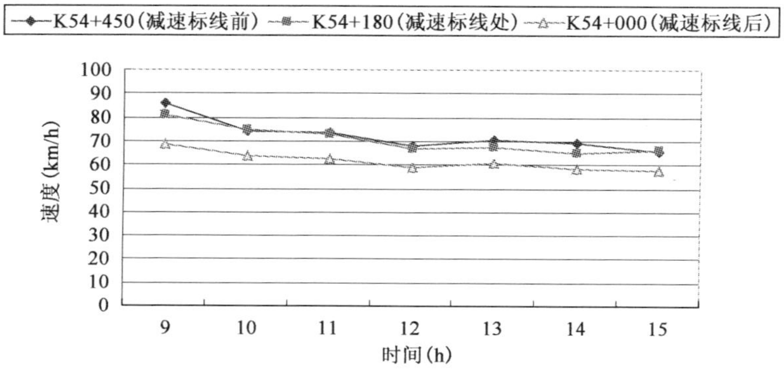

图5-31　组合式减速标线前后大型车85%位速度的时间分布

(4)速度差异显著性分析

独立样本 t 检验结果表明,减速标线前后两个断面的大、小型车速度均值存在显著差异。

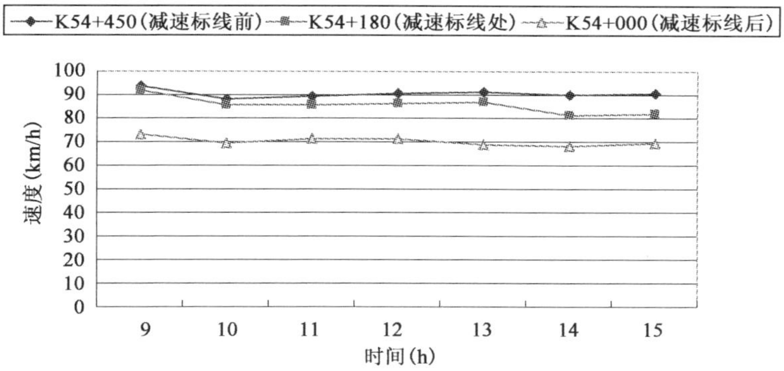

图 5-32　组合式减速标线前后小型车 85%位速度的时间分布

(5)小结

由前面的分析可知,与减速标线前断面相比,减速标线处和减速标线后断面处大、小型车的速度均值以及 15%位速度、50%位速度、85%位速度以及速度的标准差等指标都有了不同程度的下降,其中减速标线后断面处大、小型车的 85%位速度分别降低了 15.4%和 23.3%。速度差异的显著性分析也表明,减速标线前后两个断面的大、小型车速度均值都存在显著差异。由此可见,在白色振动减速标线和限速标志的组合作用下,车辆速度得到了很好的控制。

5)罗富高速公路振动减速标线及道钉减速标线

(1)调研断面信息

数据采集于云南罗富高速公路 K44+340 附近的减速标线前后,此处的减速标线由热塑振动减速标线和道钉减速标线组成。热塑振动减速标线 6 组,共长 95m,呈箭头形状,颜色为黄色;道钉减速标线 2 组,所处位置接近坡底(图 5-33)。断面 K44+340 位于热塑振动减速标线结束的位置。调研断面信息统计见表 5-30。

图 5-33　热塑振动减速标线和道钉减速标线

调研断面信息统计　　表 5-30

断　　面	桩　　号	平曲线半径(m)	断　　面	桩　　号	平曲线半径(m)
断面 1	K44+245(减速标线前)	409	断面 3	K44+400(减速标线后)	409
断面 2	K44+340(减速标线处)	409			

(2)速度统计

减速标线前后大、小型车速度统计见表 5-31、表 5-32。

减速标线前后大型车速度统计 表 5-31

大型车	断面 1(减速标线前)(km/h)	断面 2(减速标线处)(km/h)	断面 3(减速标线后)(km/h)
均值	59.6	49.4	55.6
v_{15}	48.0	40.5	44.6
v_{50}	58.5	49.1	54.8
v_{85}	71.2	58.4	66.8
最小值	31.7	27.3	22.6
最大值	99.1	77.0	101.0
方差	146.51	77.90	134.63
标准差	12.12	8.80	11.64

减速标线前后小型车速度统计 表 5-32

小型车	断面 1(减速标线前)(km/h)	断面 2(减速标线处)(km/h)	断面 3(减速标线后)(km/h)
均值	75.4	58.6	67.2
v_{15}	58.8	43.9	49.7
v_{50}	76.1	58.8	67.0
v_{85}	91.2	72.9	86.1
最小值	43.7	8.5	8.4
最大值	113.9	96.5	117.9
方差	226.92	211.19	380.68
标准差	15.10	14.47	19.49

由速度统计可以看出,车辆到达断面 1 时速度比较高,大型车和小型车的 85%位速度都高于限速值,经过近百米长共 6 组的热塑振动减速标线后速度有了明显的下降,大型车 85%位速度降低了 18.0%,小型车 85%位速度降低了 20.1%,车辆的速度均值和 85%位速度都降低到限速范围。车辆通过断面 3 的速度又有较大幅度的提高,大型车运行速度提高了14.4%,小型车运行速度提高了 18.1%。

(3)运行速度的时间分布(图 5-34、图 5-35)

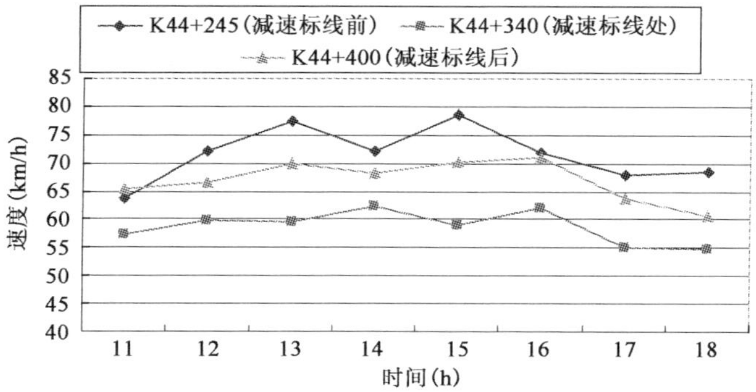

图 5-34 减速标线前后大型车 85%位速度的时间分布

大、小型车85%位速度在减速标线断面处最低，减速标线前断面最高，减速标线后断面次之。驾驶员在减速标线前开始减速，过了减速标线后加速行驶，以弥补减速损失的时间。在减速标线后断面，车速还没有加速到测速前水平，也说明减速标线的减速效果具有一定的连续性。

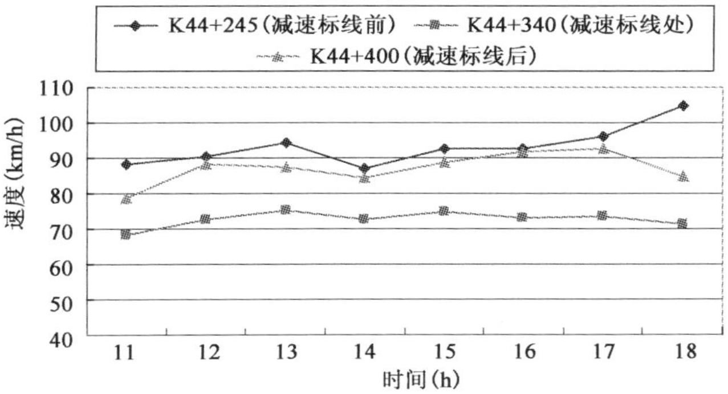

图5-35　减速标线前后小型车85%位速度的时间分布

(4)速度差异显著性分析

独立样本 t 检验结果表明，减速标线前和减速标线后两个断面的大、小型车速度均值存在显著差异。

(5)小结

从速度统计性描述的结果可以看出，车辆到达热塑振动减速标线之前速度较高，经过6组共95m长的热塑振动减速标线后速度有了较为明显的下降，大、小型车的85%位速度分别降低了18%和20.1%，坡底位置的道钉减速标线结束后车辆的速度又有所提高，但仍然低于热塑振动减速标线前断面的速度，比减速标线前大、小型车的85%位速度分别降低了6.18%和5.59%。速度差异的显著性分析也表明，减速标线前后大、小型车的速度均值都存在显著差异，再加上此处为一下坡路段，所以认为热塑振动减速标线和道钉减速标线起到了不错的减速效果。

6)具有干线功能的一、二级公路横向减速标线

(1)调研断面信息

样本位于G109线北京段K33+650处，路段设计速度40km/h，路基宽8.5m，单向车道宽3.5m，土路肩宽0.75m。路段平面前后线形衔接平顺，纵断面平缓，无路侧干扰。振动式减速标线为红色，宽40cm，单道，每道间距15m(图5-36)。观测时段内，天气晴朗，路面干燥，交通量(机动车绝对数)40～60辆/h，车辆组成：小型客车∶货车=1∶1，7t以上重载货车比例<8%。此调研路段采用雷达测速仪完成速度检测，得到的数据样本车型按客车、货车进行分类。调研断面信息统计见表5-33。

调研断面信息统计　　表5-33

断　　面	桩　　号	断面位置	描　　述
断面1	K33+580	减速标线前	下坡急弯之前
断面2	K33+700	减速标线后	下坡急弯之后

图 5-36　K33＋650 振动减速标线样本

(2)速度统计

减速标线前后速度统计见表 5-34。

减速标线前后速度统计　　表 5-34

统计指标	减速标线前		减速标线后	
	客　车	货　车	客　车	货　车
样本量	42	30	42	30
均值(km/h)	57.6	47.8	59.7	48.3
标准差(km/h)	8.1	8.6	11.9	9.0
最低速度(km/h)	41.0	30.0	40.0	31.0
最高速度(km/h)	70.0	60.0	76.0	61.0
v_{85}(km/h)	68.1	56.6	74.1	56.9
v_{90}(km/h)	69.4	59.1	75.4	60.1
v_{95}(km/h)	70.0	59.6	76.0	60.6
v_{98}(km/h)	70.0	59.8	76.0	60.8

①进入限速区域前速度统计特性：

a. 客车的平均速度为 57.6km/h，最高速度 70.0km/h，85％位速度为 68.1km/h，90％位速度为 69.4km/h，95％位速度为 70.0km/h。其中，小型客车(轿车)85％位速度为 68.1km/h，90％位速度为 69.4km/h，95％位速度为 70.0km/h，最高速度为 70.0km/h。

b. 货车的平均速度为 47.8km/h，最高速度为 60.0km/h，85％位速度为 56.6km/h，90％位速度为 59.1km/h，95％位速度为 59.6km/h。其中，小型货车的平均速度为 50.8km/h，85％位速度为 59.4km/h；大型货车的平均速度为 53.5km/h，85％位速度为 60.0km/h。

②进入限速区域后速度统计特性：

a. 客车的平均速度为 59.7km/h，最高速度为 76.0km/h，85％位速度为 74.1km/h，90％位速度为 75.4km/h，95％位速度为 76.0km/h。其中，小型客车(轿车)85％位速度为59.7km/h，90％位速度为 76.0km/h，95％位速度为 76.0km/h，最高速度为 76.0km/h。相比进入减速标线前的速度来说，特征速度提高了 2～5km/h。

b. 货车的平均速度为 48.3km/h，最高速度为 61.0km/h，85％位速度为 56.9km/h，90％

位速度为 60.1km/h，95%位速度为 60.6km/h。其中，小型货车的平均速度为 43.7km/h，85%位速度为 50.4km/h；大型货车的平均速度为 41.5km/h，85%位速度为 44.0km/h。

③速度差异分析：

对振动式减速标线前后两个断面的车辆速度数据进行对比分析发现，通过振动标线后各种车辆的平均速度、85%位速度等均有较大幅度的增加，并没有体现出减速标线的减速效果。究其原因为，本路段存在急弯和陡下坡组合，车辆通过本路段之后由于下坡的影响，速度有不同程度的增加，如果不剔除陡下坡的影响，则很难评价振动减速标线对减速的贡献。以上这种情况在具有干线功能的一、二级公路振动减速标线的其他调研路段中均有体现。

图 5-37 K39＋300 减速标线的设置

为针对具有干线功能的一、二级公路的振动减速标线控制效果进行定量分析，宜采用比试验进行分析。与本断面进行对比试验的路段选取 G109 北京段 K39＋300 路段（图 5-37），此路段的纵坡、平曲线半径及周围景观、转弯方向等与设置减速标线的考量断面非常相近，但未设置振动减速标线，从总体情况看，可以作为对比路段进行试验和数据分析。

对比路段的速度统计分析见表 5-35。

对比路段（无减速标线）速度统计分析 表 5-35

统计指标	客车	货车	统计指标	客车	货车
样本量	35	27	v_{85}(km/h)	76.2	58.1
均值(km/h)	60.4	49.5	v_{90}(km/h)	75.5	60.3
标准差(km/h)	11.9	9.0	v_{95}(km/h)	78.2	60.9
最低速度(km/h)	42.5	32.1	v_{98}(km/h)	78.4	61.2
最高速度(km/h)	79.0	62.0			

具有干线功能的一、二级公路振动减速标线的效果定量分析通过设置减速标线路段的车辆特征速度（减速标线后）与无减速标线的对比路段车辆速度的差值来计算（表 5-36）。

横向振动减速标线控制效果统计分析 表 5-36

统计指标	全部车辆	客车	货车
均值	−2.0	−0.7	−1.2
标准差	−0.1	0.0	0.0
最低速度	−2.0	−2.5	−1.1
最高速度	−3.0	−3.0	−1.0
v_{85}	−1.0	−2.1	−1.3
v_{90}	−1.6	−0.1	−0.2
v_{95}	−1.5	−2.2	−0.4
v_{98}	−2.0	−2.4	−0.4

注：表中数据为速度差值(km/h)。

客车平均速度降低 0.7km/h,最高速度降低 3.0km/h,85%位速度降低 2.1km/h,90%位速度降低 0.1km/h,95%位速度降低 2.2km/h,速度标准差减小 2.4km/h。

货车平均速度降低 1.2km/h,最高速度降低 1.0km/h,85%位速度降低 1.3km/h,90%位速度降低 0.2km/h,95%位速度提高为 0.4km/h,速度标准差基本无变化。

(3)小结

通过对等级公路振动减速标线进行对比路段车辆速度数据对比分析发现,相比线形和景观环境极为相近的对比路段,全部车辆通过振动减速标线后的末速度平均降低 2.0km/h,最高速度降低 3.0km/h,85%位速度降低 1.0km/h,90%位速度降低 1.6km/h,95%位速度降低 1.5km/h。考虑试验仪器——雷达测速枪的测量误差得出,振动减速标线总体上对车速有一定影响,但是影响幅度极为有限。通过分车型速度分析可知,振动减速标线对客车的影响稍大于货车,而对于初速度较低的货车来说,振动减速标线对其速度基本没有实质性的影响。

7)横向减速标线效果

(1)对交通流特征速度的作用

从上面的调查样本来看,设置横向减速标线后不同的速度区间的车速变化特性各不相同。对特征速度的具体作用表现在:

①横向减速标线具有良好的警示效果,大部分高速行车或者超速行车的驾驶员在减速标线前会减小油门控制车速,然后匀速或减速通过减速标线区域。

②横向减速标线对小型客车的作用明显高于货车。由于振动标线突出路面,车辆通过时出现颠簸,颠簸的幅度与车辆重量和速度有密切的关系。一般来说速度越大颠簸的幅度越大,重量越大颠簸的幅度越小,因此,横向减速标线对小型客车作用明显大于对货车的作用。

③尽管具有干线功能的一、二公路横向减速标线设置在下坡、弯道等不同的地点(通常设置方法为 100m 内设 5～10 组,每组设 2～3 道),但是其对速度控制的效果没有明显的差别,通常平均速度降低 1.0～3.0km/h,最高速度降低 3.0～6.0km/h,85%位速度降低 1.0～2.0km/h,90%位速度降低 1.0～3.0km/h,95%位速度降低 1.0～5.0km/h,速度标准差减小 0～2.0km/h。

④高速公路横向减速标线对于速度超过 100km/h 的车辆控制效果较为明显,并且减速标线的区段越长其效果相对越显著。通常平均速度降低 1.0～3.0km/h,最高速度降低 3.0～6.0km/h,85%位速度降低 1.0～2.0km/h,90%位速度降低 1.0～3.0km/h,95%位速度降低 1.0～5.0km/h,速度标准差减小 0～2.0km/h。

(2)对单辆车辆速度的作用

①设计速度 40～80km/h 的无出入口控制的具有干线功能的一、二公路设置横向减速标线设施后,单辆车辆的速度变化规律总体上符合上面描述的交通流特征速度变化特性(表 5-37、图 5-38)。根据样本进入减速标线后的速度变化特性建立如下模型:

$$v = -6\times10^{-0.5}v_0^3 + 0.007v_0^2 - 0.326v_0 + 5.288 \tag{5-23}$$

上述模型回归相关系数: $R^2 = 0.97$

式中:v——进入减速标线后的速度;

v_0——进入减速标线前的速度。

具有干线功能的一、二公路横向减速标线效果　　表 5-37

进入减速标线前速度（km/h）	通过减速标线后相对原速度的增量百分比（%）	通过减速标线后与原速度差值（km/h）	进入减速标线前速度（km/h）	通过减速标线后相对原速度的增量百分比（%）	通过减速标线后与原速度差值（km/h）
30	0.00	0.00	70	−6.50	−4.55
40	−0.50	−0.20	75	−7.47	−5.60
45	−1.00	−0.45	80	−9.50	−7.60
50	−2.00	−1.00	85	−11.76	−10.00
55	−3.00	−1.65	90	−14.33	−12.90
60	−4.50	−2.70	100	−20.00	−20.00
65	−6.00	−3.90			

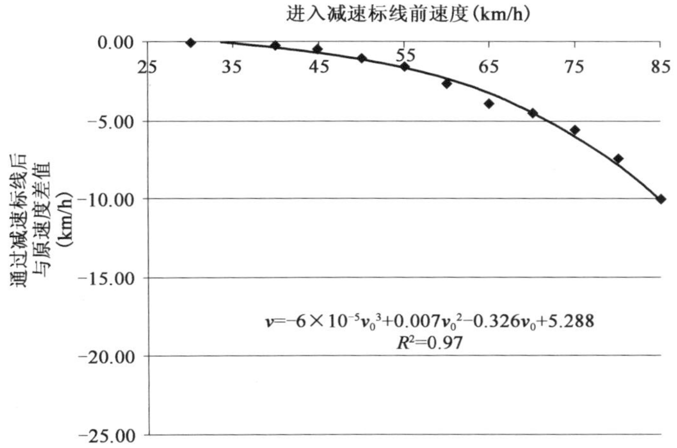

图 5-38　具有干线功能的一、二公路横向减速标线效果图

②设计速度 80～120km/h 的高速公路设置横向减速标线设施后，单辆车辆的速度变化规律总体上符合上面描述的高速公路交通流特征速度变化特性（图 5-39）。根据样本进入减速标线后的速度变化特性建立如下模型：

$$v=-6\times10^{-5}v_0^3+0.010v_0^2-0.622v_0+13.40 \tag{5-24}$$

上述模型回归相关系数：　　$R^2=0.98$

式中：v——进入减速标线后的速度；

v_0——进入减速标线前的速度。

4. 减速丘

水泥台浇筑成型后，将其预埋于路面中，外突 20～40mm 圆拱，汽车通过时会产生强烈振动，迫使驾驶员预先减速。该类减速丘的优点是：水泥台易于制作，成本低，安装方便，但是施工会严重破坏路面，特别是沥青路面渗水问题不易解决，且没有柔性，属于“硬”减速设施，对车辆的冲击太大，这样会对汽车的安全行驶产生不利影响。图 5-40 为间断型水泥台式减速丘。

水泥台减速丘自身的优缺点使其更适合使用在农村公路、学校附近或者有行人穿越公路人流集中区域，需要车辆完全降低行车速度，等待并避让行人，可以根据需要，设置较大尺寸拱度用来强制车辆减速（图 5-41）。

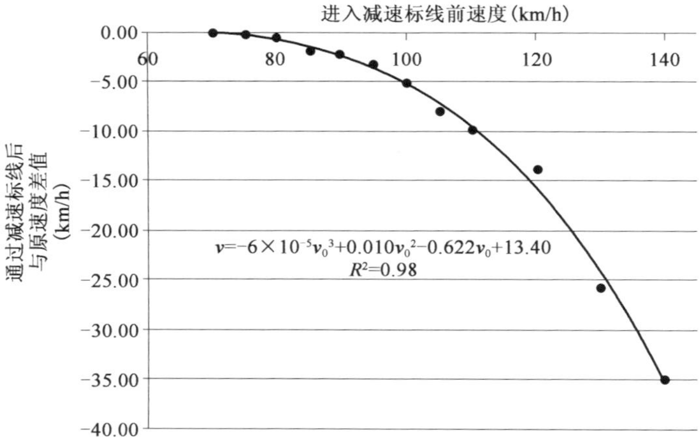

图 5-39　高速公路横向减速标线效果图

图 5-40　间断型水泥台式减速带

图 5-41　减速丘设置

减速丘对降低车辆行驶速度具有明显的作用，由于与标志标线配合使用，在视觉效果及驾驶警惕性上也比较好。统计 50 处的问卷调查结果，100％驾驶员认为在减速丘处车辆行驶速度要降低。通过现场车辆行驶速度观测对减速丘的减速效果进行了分析，车辆行驶速度降幅在 7km/h 左右。速度具体情况分析见表 5-38。

减速丘速度分析结果表　　表 5-38

项　　目	85%位车速(km/h)	速度均方差(km/h)	平均速度(km/h)
设施处	46.65	9.53	32
设施前	50.65	9.71	39
对比差值	4	0.18	7

5.凸起道钉减速带

道钉是固定于路面上起标线作用的凸起标记块，一般由壳体和反射体两部分组成，如图 5-42 所示。它的壳体多为塑钢等材料制作，通过特殊工艺处理，能承受较大的碾压和冲击，抗腐蚀性和耐磨性能良好。

图 5-42　凸起道钉减速带

凸起道钉减速带在高等级公路上用作中心标记线、车辆分道线、边缘线，也可用来标记弯道、进出口匝道、导流标线、车道变窄、路面障碍物等的危险路段。经过观察发现，这种设施的适宜控制速度在 60km/h 以下。

三、视错觉减速设施效果评估案例

1.视错觉标线基本形式

视错觉标线类减速设施的减速机理是，通过在行车道上施画特定标线以干扰驾驶员的速度认知，给其造成行车速度逐渐增加的假象，从而引导驾驶员降低行车速度。此外，视错觉标线还可以作为一种警告标志：在标线施画初期，道路使用者并不了解这种新型的减速标线，若出现与驾驶员期望相反的情况，驾驶员便会采取制动措施降低车辆行驶速度。

近年来，减速标线在我国城市道路和高速公路中已被应用。《道路交通标志和标线》(GB 5768—2009)于 2009 年 7 月 1 日开始实施，在此之前标准和规范中没有统一的行车道减速标线设计应用规定，致使公路上各种各样的减速标线都有应用，这些标线中相当一部分设置不够合理，难以达到速度管理和保障安全的目的。《道路交通标志和标线》(GB 5768—2009)也只是增加了行车道横向和纵向减速标线各一组，形式比较单一，而且标准中也没有明确说明减速标线设置的初始车速和目标控制车速，实际的减速效果也有待验证。

国外研究认为，与传统减速设施相比，视错觉标线类减速设施有以下优点：

(1)能使驾驶员下意识地降低行驶速度。

(2)视错觉标线没有传统减速设施的突然性，其减速效果持续时间较长。

(3)路面视错觉标线通常施工价格低廉，易于安装、维护和清除。

通过对国内外情况的相关调研发现，目前国内外广泛使用的视错觉标线类减速设施主要分为以下几种：

(1)三维彩色立体减速标线；

(2)行车道纵向减速标线；

(3)行车道横向减速标线；

(4)鱼刺形减速标线；

(5)梳齿形减速标线。

1)三维彩色立体减速标线

三维彩色立体减速标线可利用人们对颜色的视觉反差，使驾驶员在很远的地方就能看到前方道路出现“立体状物体”而制动减速。这种标线既能造成前方道路有障碍物的感觉，又不会因为振动对车辆造成损坏。目前，国内如乌鲁木齐、杭州等城市在部分路段使用了三维彩色立体减速标线，如图 5-43 所示。

图 5-43　三维彩色立体减速标线

该减速装置由“蓝、白、黄”三色标带组成，呈菱形，远远望去俨然一副连绵的“凸起丘”。但车辆经过时车身并未发生颠簸振动，而是和平常路面一样平坦光滑。

这种标线的缺点是驾驶员在不了解的情况下会紧急制动，如后车跟随前车行驶距离过近，极易引发追尾事故，且该类减速标线的长期效果值得商榷。

2)行车道纵向减速标线

行车道纵向减速标线主要是通过合理设计车道中心线和车道边缘线的形式，使驾驶员产生行车道逐渐变窄的假象，在狭窄的道路上行驶需要更精准的转向操作，而且车辆驶离道路的可能性以及与其他车辆碰撞的风险也大大增加，因此驾驶员需要采取制动措施降低车辆速度以确保行车安全。

国外相关研究发现，行车道宽度越窄，通常行车速度越低。但用于减少行车道宽度的纵向标线可能为驾驶员提供了足够的视线诱导，驾驶员有可能会提高行车速度。日本、美国等地都是将纵向标线与鱼刺形减速标线结合铺装，少有单独施画纵向减速标线的。

纵向减速标线主要设立在主干道,还适合施画在交通量比较大的交叉路口。它是在平行于车道分道线或行车道边缘线的位置设置平行的四边形虚线块,利用交通工程学和交通心理学原理,使驾驶员认为前方车道越来越窄,从而达到减速行车的目的。图 5-44 是两种纵向减速标线的设置实例。

图 5-44　行车道纵向减速标线

《道路交通标志和标线》(GB 5768—2009)首次加入了行车道纵向减速标线,为一组平行于行车道分界线的菱形块虚线。其具体规定为:在行车道纵向减速标线的起始位置,设置 30m 的渐变段,菱形块虚线由窄变宽,渐变段尺寸以及行车道纵向减速标线设置示例如图 5-45 所示,图中箭头表示行车方向。

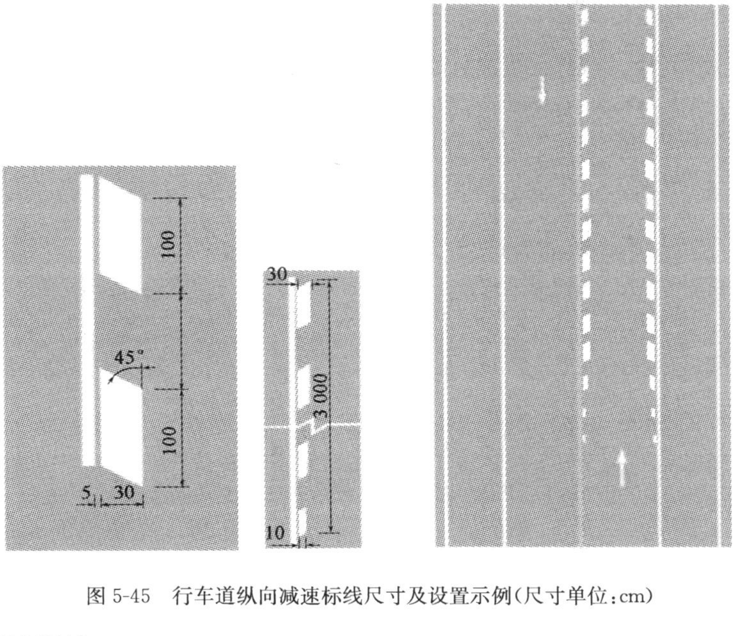

图 5-45　行车道纵向减速标线尺寸及设置示例(尺寸单位:cm)

3)鱼刺形减速标线

鱼刺形减速标线是另一种用于降低行车速度,减少交通事故发生的路面减速标线。鱼刺形减速标线由一组按一定间距布置的倒 V 形或箭头形标记组成,首次出现于 20 世纪 70 年代。鱼刺形标线直接铺装在行车道或路肩上,最初是作为一种交通静化设施用于改善交通安全,但各国在不同环境使用中收到了不错的效果。图 5-46 是美国俄亥俄州的一处鱼刺形减速标线。

(1)日本

20 世纪 90 年代初期,日本大阪首先在淀川大桥行车道上施画鱼刺形减速标线,造成车速逐渐增加、车道变窄的错觉,同时车道边缘还画有纵向虚线,如图 5-47 所示。该标线的设计参数如图 5-48 所示。

图 5-46 施画有鱼刺形减速标线的行车道

图 5-47 日本淀川大桥上的鱼刺形减速标线

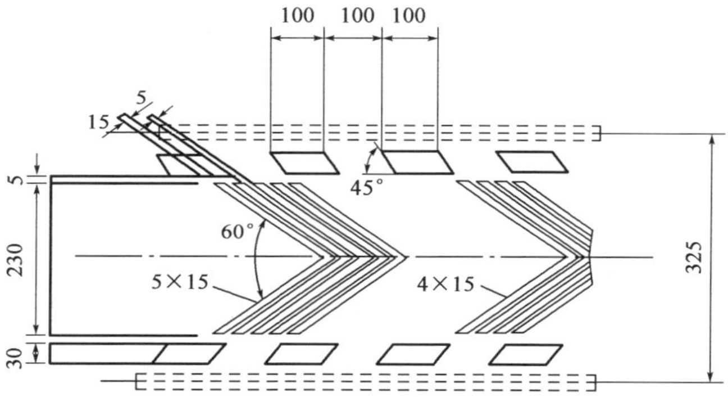

图 5-48 淀川大桥上鱼刺标线设计图(尺寸单位:cm)

这种标线的相邻鱼刺线间距随行车方向逐渐减小,当驾驶员驶过该路段时,在不减速的情况下出现在视野内的标线数量会逐渐增加,造成行车速度不断增加的假象。与此同时,车道边缘线纵向布置的虚线给驾驶员造成车道逐渐变窄的错觉,以提醒驾驶员在车辆运行过程中集中注意力。

美国马凯特大学的研究者们对日本一些研究报告进行了讨论,认为鱼刺形和行车道纵向减速标线都能有效降低行车速度,如图 5-49 所示。

图 5-50 显示了日本在道路上铺装的防滑型减速标线,它可以增强路面附着系数,防止路面潮湿时对车辆行驶稳定性产生影响。这种减速标线特别适用于高速弯道或多雨的潮湿地区。

日本其他一些使用鱼刺形减速标线的道路如图 5-51 所示。

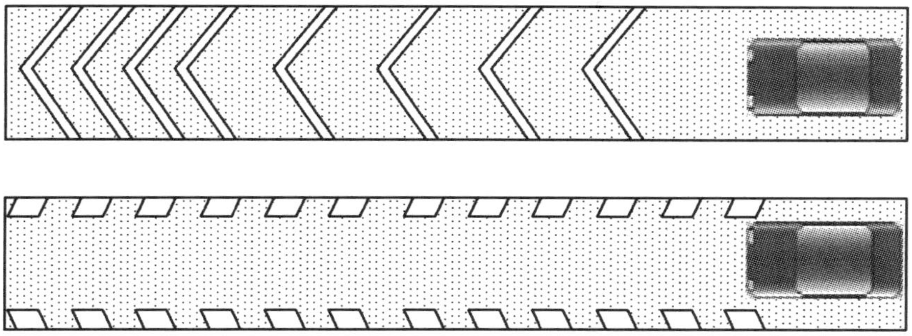

图 5-49　日本的鱼刺形减速标线和行车道纵向减速标线

a)　　　　b)

图 5-50　防滑型鱼刺减速标线

a)　　　　b)

图 5-51　鱼刺形减速标线

(2)欧洲

丹麦研究了鱼刺形减速标线对速度、车间距离以及交通安全性的影响。他们根据以下规则选定了五处试验路段：

①试验路段需装有固定探测设备以记录交通流量数据。

②路段交通流量合适，且变化不大。

③所选道路必须为双向四车道。

④所选道路没有改扩建或路面重新铺装计划。

⑤路段有追尾事故记录。

施画了鱼刺形减速标线的路段如图 5-52 所示。

在标线铺装后的4～6个月内，研究人员通过电话采访对916名道路使用者的经验和对鱼刺形减速标线的满意度进行了研究，得到了以下主要结果：

80%的受访者表示他们已经注意到了高速公路上的鱼刺形减速标线；在这80%（注意到了鱼刺形减速标线）的受访者中，96%的人知道标线的作用和目的；88%的人表示标线能帮助他们与前车保持两个鱼刺形减速标线的间距，或2s的车间时距；60%的受访者认为其他驾驶员与前车保持的距离比规定的更大；30%的人认为鱼刺形标线既不能提供帮助，也不会带来任何不便；3%的受访者认为鱼刺形减速标线会引起不便。当然，总体结果表明大部分道路使用者肯定标线的作用。

图5-52　丹麦的鱼刺形减速标线

他们的研究结论认为，行车道上施画的用于使车辆保持与前车足够安全距离的鱼刺形减速标线短期内能起到一定效果，如降低车速（1～3km/h）、能减少近距离跟车驾驶行为（约减少7%～11%）。驾驶员都能明白标线的作用，标线能够有效地帮助他们保持与前车足够的安全车距，但由于事故数量太少，暂时还无法定量判断鱼刺形减速标线对交通安全的改善作用。

（3）美国

1997年美国明尼苏达州伊根市在一个限速为48.3km/h（30mi/h）的居民区交叉口前方（交通流量约为5 000ADT）施画了鱼刺形减速标线。

同年俄亥俄州哥伦布市在一条双向两车道的某处S弯前方也设置了鱼刺形减速标线，设置地点的限速为56.3km/h（35mi/h），建议行车速度为24.1km/h（15mi/h）。

鱼刺形减速标线在日本的成功应用促使威斯康星州的研究人员在1999年引入这一新的减速设施。鱼刺形减速标线被施画在I-94和I-894高速公路互通连接线上，以降低过高的行车速度。图5-53为匝道上的鱼刺形减速标线。

该标线与日本淀川大桥上施画的标线相似，标线段总长度约185m，由16组白色的鱼刺形标线组成，各组标线之间的间距随行车方向逐渐缩短，以获得前面所述的“使驾驶员感觉行车速度越来越快”的假象，行车道边线画有纵向布置的虚线。根据工程学分析，该组标线的两个设计速度分别是：车辆进入标线段的速度为104.6km/h（65mi/h），而离开标线段时车速应降到80.5km/h（50mi/h）。研究人员发现，标线能使车流平均速度降低24.1km/h（15mi/h），85%位车速降低得更多，从112.7km/h（70mi/h）降低到85.3km/h（53mi/h），降幅达到27.4km/h

(17mi/h),认为这些标线能够有效地降低车辆行驶速度。

2007 年,Anthony 等人在得克萨斯州埃尔帕索一处高速公路连接匝道上设计施画了一种组合型鱼刺减速标线,如图 5-54 所示。并对标线施画前、施画标线后早期以及较长时间后等三个时间段内,对连接段上游、连接段开始处及坡道中间处等三个地方的车速情况进行了测量,在进行了详细分析后认为,施画鱼刺形减速标线后,车辆驶过标线段时速度比施画标线前有所降低。

图 5-53　威斯康星州密尔沃基驶出匝道处的鱼刺形减速标线

图 5-54　高速公路连接段鱼刺形减速标线(得克萨斯州)

4)梳齿形减速标线

梳齿形减速标线是指标线施画在行车道两侧,呈对称分布,是从横向减速标线演变而来的,也有别于纵向减速标线。其减速机理是行车道横向减速标线和纵向标线的综合,既能使驾驶员产生行车速度越来越快的感觉,还能使驾驶员误认为行车道逐渐变窄。梳齿形减速标线根据标线与车辆行驶方向的夹角又分为正梳齿形减速标线和斜梳齿形减速标线,如图 5-55 所示。

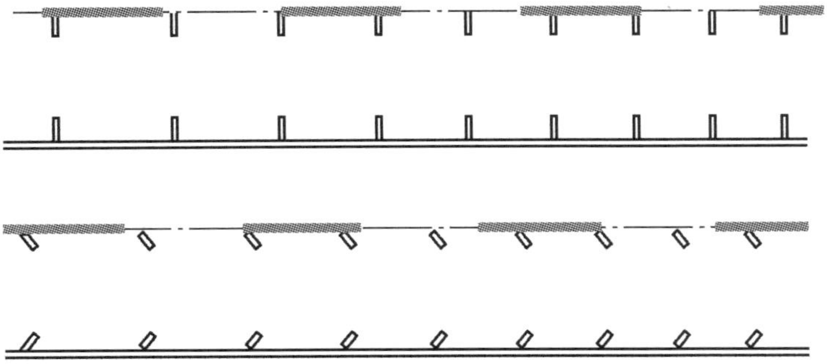

图 5-55　正、斜梳齿形减速标线

梳齿形减速标线有以下两个优点:首先,与全车道宽度的横向减速标线相比,施画这种标线所需材料较少,施工费用较低,更容易铺装和维护;其次,这种标线能降低雨天或潮湿地区公路由于路面附着系数降低导致的潜在事故风险。

Goldey 通过驾驶模拟器进行仿真试验对正梳齿形减速标线的减速效果进行了研究,证明这种标线能获得较好的减速效果。

Katz 等人在纽约、密西西比以及得克萨斯州等地各选择了一处道路进行梳齿形减速标线的短期和长期减速效果研究，如图 5-56 所示。其研究结论认为，施画梳齿形减速标线能有效地降低整体车流的平均速度。驾驶员对道路的熟悉程度、弯道半径以及路面减速标线的可视认性等，都对标线的实际减速效果有一定影响。

图 5-56　正梳齿形减速标线

（左上：纽约；左下：密西西比；右：得克萨斯）

2006 年 9 月，Timothy J. Gates 等人在威斯康星州密尔沃基市 I-43 和 I-93 公路平原镇一处弯道南北双向所有车道上施画了正梳齿形减速标线，并对标线的短期及长期减速效果进行试验研究。各组标线总长度为 304.8m(1 000ft)，由一组间距逐渐减小的白色标线组成，每条标线横向宽度为 45cm，纵向宽度为 30cm，如图 5-57 所示。结论表明，正梳齿形减速标线能有效降低车辆行驶速度，短期效果尤其明显。

图 5-57　正梳齿形减速标线

减速标线用于提醒驾驶员前方应减速慢行，一般设置在长下坡路段（下坡方向车道）、小半径曲线段（曲线外侧车道）、上坡凸形竖曲线前方视距不良路段（上坡方向车道）等处，提示车辆减速。减速标线作为有效预防交通事故的安全措施，在公路上的应用越来越多。

视错觉标线是一种减少交通隐患的新型减速设施，作为被动减速设施的视错觉减速标线充分利用人的视错觉原理，通过在路面上施画减速标线，改善视觉效果，驾驶员在铺有这种标线的路段，从心理上感觉车速逐渐增加或车道越走越窄，产生强烈的视觉冲击，以诱导驾驶员减速慢行，减少交通事故发生率。这种标线在国外采用较多，国内也在很多地方使用这种方法，以减少交通事故的发生，但大量标线设置的形式、尺寸、位置等均未经过充分的试验验证，随意性较强，其减速效果并不是很明显。

目前国内关于减速标线的视认性和减速效果的研究，大都是根据国外研究情况，在公路上选点设置一组标线，通过对设置标线前后的交通量进行观察记录分析，鲜有不同参数规格减速标线的对比试验，且大量标线设置存在不同问题，减速效果不理想。针对在实际应用中的缺陷，急需开展对公路减速标线设计参数和设置位置等关键技术指标的研究。

2. 纵向视觉减速标线

1）白色视觉减速标线

（1）调研断面信息

样本位于通顺路双埠头加油站附近，路段设计速度 80km/h，路基半幅宽 22m，单向四车道，车道宽 3.75m，路肩宽 0.75m。路段平面前后线形衔接平顺，纵断面略有纵坡，无路侧干扰，设置纵向白色菱形块状视觉减速标线（图 5-58）。此调研路段采用雷达测速仪完成速度检测，得到的数据样本车型按客车、货车进行分类。调研断面信息见表 5-39。

图 5-58　双埠头加油站纵向视觉减速标线

观测时段内，天气晴朗，路面干燥，交通量（机动车绝对数）300～400 辆/h，车辆组成：小型客车∶货车＝4∶1，7t 以上重载车比例＜8％。

调 研 断 面 信 息　　表 5-39

断　面	桩　号	断面位置	描　述
断面 1	K12＋100	视觉减速标线前	小半径平曲线路段
断面 2	K12＋380	视觉减速标线中间	小半径平曲线路段
断面 3	K12＋750	视觉减速标线后	小半径平曲线路段

（2）速度统计

减速标线前、中、后断面速度统计见表 5-40。

①进入减速标线前速度统计特性：

a. 客车的平均速度为 77.9km/h，最高速度为 141.0km/h，85％位速度为 90.0km/h，90％位速度为 98.0km/h，95％位速度为 103.5km/h。其中，小型客车（轿车）85％位速度为 77.9km/h，90％位速度为 98.0km/h，95％位速度为 103.5km/h，最高速度为 141.0km/h；大型客车的平均速度比小型客车略为低，85％位速度为 80.0km/h。

减速标线前、中、后断面速度统计　表 5-40

统计指标	进入减速标线前		进入减速标线中间		通过减速标线后	
	客　车	货　车	客　车	货　车	客　车	货　车
样本量	243	42	243	42	243	42
均值(km/h)	77.9	57.5	75.1	54.6	72.7	53.7
标准差(km/h)	14.0	6.0	13.1	6.9	13.6	9.4
最低速度(km/h)	52.0	36.0	50.0	39.0	43.0	40.0
最高速度(km/h)	141.0	66.0	108.0	67.0	107.0	72.0
v_{85}(km/h)	90.0	61.5	88.0	62.5	84.2	61.5
v_{90}(km/h)	98.0	63.0	92.0	64.0	87.7	62.7
v_{95}(km/h)	103.5	64.5	103.0	65.5	96.7	65.0
v_{98}(km/h)	113.2	65.4	104.0	66.4	104.7	67.2

b. 货车的平均速度为 57.5km/h，最高速度为 66.0km/h，85%位速度为 61.5km/h，90%位速度为 63.0km/h，95%位速度为 64.5km/h。其中，小型货车的平均速度为 58.0km/h，85%位速度为 60.0km/h；大型货车的平均速度为 54.0km/h，85%位速度为 55.4km/h。

②进入减速标线中间速度统计特性：

a. 客车的平均速度为 75.1km/h，最高速度为 108.0km/h，85%位速度为 88.0km/h，90%位速度为 92.0km/h，95%位速度为 103.0km/h。其中，小型客车(轿车)85%位速度为 77.9km/h，90%位速度为 98.0km/h，95%位速度为 103.5km/h，最高速度为 108.0km/h，小型客车的特征速度数值比较接近客车数值；大型客车的平均速度为 74.8km/h，85%位速度为 75.7km/h。

b. 货车的平均速度为 54.6km/h，最高速度为 67.0km/h，85%位速度为 62.5km/h，90%位速度为 64.0km/h，95%位速度为 65.5km/h。其中，小型货车的平均速度为 53.6km/h，85%位速度为 55.0km/h；大型货车的平均速度为 48.2km/h，85%位速度为 49.6km/h。

③通过减速标线后速度统计特性：

a. 客车的平均速度为 72.7km/h，最高速度为 107.0km/h，85%位速度为 84.2km/h，90%位速度为 87.7km/h，95%位速度为 96.7km/h。其中，小型客车(轿车)85%位速度为 85.1km/h，90%位速度为 87.9km/h，95%位速度为 96.9km/h，最高速度为 107.0km/h，小型客车的特征速度数值比较接近客车数值；大型客车的平均速度为 72.0km/h，85%位速度为 68.4km/h。

b. 货车的平均速度为 53.7km/h，最高速度为 72.0km/h，85%位速度为 62.7km/h，90%位速度为 65.0km/h，95%位速度为 67.2km/h。其中，小型货车的平均速度为 52.8km/h，85%位速度为 55.7km/h；大型货车的平均速度为 47.8km/h，85%位速度为 48.6km/h。

④速度差异分析：

a. 客车平均速度降低 5.2km/h，最高速度降低 34.0km/h，85%位速度降低 5.8km/h，90%位速度降低 10.3km/h，速度标准差减小 0.5km/h。

b. 货车平均速度降低 3.8km/h，最高速度提高 6.0km/h，85%位速度未变，90%位速度降低 0.3km/h，95%位速度提高 0.5km/h，速度标准差增大 3.4km/h。这说明减速标线对于速度较低的货车来说，其作用非常小或者说限速设施对货车驾驶员的作用微乎其微。

c. 从所有车辆的减速过程来看，前半段车辆平均速度降低 2.9km/h，后半段平均速度降低 1.6km/h；85%位速度前半段平均降低 1.9km/h，后半段平均降低 3.9km/h；90%位速度前半段平均降低 5.2km/h，后半段平均降低 4.6km/h；最高速度前半段平均降低 33.0km/h，后半段平均降低 1.0km/h。

(3)小结

通过对纵向白色视觉减速标线前、中、后三个断面的车辆速度数据进行对比分析发现，进入减速标线前，车辆速度较高；当车辆进入白色视觉减速标线后，全部车辆的平均速度降低 4.5km/h，最高速度降低 34.0km/h，85%位速度降低 5.8km/h，90%位速度降低 9.8km/h，95%位速度降低 7.3km/h。这说明纵向视觉减速标线使行车道在视觉上变窄和醒目的效果对驾驶员产生了一定影响，但减速的效果并没有预期的大。通过分车型速度分析可知，纵向白色视觉减速标线对客车的影响大于对货车的影响，对于初速度较低的货车来说，纵向白色视觉减速标线对其速度基本没有实质性的影响。从车辆的减速过程来看，所有车辆在减速标线前半段平均速度降低 2.9km/h，在后半段平均速度降低 1.6km/h；85%位速度前半段平均降低 1.9km/h，后半段平均降低 3.9km/h；90%位速度前半段平均降低 5.2km/h，后半段平均降低 4.6km/h；最高速度前半段平均降低 33.0km/h，后半段平均降低 1.0km/h。这说明无论客车还是货车，前半段减速标线对车辆的平均速度减速效果比后半段减速标线要大。

2)彩色视觉减速标线

(1)调研断面信息

样本位于 G109 北京段 K54+000 处，路段设计速度 40km/h，路基宽 8.5m，单向车道宽 3.5m，土路肩宽 0.75m。路段平面前后线形衔接平顺，纵断面平缓，无路侧干扰，设置彩色视觉减速标线(图 5-59)。此调研路段采用雷达测速仪完成速度检测，得到的数据样本车型按客车、货车进行分类。调研断面信息见表 5-41。

图 5-59　K54+000 的彩色视觉减速标线

调研断面信息　　表 5-41

断　面	桩　号	断面位置	描　述
断面 1	K53+800	视觉减速标线前	小半径平曲线路段
断面 2	K54+200	视觉减速标线后	小半径平曲线路段

观测时段内，天气晴朗，路面干燥，交通量(机动车绝对数)40～60 辆/h，车辆组成：小型客车∶货车=1∶1，7t 以上重载车比例<8%。

(2)速度统计

减速标线前、后断面速度统计见表 5-42。

减速标线前、后断面速度统计 表 5-42

统计指标	进入减速标线前		通过减速标线后	
	客　车	货　车	客　车	货　车
样本量	72	32	72	32
均值(km/h)	61.2	54.5	54.5	52.1
标准差(km/h)	11.4	4.5	7.5	5.4
最低速度(km/h)	40.0	36.0	40.0	44.0
最高速度(km/h)	80.0	65.0	72.0	66.0
v_{85}(km/h)	72.8	58.8	60.2	55.9
v_{90}(km/h)	75.0	59.5	64.4	57.8
v_{95}(km/h)	79.3	61.3	66.8	61.1
v_{98}(km/h)	80.0	63.5	68.0	64.0

①进入减速标线前速度统计特性：

a. 客车的平均速度为 61.2km/h，最高速度为 80.0km/h，85%位速度为 72.8km/h，90%位速度为 75.0km/h，95%位速度为 79.3km/h。其中，小型客车(轿车)85%位速度为 72.9km/h，90%位速度为 75.0km/h，95%位速度为 79.3km/h，最高速度为 80.0km/h；大型客车在样本采集期间只有 3 辆，没有统计意义。可见，此路段客车中小型客车的速度具有代表性。

b. 货车的平均速度为 54.5km/h，最高速度为 65.0km/h，85%位速度为 58.8km/h，90%位速度为 59.5km/h，95%位速度为 61.3km/h。其中，小型货车的平均速度为 53.3km/h，85%位速度为 55.8km/h；大型货车的平均速度为 54.3km/h，85%位速度为 58.2km/h。

②通过减速标线后速度统计特性：

a. 客车的平均速度为 54.5km/h，最高速度为 72.0km/h，85%位速度为 60.2km/h，90%位速度为 64.4km/h，95%位速度为 66.8km/h。其中，小型客车(轿车)85%位速度为 60.2km/h，90%位速度为 64.4km/h，95%位速度为 66.8km/h，最高速度为 72.0km/h，小客车的特征速度数值比较接近客车数值；大型客车的平均速度为 72.0km/h，85%位速度为 68.4km/h。

b. 货车的平均速度为 52.1km/h，最高速度为 66.0km/h，85%位速度为 55.9km/h，90%位速度为 57.8km/h，95%位速度为 61.1km/h。其中，小型货车的平均速度为 53.5km/h，85%位速度为 53.9km/h；大型货车的平均速度为 51.8km/h，85%位速度为 56.3km/h。

③速度差异分析

对纵向彩色视觉减速标线前后两个断面的车辆速度数据进行对比分析发现，通过纵向彩色视觉减速标线后各种车辆的平均速度、85%位速度等均有所降低，这体现出减速标线有一定的减速效果。但由于本试验路段存在小半径平曲线，如果不剔除小半径平曲线的影响，则很难评价纵向彩色视觉减速标线对减速的实际贡献。以上这种情况在纵向彩色视觉减速标线的其他调研路段中均有体现。

为针对纵向彩色视觉减速标线控制效果进行定量分析，宜采用对比试验进行分析。与本断面进行对比试验的路段选取 G109 北京段 K53+300 路段。此路段的纵坡、平曲线半径及周围景观、转弯方向等与设置纵向彩色视觉减速标线的考量断面非常相近，但未设置纵向彩色视觉减速标线。从总体情况看，该路段可以作为对比路段进行试验和数据分析。

对比路段的速度统计分析见表 5-43。

对比路段（无视觉减速标线）速度统计分析（km/h）　　表 5-43

统计指标	各类客车	各类货车	统计指标	各类客车	各类货车
均值	62.3	48.3	v_{85}	70.0	56.4
标准差	12.3	13.3	v_{90}	73.0	57.8
最低速度	40.0	37.0	v_{95}	72.0	56.0
最高速度	70.0	55.0	v_{98}	71.0	55.6

纵向彩色视觉减速标线的效果统计分析通过设置减速标线路段的车辆特征速度（减速标线后）与无减速标线的对比路段车辆速度的差值来计算，见表 5-44。

纵向彩色视觉减速标线控制效果统计分析　　表 5-44

统计指标	全部车辆	各类客车	各类货车
均值	−1.8	−7.8	3.8
标准差	−4.8	−4.9	−7.9
最低速度	3.0	0.0	7.0
最高速度	2.0	2.0	11.0
v_{85}	−9.0	−9.8	−0.5
v_{90}	−7.8	−8.6	0.0
v_{95}	−5.9	−5.2	5.1
v_{98}	−4.0	−3.0	8.4

注：表中数据为速度差值（km/h）。

a）客车平均速度降低 7.8km/h，最高速度提高 2.0km/h，85%位速度降低 9.8km/h，90%位速度降低 8.6km/h，速度标准差减小 4.9km/h。

b）货车平均速度提高 3.8km/h，最高速度提高 11.0km/h，85%位速度降低 0.5km/h，90%位速度无变化，95%位速度提高 5.1km/h，速度标准差减小 7.9km/h。这说明减速标线对于速度较低的货车来说，其作用非常小，但是有助于调整速度标准差。

（3）小结

通过对纵向彩色视觉减速标线进行路段车辆速度数据对比分析发现，相比线形和景观环境极为相近的对比路段，全部车辆通过纵向彩色视觉减速标线后的末速度平均降低1.8km/h，最高速度提高 2.0km/h，85%位速度降低 9.0km/h，90%位速度降低 7.8km/h，95%位速度降低 5.9km/h。以上数据说明，纵向彩色视觉减速标线能够对车辆起到一定的减速作用，但由于对比试验路段不可能与样本路段完全相同，故数据分析结论以及纵向彩色视觉减速标线的效果可能没有数据分析结果乐观。通过分车型速度分析可知，纵向彩色视觉减速标线对客车的影响远大于货车，而对于初速度较低的货车来说，纵向彩色视觉减速标线对其速度基本没有实质性的影响。

3)高速公路纵向视觉减速标线

(1)调研断面信息

样本位于清连高速公路JK2208+000～JK2207+300，路段设计速度80km/h，路基宽28m，单向双车道，车道宽3.75m，右路肩宽3.0m。路段平面前后线形衔接平顺，纵断面略有纵坡，无路侧干扰，设置纵向视觉减速标线(图5-60)。此调研路段采用雷达测速仪完成速度检测，得到的数据样本车型按客车、货车进行分类。调研断面信息统计见表5-45。

图5-60　JK2208+000～JK2207+300测速点(清远～连州方向)

调研断面信息统计　　表5-45

断　面	桩　号	纵　坡	横　坡	备　注
断面1	JK2208+000(视觉减速标线前)	2%	2%	直线段
断面2	JK2207+300(视觉减速标线后)	2%	4%	圆曲线半径R=1 311m

(2)速度统计

视觉减速标线前、后速度统计见表5-46。

视觉减速标线前、后速度统计　　表5-46

统计指标	视觉减速标线前		视觉减速标线后	
	客　车	货　车	客　车	货　车
样本量	95	28	87	20
均值(km/h)	99.0	70.5	95.4	62.9
标准差(km/h)	14.6	10.7	10.8	2.6
最低速度(km/h)	42.0	35.0	23.0	36.0
最高速度(km/h)	127.0	96.0	117.0	77.0
v_{85}(km/h)	113.0	78.8	103.0	66.6
v_{90}(km/h)	114.6	81.2	102.5	70.1
v_{95}(km/h)	120.0	88.6	107.7	71.4
v_{98}(km/h)	121.6	93.3	108.2	73.3

①进入限速区域前速度统计特性：

a. 客车的平均速度为 99.0km/h，最高速度为 127.0km/h，85％位速度为 113.0km/h，90％位速度为 114.6km/h，95％位速度为 120.0km/h。可见，客车速度需求较高，部分车辆速度较快。

b. 货车的平均速度为 70.5km/h，最高速度为 96.0km/h，85％位速度为 78.8km/h，90％位速度为 81.2km/h，95％位速度为 88.6km/h。可见，货车速度需求较高，部分货车速度较快。

②进入限速区域后速度统计特性：

a. 客车的平均速度为 95.4km/h，最高速度为 117.0km/h，85％位速度为 103.0km/h，90％位速度为 102.5km/h，95％位速度为 107.7km/h。可见，客车经过减速标线后速度有所下降。

b. 货车的平均速度为 62.9km/h，最高速度为 77.0km/h，85％位速度为 66.6km/h，90％位速度为 70.1km/h，95％位速度为 71.4km/h。可见，货车与客车速度差异明显。

③速度差异分析：

a. 客车平均速度降低 3.6km/h，最高速度降低 10.0km/h，85％位速度降低 10.0km/h，90％位速度降低 12.1km/h，速度标准差减小 3.8km/h。

b. 货车平均速度降低 7.6km/h，最高速度降低 19.0km/h，85％位速度降低 12.2km/h，90％位速度降低 11.1km/h，95％位速度降低 17.2km/h，速度标准差减小 8.1km/h。可见，视觉减速标线对于高速度的货车来说，车道压窄后速度降低明显。

(3)小结

对两个断面的车辆速度数据进行对比分析发现，与视觉减速标线前相比，视觉减速标线后客车的平均速度以及 85％位速度、95％位速度分别下降了 4％、9％、11％；货车的平均速度以及 85％位速度、95％位速度分别下降了 11％、15％、14％。因此，此处的视觉减速标线有效地控制了车辆速度。

4)纵向视觉减速标线效果

(1)对交通流特征速度的作用

从上面的调查样本来看，设置纵向视觉减速标线后不同速度区间的车速变化特性各不相同。对特征速度的具体作用表现在：

①纵向视觉减速标线不仅具有车道线醒目和良好的警示效果，而且高速车辆驾驶员会感觉到车道变窄，从而大部分高速行车或者超速行车的驾驶员在减速标线区域后会减小油门控制车速。

②总体上来看，纵向减速标线对大型货车的作用明显高于小型客车的作用。由于车道变窄后，大型货车会感到侧向净空减小，从而明显减速，小型客车则根据车流密度适当调节速度。大型客车驾驶员习惯纵向减速标线后，纵向减速标线对其作用不大。

③视觉减速标线常设在弯道或者下坡路段，其速度控制的效果与设置的长度和驾驶员进入标线区域的速度有关。

④从统计结果来看，通常平均速度降低 2.0～5.0km/h，最高速度降低 10.0～35.0km/h，85％位速度降低 1.0～8.0km/h，90％位速度降低 3.0～8.0km/h，95％位速度降低 3.0～

5.0km/h，速度标准差减小 0～2.0km/h。

(2)对单辆车辆速度的作用

①设计速度 40～80km/h 的无出入口控制的具有干线功能的一、二公路设置纵向减速标线设施后，单辆车辆的速度变化规律总体上符合上面描述的交通流特征速度变化特性(表 5-47、图 5-61)。根据样本进入减速标线后的速度变化特性建立如下模型：

$$v=-8\times10^{-5}v_0^2+0.006v_0-0.141 \tag{5-25}$$

上述模型回归相关系数：　　　$R^2=0.98$

式中：v——进入减速标线后的速度；

v_0——进入减速标线前的速度。

具有干线功能的一、二公路纵向减速标线效果　　　表 5-47

进入减速标线前速度 (km/h)	通过减速标线后相对原速度的增量百分比 (%)	通过减速标线后与原速度差值 (km/h)	进入减速标线前速度 (km/h)	通过减速标线后相对原速度的增量百分比 (%)	通过减速标线后与原速度差值 (km/h)
45	0.0	0.0	75	−7.5	−5.6
50	−0.2	−0.1	80	−9.5	−7.6
55	−0.5	−0.3	85	−14.8	−12.6
60	−2.5	−1.5	90	−19.3	−17.4
65	−3.5	−3.3	100	−25.0	−25.0
70	−6.0	−4.2			

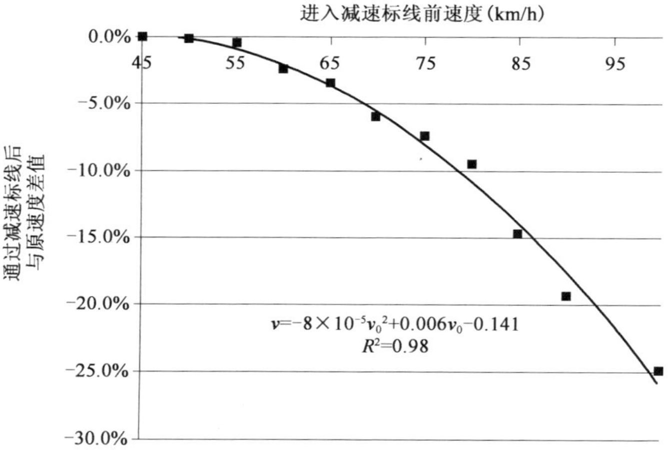

图 5-61　具有干线功能的一、二公路纵向减速标线效果图

②设计速度 80～120km/h 的高速公路设置纵向减速标线设施后，单辆车辆的速度变化规律总体上符合上面描述的高速公路交通流特征速度变化特性(表 5-48、图 5-62)。根据样本进入减速标线后的速度变化特性建立如下模型：

$$v = -0.007v_0^2 + 1.076v_0 - 36.42 \tag{5-26}$$

上述模型回归相关系数：　　　$R^2 = 0.99$

式中：v——进入减速标线后的速度；

v_0——进入减速标线前的速度。

高速公路纵向减速标线效果　　　表 5-48

进入减速标线前速度（km/h）	通过减速标线后相对原速度的增量百分比（%）	通过减速标线后与原速度差值（km/h）	进入减速标线前速度（km/h）	通过减速标线后相对原速度的增量百分比（%）	通过减速标线后与原速度差值（km/h）
80	0.0	0.0	105	−7.5	−7.9
85	−0.2	−0.2	110	−10.0	−11.0
90	−0.5	−0.5	120	−14.5	−17.4
95	−2.5	−2.4	130	−20.0	−26.0
100	−5.0	−5.0	140	−25.0	−35.0

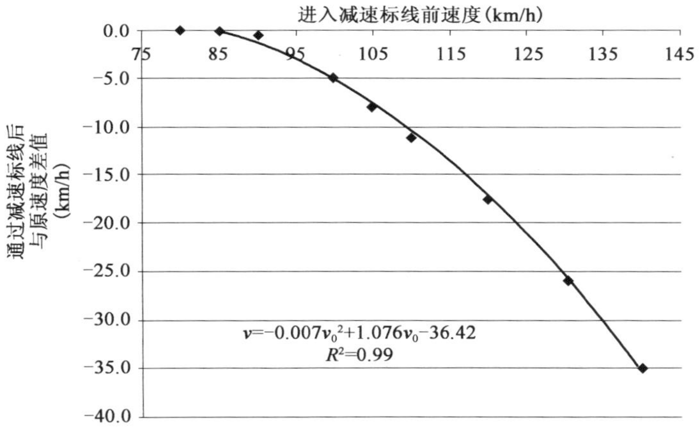

图 5-62　高速公路减速标线效果图

四、结论

经过对国内外路面减速设施的广泛调研，获得如下几点结论：

(1)国内外公路上广泛应用路面减速设施，在控制车辆行驶速度上发挥了重要的作用，也充分说明这种设施在控制车辆行驶速度上的意义和重要性。

(2)减速设施一般设置在直线段、曲线段、事故多发段等特征路段。

(3)路面减速设施所使用的颜色以黄色和白色为主。

(4)路面减速设施一般每一组都连续设置，路面减速设施宽度在 15～30cm 之间，每一块之间的间距为 20～40cm。

(5)路面减速设施的高度最低在 2mm 左右，最高在 5～6mm，通常为 4mm 左右。

(6)减速效果以振动铺装类设施最强，其次是视错觉标线，限速标志的作用相对有限。

第六节　农村公路安全保障措施效果评估和案例

速度是能够综合体现驾驶员驾驶行为的一个有效可测变量。速度数据采用便携式交调设备 MC5600 气压管式交通调查仪获取，该设备利用橡胶气压管作为传感元件，可获得包含摩托车在内的各种车型单次通过某一特定断面的瞬时速度。轨迹数据采用在路面内施画 50cm 网格人工记录的方法，记录位置以车辆左前轮外边缘所处网格为准。

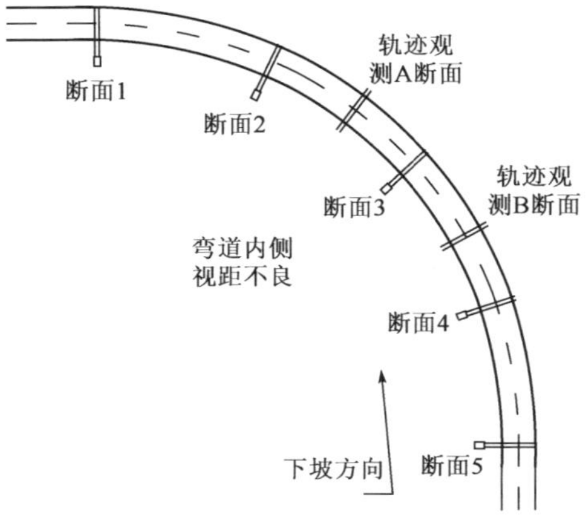

图 5-63　数据采集断面示意图

一、中心单黄实线效果评估案例

中心单黄实线是常用的安全保障措施之一。为了试验中心单黄实线在交通安全方面的实际效果，选取山区农村公路上一半径约为 125m、纵坡度为 5%、视距较差且无路侧支路口干扰的急弯陡坡路段作为试验路段，观测项目为速度观测和轨迹观测。5 道气压管速度检测传感器分别布设于弯道的直缓、缓圆、圆曲线中、圆缓以及缓直点（分别编号断面 1～5），轨迹观测点位于两个缓和曲线的中点处，数据采集断面示意图如图 5-63 所示。

轨迹观测时，先进行约两小时的观测，然后在断面 2 和断面 4 之间原有中心黄虚线的基础上粘贴中心黄色标线带，最后再进行同样项目的两小时观测，现场如图 5-64 和图 5-65 所示。

图 5-64　下坡方向粘贴标线带的前后对比图

图 5-65　上坡方向粘贴标线带的前后对比图

1.速度数据分析

1)弯道内侧上坡方向

从断面1至断面5为急弯陡坡路段的弯道内侧上坡方向,速度的观测结果见表5-49。其中的速度为观测时段内所有机动车辆的平均速度。

弯道内侧上坡方向的平均速度观测结果表　　表5-49

项　目	断　面　1	断　面　2	断　面　3	断　面　4	断　面　5
设置前(km/h)	50.08	44.21	42.41	40.76	36.14
设置后(km/h)	49.92	43.01	40.84	36.56	36.09
速度降低量(km/h)	0.16	1.2	1.57	4.2	0.05

从图5-66中可以看出,在急弯陡坡路段的上坡方向上设置中心黄色实线标线带前后的速度变化趋势基本一致:随着离坡顶距离的减小,车速也呈现不断下降的趋势。设置标线带后,断面1和断面5的速度基本没有变化,但圆曲线路段上各观测断面的平均速度较设置前均有所下降,5个观测断面的平均速度降低量为1.44km/h。

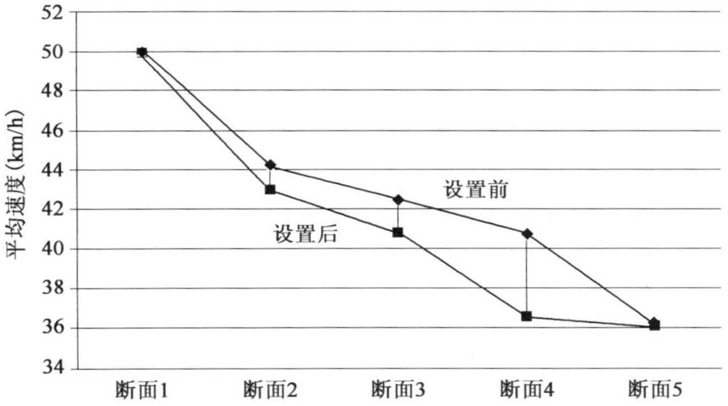

图5-66　设置中心单黄实线前后弯道内侧上坡方向的平均速度变化图

2)弯道外侧下坡方向

从断面5至断面1为急弯陡坡路段的弯道外侧下坡方向,速度的观测结果见表5-50。其中的速度为观测时段内所有机动车辆的平均速度。

弯道外侧下坡方向的平均速度观测结果表　　表5-50

项　目	断　面　5	断　面　4	断　面　3	断　面　2	断　面　1
设置标线带前(km/h)	51	47.55	43.9	48.13	47.98
设置标线带后(km/h)	48.26	45.43	41.17	44.76	44.44
速度降低量(km/h)	2.74	2.12	2.73	3.37	3.54

从图5-67中可以看出,在急弯陡坡路段的下坡方向上设置中心黄色实线标线带前后的速度变化趋势基本一致:速度曲线呈现凹形,在圆曲线中心位置处,平均速度最低。设置后各观测断面的平均速度较设置前均有所下降,5个观测断面的平均速度降低量为2.9km/h。

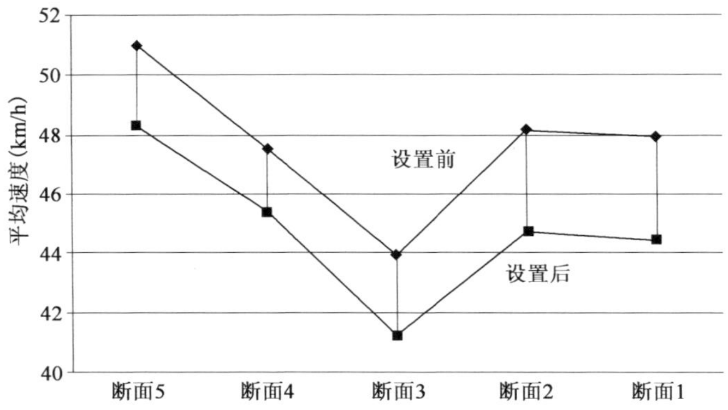

图 5-67 设置中心单黄实线前后弯道外侧下坡方向的平均速度变化图

3)速度数据分析结论

从速度变化的角度上看，无论是上坡方向还是下坡方向，在急弯陡坡路段设置中心黄色实线后，速度都有所降低，因此在急弯陡坡路段设置中心黄色实线对于急弯陡坡路段的交通安全是有利并且是有效的。

2. 轨迹数据分析

1)弯道内侧上坡方向

(1)A 断面轨迹变化情况

图 5-68 为设置中心单黄实线前后弯道内侧上坡方向的 A 断面轨迹变化图。图中横坐标表示车辆左前轮外边缘距离中心线距离，正值表示正常行驶，负值表示越线行驶，用正态分布拟合其分布规律。从图 5-68 中可以看出，设置中心单黄实线后，前后轨迹变化情况不明显：越线率方面，设置前的越线率为 7.41%，设置后约为 7.14%，越线率略有降低；正态分布函数值的最大值几乎没有偏移。

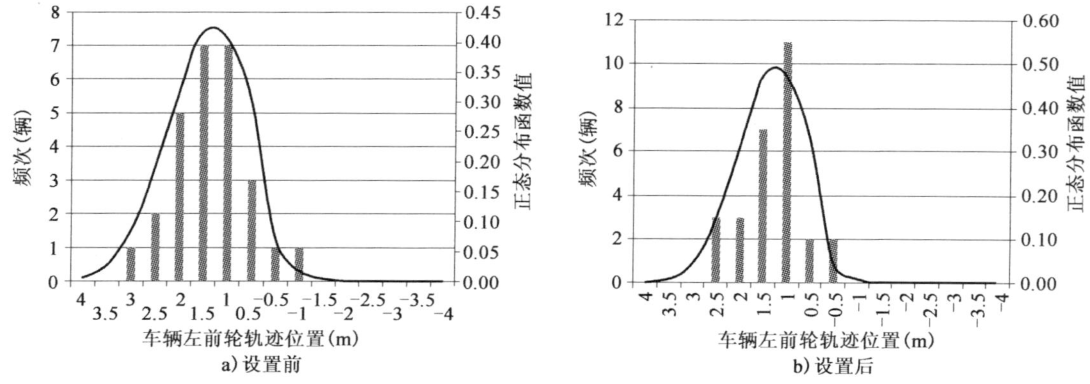

图 5-68 设置中心单黄实线前后弯道内侧上坡方向的 A 断面轨迹变化图

(2)B 断面轨迹变化情况

图 5-69 为设置中心单黄实线前后弯道内侧上坡方向的 B 断面轨迹变化图。从图 5-69 中可以看出，尽管设置中心单黄实线前后的越线率均为 0%，但正态分布函数值的最大值略有偏

移，即设置中心单黄色实线后，弯道内侧的车辆轨迹中心发生了偏移，偏移量约为 0.25m。通过设置中心单黄色实线前的观测可知，一些车辆在发现前方为视距较差的弯道后，驾驶员会略微远离中心线行驶，以免与对向来车发生冲突，但设置中心黄色实线后，上下行的路权范围更加明显，弯道内侧的驾驶员敢于在自己的行车道内行驶。

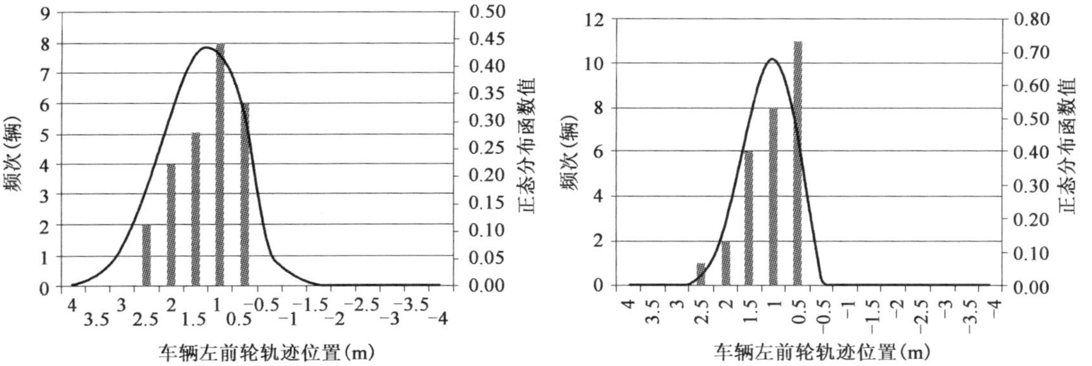

a)设置前　　b)设置后

图 5-69　设置中心单黄实线前后弯道内侧上坡方向 B 断面的轨迹变化图

2)弯道外侧下坡方向

(1)A 断面轨迹变化情况

图 5-70 为设置中心单黄实线前后弯道外侧下坡方向 A 断面的轨迹变化图。从图 5-70 中可以看出，设置前后均有一定的越线率，设置前为 10%，设置后为 8.82%，设置后比设置前略减小一些；正态分布函数值最大值方面，设置前后车辆的左前轮基本位于距离中心线 0.5～1m 的轨迹线上。

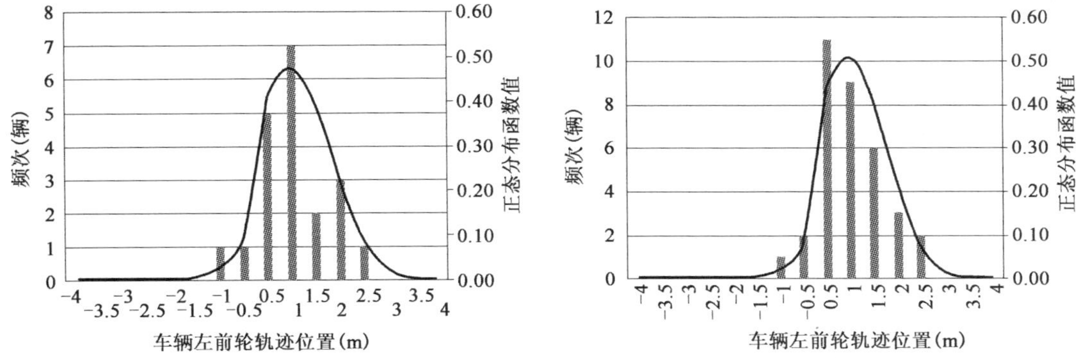

a)设置前　　b)设置后

图 5-70　设置中心单黄实线前后弯道外侧下坡方向 A 断面的轨迹变化图

(2)B 断面轨迹变化情况

图 5-71 为设置中心单黄实线前后弯道外侧下坡方向 B 断面的轨迹变化图。从图 5-71 中可以看出，设置中心单黄实线前车辆的越线率约为 19.05%，设置之后约为 10.81%，越线率下降 8.24%；从正态分布函数值变化上看，设置中心单黄实线后弯道外侧车辆平均偏离中心约 0.4m。

3)轨迹数据分析结论

通过上述分析可知,A断面的轨迹变化不明显,但其越线率略有降低;B断面的轨迹略有偏移,越线率也有所降低。因此,在急弯陡坡路段设置中心黄色实线对于急弯陡坡路段的交通安全是有利的,但对轨迹和越线率的影响作用并不特别明显。

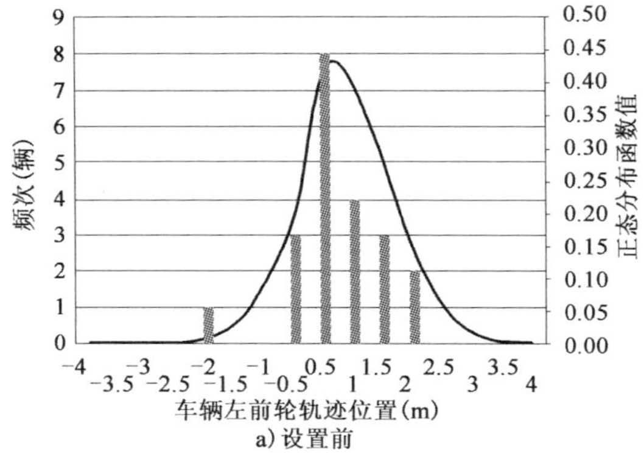

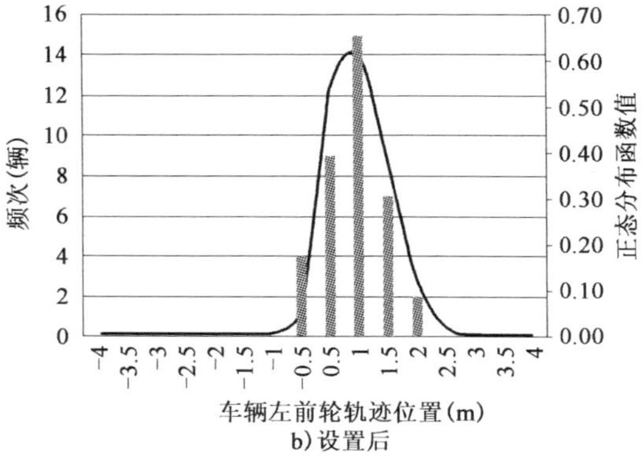

图5-71 设置中心单黄实线前后弯道外侧下坡方向B断面的轨迹变化图

需要说明的是,轨迹的分布与交通量的大小也有很大关系。交通量较大时,轨迹的越线率会趋于偏小;反之,交通量较小时,轨迹的越线率会趋于偏大。本次试验观测中,观测点处的交通量较小,车辆行驶具有较大的随意性,导致观测中越线率也较大。另外,轨迹数据是包括摩托车在内的所有机动车的轨迹数据,摩托车轨迹按照前轮左外缘位置计算。

3. 小结

通过对设置中心单黄实线前后的速度和轨迹的变化情况对比可知,在急弯陡坡路段设置中心单黄实线对于急弯陡坡路段的交通安全是有利并且是有效的,但效果并不是特别明显,建议综合设置辅助薄层铺装等其他安全保障措施。

二、中心黄色实折线效果评估案例

《道路交通标志和标线》(GB 5768—2009)中规定了一种白色实折线——注意前方路面状况标记,如图5-72所示。该标记主要应用于不易发现前方路面状况发生变化的路段,以提醒驾驶人注意并尽早采取措施。借鉴该标记的设置形式,课题组在农村公路的一些视距不良的弯道路段前设置了中心黄色实折线,折线顶角60°,线宽15cm,折线宽约40cm,如图5-73所示。

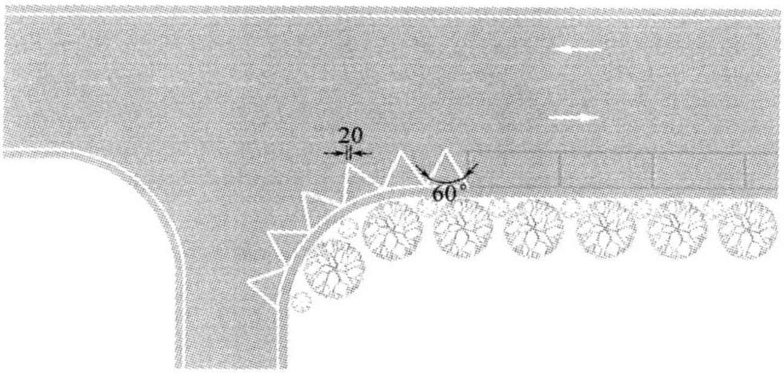

图5-72 GB 5768—2009中的注意前方路面状况标记(尺寸单位:cm)

针对中心黄色实折线的应用效果，进行了车速和轨迹两方面的前后对比观测。5道气压管速度检测传感器分别布设于直线路段上进入弯道前距直缓点60m、40m处以及弯道的直缓、缓圆、缓直点（分别编号断面1～5），轨迹观测点位于进入弯道的缓和曲线中点处，数据采集断面示意图如图5-74所示。观测路段弯道外侧宽为4.6m，内侧宽为4m。

图5-73　中心黄色实折线

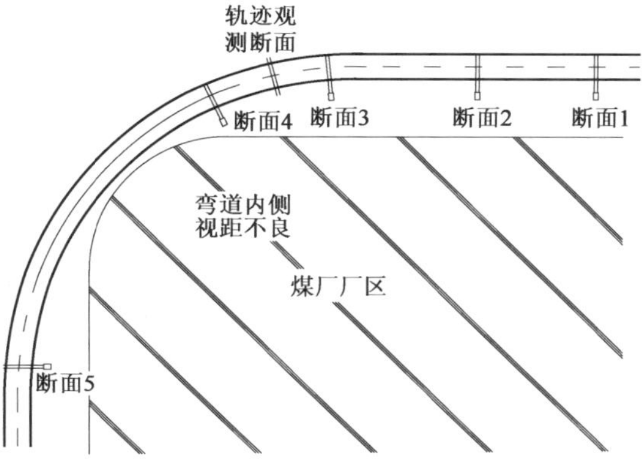

图5-74　数据采集断面示意图

轨迹观测时，先进行约两小时的观测，然后在断面2和断面4之间原有已磨损的中心单黄实线的基础上粘贴中心黄色实折线标线带，最后再进行同样项目的两小时观测，现场如图5-75所示。需要说明的是，观测路段弯道上存在两个小支路口的干扰，尽管支路口的交通量很小，但也需要在数据观测时将进出支路口的车辆排除在外。

图5-75　施画中心黄色实折线的前后对比

1. 速度数据分析

1）弯道内侧

（1）摩托车车速变化分析

表5-51和图5-76所示为观测路段弯道内侧摩托车的速度变化情况。从中可以看出，设置中心黄色实折线后，摩托车速度略有增大，但不明显。

弯道内侧的摩托车平均速度观测结果　　表5-51

项　目	断　面　5	断　面　4	断　面　3	断　面　2	断　面　1
设置前(km/h)	22.36	17.19	18.92	22.06	23.47
设置后(km/h)	23.8	17.71	18.85	23.7	24.42
速度降低量(km/h)	－1.44	－0.52	0.07	－1.64	－0.95

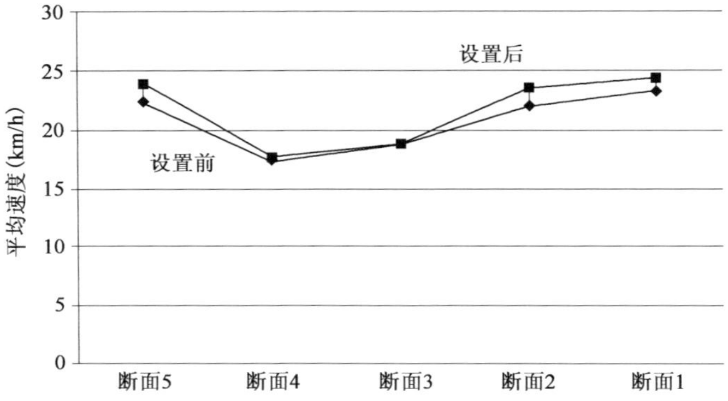

图 5-76 设置中心黄色实折线前后弯道内侧摩托车的平均速度变化图

(2)除摩托车外的其他机动车车速变化分析

表 5-52 和图 5-77 所示为观测路段弯道内侧除摩托车以外车辆的速度变化情况。从中可以看出,设置中心黄色实折线后,除摩托车以外机动车辆速度略有下降,但不明显。

弯道内侧除摩托车以外车辆平均速度观测结果表 表 5-52

项　目	断　面　5	断　面　4	断　面　3	断　面　2	断　面　1
设置前(km/h)	28.16	20.28	21.75	27.68	28.78
设置后(km/h)	27.83	19.52	19.95	25.79	27.35
速度降低量(km/h)	0.33	0.76	1.8	1.89	1.43

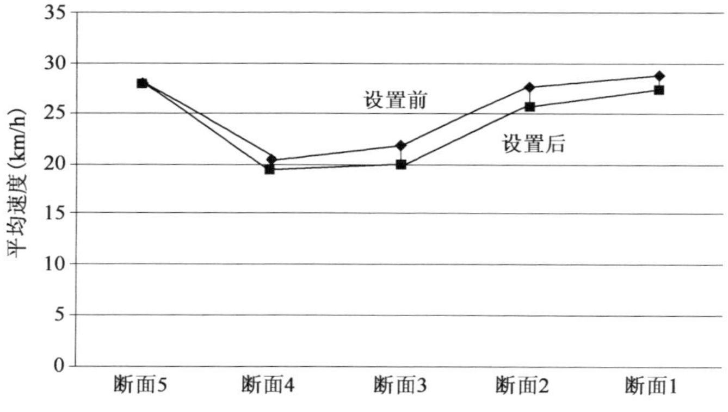

图 5-77 设置中心黄色实折线前后弯道内侧除摩托车以外车辆平均速度变化图

2)弯道外侧

(1)摩托车车速变化分析

表 5-53 和图 5-78 所示为观测路段弯道外侧摩托车的速度变化情况。从中可以看出,设置中心黄色实折线前后,摩托车速度的变化趋势一致,设置后速度略有增大,但不明显。

弯道外侧的摩托车平均速度观测结果　　表 5-53

项　目	断　面　5	断　面　4	断　面　3	断　面　2	断　面　1
设置前(km/h)	25.65	23.98	18.85	17.64	20.78
设置后(km/h)	26.12	24.19	19.72	17.64	23.07
速度降低量(km/h)	−0.47	−0.21	−0.87	0	−2.29

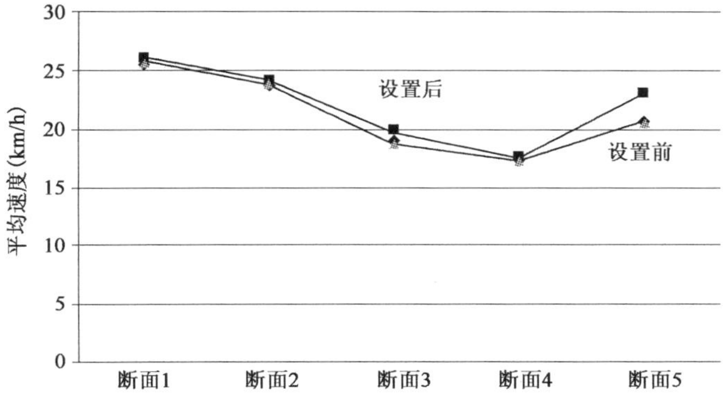

图 5-78　设置中心黄色实折线前后弯道外侧摩托车的平均速度变化图

(2)除摩托车外的其他机动车车速变化分析

表 5-54 和图 5-79 所示为观测路段弯道外侧除摩托车以外车辆速度变化情况。从中可以看出，设置中心黄色实折线前后，除摩托车以外机动车辆速度的变化趋势一致，设置后速度略有增大，但不明显。

弯道外侧摩托车以外机动车辆平均速度观测结果　　表 5-54

项　目	断　面　5	断　面　4	断　面　3	断　面　2	断　面　1
设置前(km/h)	34.54	30.79	25.02	22.61	27.75
设置后(km/h)	37.32	32.7	25.41	23.4	26.75
速度降低量(km/h)	−2.78	−1.91	−0.39	−0.79	1

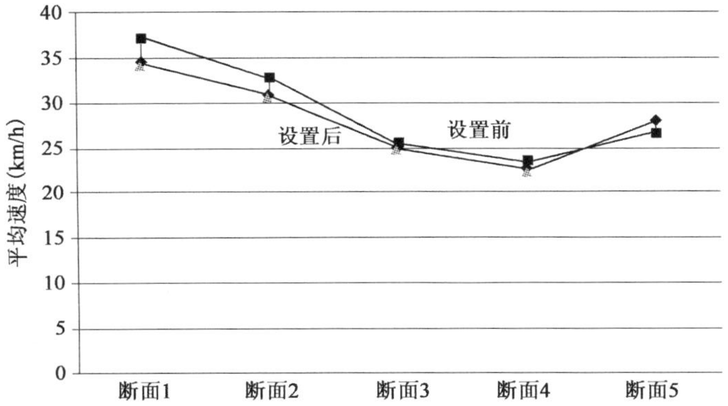

图 5-79　设置中心黄色实折线前后弯道外侧除摩托外机动车辆平均速度变化图

3)速度数据分析结论

通过上述针对摩托车和除摩托车以外的机动车辆车速的分析可知,中心黄色实折线的设置对机动车辆的车速几乎没有影响,除摩托车以外的机动车辆车速比摩托车车速略高。

2. 轨迹数据分析

1)弯道内侧

(1)摩托车轨迹变化分析

图 5-80 为设置中心黄色实折线前后弯道内侧摩托车轨迹变化图,用正态分布拟合其车辆前轮左边缘的轨迹分布情况。从图 5-80 中可以看出,设置前后均没有越线情况;但从正态分布函数值最大值方面看,设置后摩托车的轨迹线平均远离中心线约 0.4m。

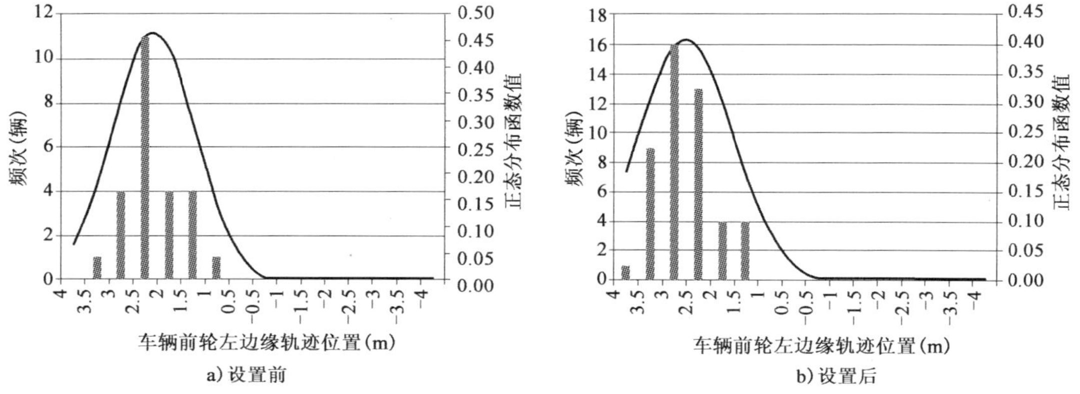

图 5-80 设置中心黄色实折线前后弯道内侧摩托车轨迹变化图

(2)其他机动车轨迹变化分析

图 5-81 为设置中心黄色实折线前后弯道内侧除摩托车外其他机动车轨迹变化图,用正态分布拟合其车辆左前轮的轨迹分布情况。从图 5-81 中可以看出,设置前车辆的越线率高达 25%,设置后仅为 2.33%;从正态分布函数值最大值方面看,设置后除摩托车外机动车的轨迹线远离中心线约 0.3m。

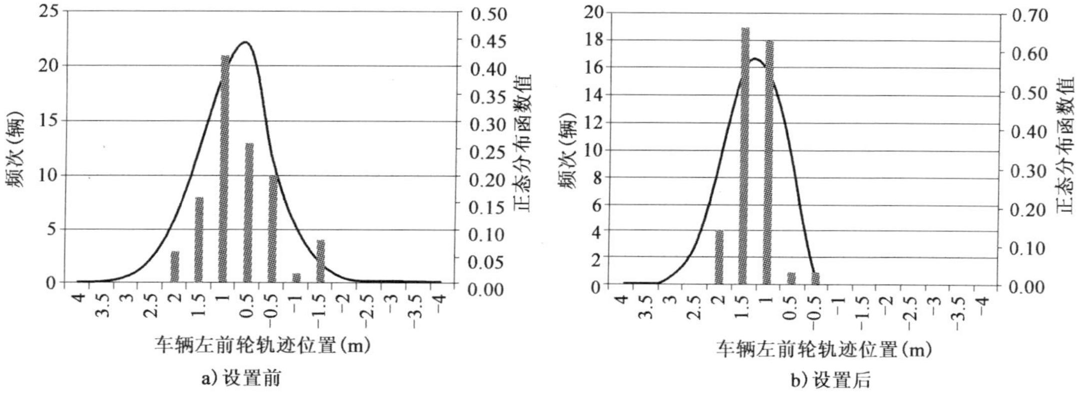

图 5-81 设置中心黄色实折线前后弯道内侧除摩托车外的机动车轨迹变化图

2)弯道外侧

(1)摩托车轨迹变化分析

图 5-82 为设置中心黄色实折线前后弯道外侧摩托车轨迹变化图，用正态分布拟合其车辆前轮左边缘的轨迹分布情况。从图 5-82 中可以看出，设置前后均有一定的越线率，设置前后分别为 4%和 4.08%，几乎没有变化；但从正态分布函数值最大值方面看，设置后摩托车轨迹线平均远离中心线约 0.3m。

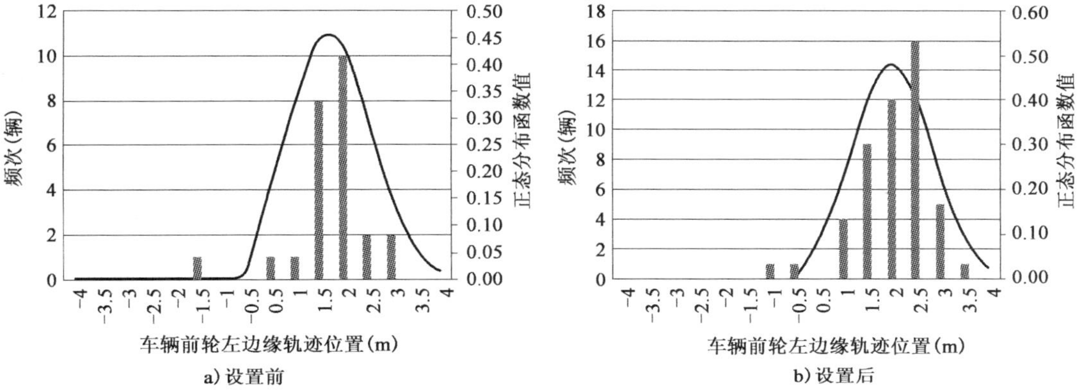

图 5-82　设置中心黄色实折线前后弯道外侧摩托车轨迹变化图

(2)其他机动车轨迹变化分析

图 5-83 为设置中心黄色实折线前后弯道外侧除摩托车外其他机动车轨迹变化图，用正态分布拟合其车辆左前轮的轨迹分布情况。从图 5-83 中可以看出，设置前车辆的越线率为 20.90%，设置后为 19.67%；从正态分布函数值最大值方面看，设置后除摩托车外机动车的轨迹线远离中心线约 0.3m。

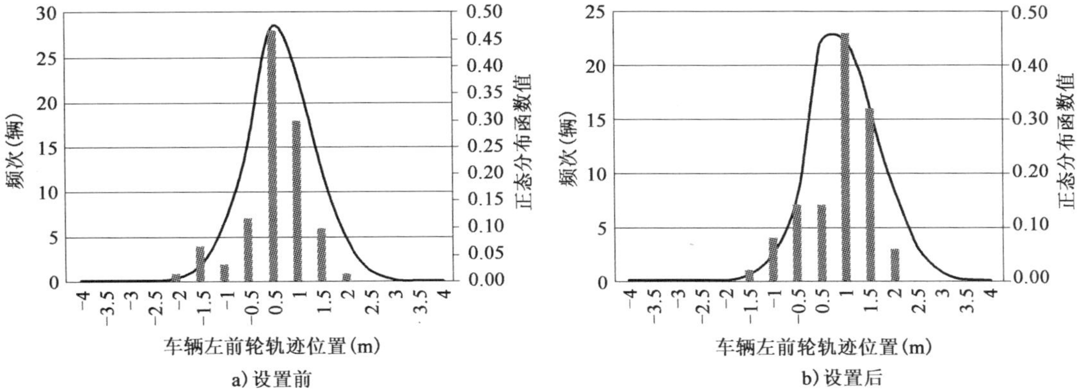

图 5-83　设置中心黄色实折线前后弯道外侧除摩托车外的机动车轨迹变化图

3)轨迹数据分析结论

汇总设置中心黄色实折线前后轨迹变化情况，见表 5-55。

设置中心黄色实折线前后越线率和轨迹正态分布最大值变化表　　表 5-55

车　型	弯道内侧			弯道外侧		
	设置前	设置后	变化量	设置前	设置后	偏移量
摩托车	0/2.3	0/2.7	0/0.4	4/1.7	4.08/2	0.08/0.3
其他机动车	25/0.5	2.33/1.3	22.67/0.8	20.90/0.6	19.67/0.7	1.23/0.1

注:表中数据格式为“越线率(%)/轨迹正态分布最大值(m)”

从表 5-55 中可以看出,中心黄色实折线的设置对弯道内侧除摩托车外机动车轨迹的影响最大,越线率降低 22.67%,正态分布函数值最大值向弯道内侧偏移 0.8m,如图 5-84 所示。对于弯道外侧除摩托车外机动车,设置中心黄色实折线后仍然存在骑线压线的情况,如图 5-85 所示。另外,中心黄色实折线的设置对摩托车的影响比较小。

图 5-84　设置中心黄色实折线后弯道内侧车辆规范行驶

图 5-85　设置中心黄色实折线仍然存在骑线压线的情况

3. 小结

通过上述分析,中心黄色实折线的设置对机动车辆的车速几乎没有影响,对弯道外侧车辆以及弯道内侧摩托车的行驶轨迹影响较小。因此,不推荐大范围使用中心黄色实折线。但考虑到中心黄色实折线的设置对弯道内侧除摩托车外机动车的行驶轨迹影响较大,中心黄色实折线可以应用于视距不良的急弯路段以及对面相撞事故多发点(尤其是因弯道内侧车辆越线引起的交通事故),以加强规范驾驶员的越线行驶行为。

三、块石路面效果评估案例

块石路面属于物理减速路面的一种。设置块石路面的路段应设置路面不平的警告标志,如图 5-86 所示。

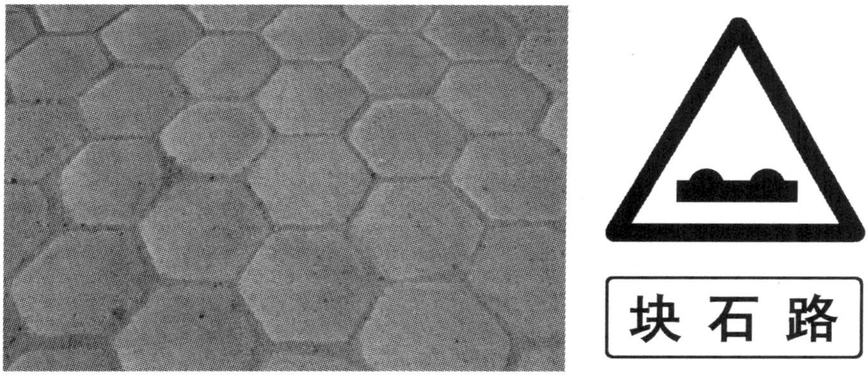

图 5-86　块石路面及其警告标志

块石路面的减速效果观测在一半径为 33m、纵坡度为 6%的急弯陡坡且视距不良路段进行。该路段在弯道区域内间隔 40m 设置了 3 道块石路面，每块宽 10m。5 道气压管检测设备的布设如图 5-87 所示，第一道块石路面前后分别布设 3 号和 4 号设备(下坡方向为前)，3 号设备前 40m 和 80m 分别布设 2 号设备和 1 号设备，4 号设备后 30m 布设 5 号设备。观测现场如图 5-88 所示。

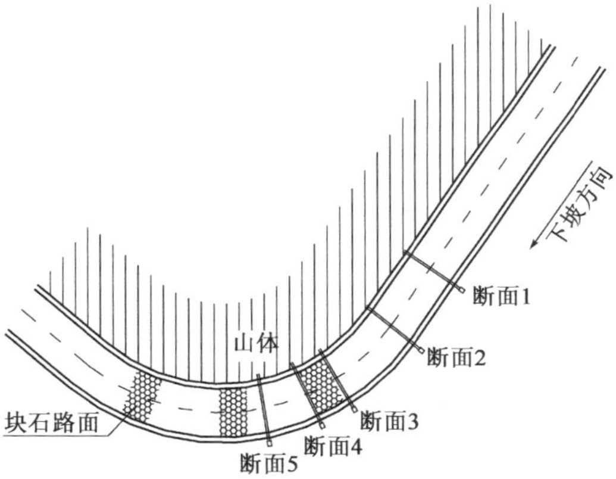

图 5-87　数据采集断面布设示意图

以下分析中，将断面 3 作为分析坐标 0 点，检测块石路面位于断面 3 与断面 4 之间。

1. 上坡方向速度变化分析

上坡方向进入检测块石路面时已经经过两道块石路面。各类车型经过检测块石路面时的速度情况如表 5-56 和图 5-89 所示。图 5-89中横坐标为负值表示尚未通过块石路面。从图5-89中可以看出，各类车型在经过块石路面时车速的变化趋势基本一致：接近块石路面时，车速下降，在块石路面内缓慢行驶，通过块石路面后车速开始增大。块石路面的设置起到了明显的减速效果。

a) 上坡方向

b) 下坡方向

图 5-88　观测现场图

上坡方向机动车平均车速(km/h)　　表 5-56

类　型	断　面　5	断　面　4	断　面　3	断　面　2	断　面　1
摩托车类	23.27	22.22	18.93	26.12	28.47
其他机动车类	23.11	19.67	18	23.68	25.95

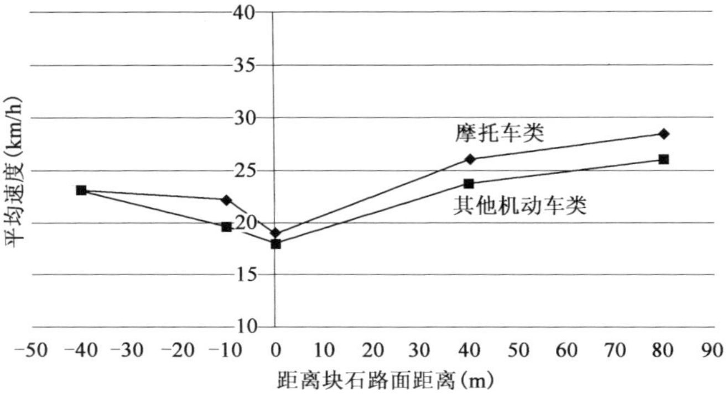

图 5-89　上坡方向机动车平均车速变化图

2. 下坡方向速度变化分析

块石路面设置的最主要目的是降低下坡方向进入急弯陡坡的车速。表 5-57 和图 5-90 表示了下坡方向 5 个断面上车速的变化情况。从中可以看出,在进入急弯陡坡路段前 80m 的距离内,车速降低了约 16km/h。块石路面的设置有效且可行。

下坡方向机动车平均车速表(km/h)　　表 5-57

类　型	断　面　1	断　面　2	断　面　3	断　面　4	断　面　5
摩托车类	36.5	32.31	20.73	18.04	19.86
其他机动车类	36.28	30.19	19.15	14.73	18.75

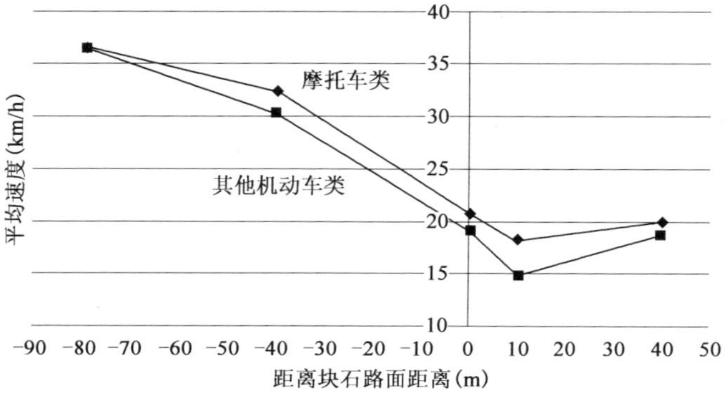

图 5-90　下坡方向机动车平均车速变化图

3. 分析结论

块石路面的设置有效地降低了急弯陡坡路段的车速。因此,在农村公路上一些需要减速的路段可以设置块石路面。

第六章　公路网交通安全保障决策分析技术与系统软件

第一节　决策支持系统概述

1.决策支持系统的概念

决策支持系统(Decision Support System,DSS)是辅助决策者通过数据、模型和知识,以人机交互方式进行半结构化或非结构化决策的计算机应用系统。它是管理信息系统向更高一级发展而产生的先进信息管理系统。它为决策者提供分析问题、建立模型、模拟决策过程和方案的环境,调用各种信息资源和分析工具,帮助决策者提高决策水平和质量。

2.决策支持系统的形成过程

自从20世纪70年代决策支持系统概念被提出以来,决策支持系统已经得到很大的发展。

1980年Sprague提出了决策支持系统三部件结构(对话部件、数据部件、模型部件),明确了决策支持系统的基本组成,极大地推动了决策支持系统的发展。

20世纪80年代末90年代初,决策支持系统开始与专家系统(Expert System,ES)相结合,形成智能决策支持系统(Intelligent Decision Support System, IDSS)。智能决策支持系统充分发挥了专家系统以知识推理形式解决定性分析问题的特点,又发挥了决策支持系统以模型计算为核心的解决定量分析问题的特点,充分做到了定性分析和定量分析的有机结合,使得解决问题的能力和范围得到了一个大的发展。智能决策支持系统是决策支持系统发展的一个新阶段。20世纪90年代中期出现了数据仓库(Data Warehouse, DW)、联机分析处理(On-Line Analysis Processing, OLAP)和数据挖掘(Data Mining, DM)新技术,DW+OLAP+DM逐渐形成新决策支持系统的概念。为此,将智能决策支持系统称为传统决策支持系统。新决策支持系统的特点是从数据中获取辅助决策信息和知识,完全不同于传统决策支持系统用模型和知识辅助决策。传统决策支持系统和新决策支持系统是两种不同的辅助决策方式,两者不能相互代替,而应该是互相结合。

把数据仓库、联机分析处理、数据挖掘、模型库、数据库、知识库结合起来形成的决策支持系统,即将传统决策支持系统和新决策支持系统结合起来的决策支持系统是更高级形式的决策支持系统,称为综合决策支持系统(Synthetic Decision Support System, SDSS)。综合决策支持系统发挥了传统决策支持系统和新决策支持系统的辅助决策优势,实现更有效的辅助决策。综合决策支持系统是今后的发展方向。

由于Internet的普及,网络环境的决策支持系统将以新的结构形式出现。决策支持系统的决策资源,如数据资源、模型资源、知识资源,将作为共享资源,以服务器的形式在网络上提供并发共享服务，为决策支持系统开辟一条新路。网络环境的决策支持系统是决策支持系统的发展方向。

知识经济时代的管理——知识管理（Knowledge Management，KM）与新一代 Internet 技术——网格计算，都与决策支持系统有一定的关系。知识管理系统强调知识共享，网格计算强调资源共享。决策支持系统是利用共享的决策资源（数据、模型、知识）辅助解决各类决策问题，基于数据仓库的新决策支持系统是知识管理的应用技术基础。在网络环境下的综合决策支持系统将建立在网格计算的基础上，充分利用网格上的共享决策资源，达到随需应变的决策支持。

3. 决策支持的主要类型

（1）结构化决策，是指对某一决策过程的环境及规则，能用确定的模型或语言描述，以适当的算法产生决策方案，并能从多种方案中选择最优解的决策；

（2）非结构化决策，是指决策过程复杂，不可能用确定的模型和语言来描述其决策过程，更无所谓最优解的决策；

（3）半结构化决策，是介于以上两者之间的决策，这类决策可以建立适当的算法产生决策方案，使决策方案中得到较优的解。

非结构化和半结构化决策一般用于一个组织的中、高管理层，其决策者一方面需要根据经验进行分析判断，另一方面也需要借助计算机为决策提供各种辅助信息，及时做出正确有效的决策。

4. 决策支持系统的发展方向

1）群决策支持系统（GDSS）

群决策支持系统（Group Decision Support System，GDSS）是一种基于计算机的交互式系统，它通过辅助一群决策者的群决策过程，来解决特定领域的半结构化或非结构化问题。典型的 GDSS 由硬件资源、软件资源和决策者三部分组成。其中，硬件资源是指各决策者独立使用的工作站（或终端）、共享使用的外部数据库、模型库及 I/O 设备等硬件资源，还包括整个 GDSS 基于的通信网络；软件资源包括在各决策者的工作站（或终端）上运行的决策支持软件、支撑 GDSS 的底层软件（如 DBMS、MBMS）及网络软件；决策者不仅包括参与决策的人员，还包括决策过程的协调人员。

2）分布式决策支持系统（DDSS）

分布式决策支持系统（ Distributed Decision Support System，DDSS）的概念是 20 世纪 80 年代初期由 Scher 和 Thomas 等人提出的。Swanson 将 DDSS 定义为支持分布式决策的 DSS，并从分布式决策支持的环境及支持策略方面对 DDSS 的概念进行了探讨；Chung 等人认为 DDSS 是 GDSS 和 DSS 的扩展，并将其定义为支持组织中决策网络节点的决策、通信、协调和合作的 DSS。

随着 DSS 的迅速发展，人们很自然地希望在更高的决策层次和更复杂的决策环境下得到计算机的支持。许多大规模管理决策活动已不可能或不便于用集中方式进行。这些活动涉及许多承担不同责任的决策人。决策过程必需的信息资源或某些重要的决策因素分散在较大的活动范围，是一类组织决策或分布决策。分布式决策支持系统是为适应这类决策问题而建立的信息系统。

3)智能决策支持系统

智能决策支持系统是人工智能(Artificial Intelligence,AI)和DSS相结合,应用专家系统(Expert System,ES)技术,使DSS能够更充分地应用人类的知识,如关于决策问题的描述性知识、决策过程中的过程性知识、求解问题的推理性知识,通过逻辑推理来帮助解决复杂的决策问题的辅助决策系统。

4)空间决策支持系统

空间决策支持系统中最主要的行为是空间决策支持。而空间决策支持是应用空间分析的各种手段对空间数据进行处理变换,以提取出隐含于空间数据中的某些事实与关系,并以图形和文字的形式直接地加以表达,为现实世界中的各种应用提供科学、合理的决策支持。由于空间分析的手段直接融合了数据的空间定位能力,并能充分利用数据的现势性特点,因此,其提供的决策支持将更加符合客观现实,因而更具有合理性。

空间决策支持系统是由空间决策支持、空间数据库等相互依存、相互作用的若干元素构成,并完成对空间数据进行处理、分析和决策的有机整体。它是在常规决策支持系统和地理信息系统相结合的基础上发展起来的新型信息系统。

空间决策支持系统在国家社会、经济生活中的应用十分广泛,如应用于城市用地选址、最佳路径选取、定位分析、资源分配和机场净空分析等经常与空间数据发生关系的领域。

第二节　公路网交通安全保障决策分析技术

公路交通安全保障决策技术的研发针对实际工作中公路网安全保障的两方面决策目标,即制订成本最低或效益最高的安全保障方案,采用目标规划相关理论方法建立决策模型。

公路交通安全保障决策的思路为,根据管理标准按照改善优先指数依次选择需进行改善的路段,针对选出的路段从对策库选出相应的备选改善对策,在一定的决策目标下,运用最优化方法建模,以提供在分析期内取得最大安全效益的最佳保障实施方案。决策所追求的目标有两类:一类是在分析期内给定的预算额的条件下,选择投资项目,使安全效益最大化。这是管理部门进行项目规划的工具。另一类是保证安全风险水平在分析期内符合预定管理标准的条件下所需的总费用最少。这是进行财政规划(资金分配)的工具。

针对上述两种决策需求,分别建立相应的决策分析模型,实现两方面的决策目标:一方面,在安全保障措施成本效益分析和措施优选的基础上,考虑安全保障资金的约束条件,以安全保障效益最大化为目标,对示范路网整体的安全保障实施方案进行优化;另一方面,在路网交通安全风险现状基础上,依据一定的管理目标,编制安全保障工程资金预算,并建立山区公路网交通安全保障管理决策软件系统。

1.基于安全保障资金约束条件,以安全保障效益最大化为目标的决策模型

根据安全隐患点的改善要求,可以将决策优化问题分为三种情况:

(1)情形I:所有安全隐患点都必须改造,此时原问题演化为方案选择问题;

(2)情形II:部分安全隐患点必须选择,其余安全隐患点可选择;

(3)情形III:所有安全隐患点可选择,没有必须改善的点。

针对上述三种情况的决策模型如下：

情形Ⅰ:设有 n 个安全隐患点，第 i 个安全隐患点有 m_i 种改善方案，第 i 个安全隐患点的第 j 种改善方案的成本和效益分别为 c_{ij} 和 a_{ij}。在资金总额 B 的约束下，使总效益最大化的模型是：

$$\max f=\sum_i \sum_j a_{ij} x_{ij} \tag{6-1}$$

$$s.t. \quad \sum_i \sum_j c_{ij} x_{ij} \leqslant B \tag{6-2}$$

$$\sum_j x_{ij}=1 \quad i=1,2,\cdots,n \tag{6-3}$$

$$x_{ij}=0 \text{ 或 } 1 \quad i=1,\cdots,n;j=1,\cdots,m_i \tag{6-4}$$

其中，模型的目标函数为追求总效益最大；式(6-2)表示改善方案的总成本受资金总额的约束；式(6-3)表示每个安全隐患点都必须进行改造，而且每个安全隐患点只能选择一种改善方案；式(6-4)表示是否选择第 i 个安全隐患点的第 j 种改善方案，$x_{ij}=0$ 表示选择，$x_{ij}=1$ 表示不选择。

情形Ⅱ:设 n 个安全隐患点中有 n_1 个点必须改造，剩余 n_2 个安全隐患点可选择，$n_1+n_2=n$。在资金总额 B 的约束下，使总效益最大化的模型是：

$$\max f=\sum_i \sum_j a_{ij} x_{ij} \tag{6-5}$$

$$s.t. \quad \sum_i \sum_j c_{ij} x_{ij} \leqslant B \tag{6-6}$$

$$\sum_j x_{ij}=1 \quad i=1,2,\cdots,n_1 \tag{6-7}$$

$$\sum_j x_{kj} \leqslant 1 \quad k=n_1+1,\cdots,n \tag{6-8}$$

$$x_{ij}=0 \text{ 或 } 1 \quad i=1,\cdots,n;j=1,\cdots,m_i \tag{6-9}$$

其中，式(6-5)、式(6-6)和式(6-9)与情形Ⅰ中的含义相同；式(6-7)表示有 n_1 个安全隐患点必须选择一种改进方案，即这 n_1 个安全隐患点必须进行改造；式(6-8)表示每个安全隐患点的改进方案不超过1个，即剩余的 n_2 个安全隐患点可以选择。

情形Ⅲ:设有 n 个安全隐患点，没有必须改进的点。在资金总额 B 的约束下，使总效益最大化的模型是：

$$\max f=\sum_i \sum_j a_{ij} x_{ij} \tag{6-10}$$

$$s.t. \quad \sum_i \sum_j c_{ij} x_{ij} \leqslant B \tag{6-11}$$

$$\sum_j x_{ij} \leqslant 1 \quad i=1,\cdots,n \tag{6-12}$$

$$x_{ij}=0 \text{ 或 } 1 \quad i=1,\cdots,n;j=1,\cdots,m_i \tag{6-13}$$

其中，式(6-10)、式(6-11)和式(6-13)与前述情形相同；式(6-12)表示每个改进点的改进方案不超过1个，即所有改进点都可以选择。

用矩阵描述上述三个模型，可得到一个统一的模型(M)：

$$(M)=\begin{cases}\max & f=CT^{T}\\ s.t. & A.X\leqslant b\\ & Aeq.X=beq\\ & x_{ij}=0\text{ 或 }1\quad i=1,\cdots,n;j=1,\cdots,m_i\end{cases}\tag{6-14}$$

式中：　X——方案向量，$X=[x_{1,1},\cdots,x_{1,m_1},x_{2,1}\cdots,x_{n,m_n}]$；

　　C——对应的收益向量；

A 和 Aeq——不等式和等式约束矩阵；

b 和 beq——不等式和等式约束向量。

情形Ⅰ和情形Ⅱ的模型很容易用模型(M)表示；情形Ⅲ时，模型(M)中的 Aeq 和 beq 为空集。

对模型(M)求解，可以得到资金总额约束下使得总效益最大化的安全保障优化实施方案。

2. 基于路网风险控制标准，以安全保障成本最小化为目标的决策模型

$$\min:\sum_{ik}W_{ik}C_{ik}\tag{6-15}$$

约束条件：

$W_{ik}\geqslant 0$　（对所有的 i 和 k，状态分布比例均不能为负值）

$\sum_{k}W_{jk}=\sum_{i,k}W_{ik}\cdot p_{ij}(a_k)=q_j$　（对所有的 j）

$\sum_{i,k}W_{ik}=1$　（对所有的 i 和 k，状态分布比例总和应为 1）

$W_{ik}=0$　（如果 k 项对策对状态 i 不适用）

$\sum_{s,k}W_{jk}\geqslant\varepsilon\quad(j\in s)$　（ε 为处于容许状态 s 的最低路段比例）

$\sum_{u,k}W_{jk}\leqslant\gamma\quad(j\in u)$　（γ 为处于不容许状态 u 的最高路段比例）

为了使安全保障管理决策技术便于推广应用，编制管理决策软件，将示范工程路网的安全状况评估结果和各路段的安全保障对策相关数据输入管理决策软件系统，将自动生成公路网安全保障优化实施方案，能够解决现有山区公路网安全保障管理决策主要凭人工经验，缺乏科学的、定量化的决策依据，安全保障实施方案难以实现最大效益的技术难题，并利用建立的管理决策软件系统提高决策工作效率。

第三节　公路网交通安全保障决策系统软件

公路网交通安全保障决策系统能够根据道路安全隐患路段的特征，自动提供备选的安全保障措施，对不同的安全保障措施进行成本效益分析，从路网整体安全水平提升的角度提供最为经济有效的安全保障资金规划方案和安全保障工程实施方案，并基于 GIS 平台，形象直观地展示在不同的安全保障管理措施干预下路网交通安全风险的时间演化特征。为公路管理者

更为科学有效地规划和实施公路安全保障工作提供决策支持。公路网交通安全保障决策系统软件界面如图 6-1 所示。

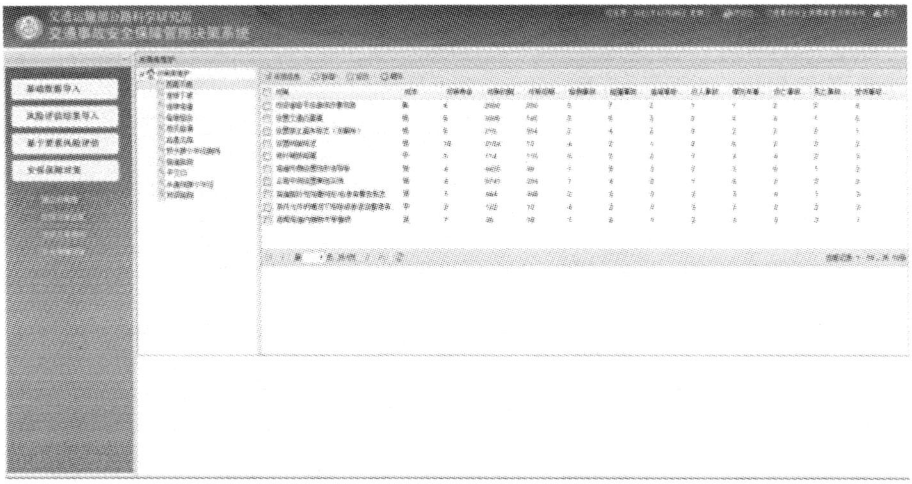

图 6-1　公路网交通安全保障决策系统软件界面图

第七章　云贵川渝山区公路网安全保障技术应用示范

第一节　云南省示范工程

一、示范工程概况

国家道路交通安全科技行动计划课题二“山区公路网安全保障技术体系研究与示范工程”(课题编号:2009BAG13A02)在云南省的示范工程共7条道路,其中国道4条,省道3条,合计1 409.177km,详细信息见表7-1。

云南省示范工程　表7-1

序　号	实施范围	里程(km)	技术等级
1	G108(K3107+000~K3363+530)	256.53	四级
2	G320(K2531+645~K2780+174)	248.529	三级
3	G326(K867+400~K1195+818)	328.418	三级
4	G040(K1474+300~K1627+700)	153.4	三级
5	G213(K1627+700~K1843+000)	215.3	三级
6	S303(K46+000~K85+000)	39	四级
7	S207(K0+000~K168+000)	168	四级

二、重点路段选取方案

综合考虑交通量、地区经济发展、道路条件等因素,确定G108(元谋至武定段)为路网层面的重点实施路段。

G108(K3197+000~K3257+000),里程60km,四级公路,属云南省楚雄州。其中,马头山附近10km路段为盘山路,回头弯较多,视距较差,且武定至元谋方向存在10km的长下坡路段,如图7-1所示。沿途经过白路乡、石蜡它苗族乡和高桥镇。为确保村民出行安全,需采取必要的减速和警示措施。

根据调研路段的道路环境特征,以及安全保障设施的实施情况,确定示范路实施重点:

(1)示范路网中山岭重丘区特征明显,一侧傍山、一侧临崖,需加强路侧防护。

(2)G108 盘山公路下陡坡情况下的路侧的安全防护。

(3)G108 多雾、多雨且道路湿滑路段的不良气候下视线诱导及安全防护。

(4)连续长纵坡路段的综合处置。

(5)标志的系统性设置。

(6)村镇密集路段接入口的处理。

图 7-1　G108 马头山附近路段截图和回头弯

三、示范路段交通安全现状分析

1. 路段概况

1)整体情况

G108 线(京昆线)经四川攀枝花进入云南,是国家西部大开发八条公路干线之一——兰州～磨憨口岸中的一段,为云南省干线公路网重要组成部分,连接我国西北、西南及通向南亚、东南亚各国的公路通道,南经 S217 南永线通往滇西八个地州,地理位置非常重要。现有公路始建于 20 世纪 40 年代。现路面类型为沥青路面,路基宽 6～8m,平曲线最小半径 30m。

元谋至武定段公路等级为四级,沥青路面,道路宽度 6～7m,公路基本上是依山而建,道路两侧多为深沟、峭壁或山体,路线走向往往受到地理环境的限制,造成道路线形蜿蜒曲折,如图 7-2 所示。此路段交通流量现为 5 000 多辆,由于技术等级较低,通行能力较差,且山高、坡陡、弯急,配套设施不完善,通行能力较差,交通事故频发。

2)交通特征

(1)交通量大。调研路段的交通量较大,部分路段交通量可达到 6 000 辆/d,已远远超过道路相应等级的交通量,而且随着我国机动化水平的提高,交通量仍将延续增长的趋势。如果不采取相应的安全措施,随着交通量的增加,公路交通事故也会逐年增多。

(2)车速高。根据调研过程中的观测,部分直线路段或下坡路段,行车速度相对较高,容易发生制动失灵或驶出路外的事故,因此有必要在这些路段采取相应的减速措施,控制车辆行驶速度,减少交通事故的发生。

(3)交通组成复杂、纵横向干扰严重。调研路段一个显著的特征是摩托车、拖拉机和农用车所占比例较高,交通组成复杂,如图 7-3 所示。由于客车、货车、摩托车、拖拉机和农用车速度差别很大，导致车辆制动和超车现象比比皆是，时常引发交通事故。

(4)同时，由于摩托车、拖拉机和其他一些农用车驾驶人员交通安全意识薄弱，交通遵章率低，随意横穿和逆向行驶的现象比较严重。另外，一些穿村路段接入口较多，横向干扰比较严重。

图 7-2　G108 元谋至武定段

3)现有安全隐患

(1)公路等级较低，线形较差，道路环境较复杂。云南省境内 G108 地势险峻，道路环境复杂，不利线形组合较多，道路两侧多为深沟、峭壁或山体，经常出现连续陡坡、连续急弯、陡坡紧连急弯等不利的线形组合。同时由于 G108 修建时期较早，公路等级偏低，部分路段路面宽度仅 6～7m，路况条件较差，增加了车辆行驶的危险性。

(2)行车视距不良。受地形条件和道路环境的限制，示范路段存在较多的陡坡急弯，平曲线半径较小，同时还有不少弯坡组合路段，如图 7-4 所示。车辆行车视距受到较大影响，驾驶员不能及时发现前方的障碍物或车辆，容易发生对撞事故或撞击障碍物。

图 7-3　不同车型之间的纵向干扰

图 7-4　视距不良路段

(3)支路较多。G108 作为路网中的主线，与其相连接的支路较多。同时受到路侧山体或树木的遮挡，较小的交叉口往往是主线驾驶人员的盲点，当注意到横向有行人和车辆穿行时，采取措施已晚。在横穿的车辆中，摩托车和农用车由于驾驶人员安全意识低，车速高，是事故发生的主要载体。由于大部分交叉口处于非城区，交叉口遵章率低，监控和管理困难，如图 7-5 所示。因此，支路也是示范工程治理的重点之一。

图 7-5　不易发现的支路

(4)穿村路段。在公路形成之后,除了原有的穿村路段,公路沿线逐渐形成了新的村镇和居住点。这种村庄与公路结合的方式在带动当地经济发展的同时,也为公路交通安全带来了隐患。

在穿村路段,由于公路两侧居民活动较多(图 7-6),车辆和行人横穿公路的现象非常普遍。一方面,由于当地居民的交通安全意识较差,往往忽视公路上快速行驶的车辆或对公路上行驶车辆的速度估计不足;另一方面,由于缺乏提前预警标志和必要的减速措施,驾驶员未意识到已进入村镇仍保持较快车速。这两方面是导致该类路段事故多发的主要原因。

图 7-6　居民在公路上滞留

(5)陡坡路段。现有道路对于陡坡路段缺乏警示标志和有效的减速设施,同时也存在缺乏相应的路侧防护设施或防护等级不足的现象。若遇到雨雪天气,极易发生车辆失控和制动失灵事故,如图 7-7 所示。

(6)气候条件恶劣。气候条件是影响公路畅通与安全的重要因素之一,气候条件的复杂多变,不利于道路行车安全。在某些特殊天气条件下,路面极易结冰,雨雪、浓雾天气使能见度降低,再加上阵风或强风的作用,影响驾驶员的观察和判断,易导致车辆打滑、制动跑偏、制动距离延长等现象而引发交通事故。

2. 事故情况分析

通过对 G108 典型事故的全面分析可知,交通事故具有以下特点。

图 7-7　陡坡路段

1)重特大交通事故多,致死率高

山区公路的线形组合比一般公路差,发生重特大交通事故的概率较大,事故后果严重,一次事故涉及的伤亡人数多,事故的危害性和经济损失巨大。

山区公路的事故形态多为追尾、碰撞和翻车,坠车可能使部分人员当场死亡。由于山区医疗条件差,设备不足,导致救治不及时,再加上山区公路现场救援难度大,导致受伤人员得不到及时救治而身亡,因此事故死亡率较一般公路高。

2)机械事故多

车辆在山区公路上行驶时,由于频繁地驶过急弯、陡坡路段,容易引起车辆(尤其是大型车辆)的转向系统或制动系统失灵,或车辆轮胎突然爆裂,导致车辆偏离车道冲出路外,引发交通事故。

3)夜间事故多

山区公路弯道多、陡坡多,夜间行车视线不好,长距离没有照明设施,行车参照物少,而且长时间驾驶车辆容易使驾驶员疲劳,警惕性降低,容易发生交通事故。

4)异常天气事故较多

当遇到雨、雪、雾等异常天气时,路面的抗滑性能明显下降,制动距离将大大增加,尤其是在低洼、陡坡、桥梁等特殊路段,车辆容易失控发生侧滑甩尾事故。

5)驾驶失误或违章操作

部分驾驶员(尤其是外地驾驶员)由于缺乏山区公路的行车经验,加上对道路状况不熟,或违章操作(超车不当、急转弯、紧急制动等),导致交通事故的发生。

3.交通安全设施设置情况

1)标志、标线

G108 现有指路标志不够完善,而且指路标志连贯性不够。交叉口、支路、村庄等路段警告标志较少,在植被茂盛路段部分标志还存在路侧树木遮挡和版面污损的现象(图 7-8);同时,现有路面未施画中心线,如图 7-9 所示。

2)防护设施

调研路段路侧防护设施多为混凝土护栏和水泥示警墩。由于混凝土护栏和水泥示警墩大多只是直接砌到路面上，而没有生根和配筋，基础整体性较差，防护能力不足，在碰撞过程中容易开裂，如图 7-10、图 7-11 所示。

图 7-8　标志遮挡

图 7-9　路面未施画中心线

图 7-10　路侧设置的混凝土护栏

图 7-11　路侧设置的示警墩

3)诱导设施

现有公路没有设置相应的视线诱导设施，仅在路侧设置了示警桩或示警墩起诱导作用。但是由于养护不及时，大部分路侧示警桩或示警墩油漆已经剥落或已经损坏，实际诱导作用十分有限，如图 7-12 所示。

图 7-12　路侧示警桩

四、主要实施内容

1. 实施原则

项目组针对云南省山区公路的特点及交通组成情况，分析影响交通安全的主要因素，采取综合措施提高山区公路的行车安全性，在实施过程中坚持“安全、经济、环保、有效”的基本原则。

1)安全

针对事故多发点和安全隐患路段，将公路交通安全放在首位，设置必要的护栏、标志、标线等安全设施，适当改善视距、平纵横条件，保证行车安全。

2)经济

制订技术方案时应考虑经济的承受能力，应针对主要矛盾采取少而精的技术措施，不片面追求大而全。

3)环保

安全保障工程实施应兼顾环境保护，不要因设置安全设施而对环境造成破坏，应使道路线形及防护设施与路侧景观相协调。

4)有效

采取的工程技术措施应与当地的成功经验、人文环境、地形等相结合，通过实施安全保障工程，全面提高云南省山区公路的交通安全水平和服务水平。

同时，实施示范工程还要遵循“3E”的原则。既要综合运用工程措施(Engineering)，也要加强宣传和管理(Education & Enforcement)，提高交通参与者的安全意识，努力从根本上全方位地提高公路的安全水平。

在示范工程实施过程中，尽量采用经过论证的新技术、新材料、新工艺、新产品，提高安全保障水平。

2. 示范工程技术方案

1)设计理念

根据云南省山区公路的实际情况，项目组经过大量的调研、分析和比选，选择的示范路段为 G108 元谋至武定段 K3197～K3257，全长 60km。G108 元谋至武定段路面状况良好，沿线风光秀美，线形条件相对较差，安全设施匮乏，武定境内部分路段地处海拔较高的山区，多为盘山路段，且常有雾出现，能见度较低，路段事故较多，因此选择 G108 元谋至武定段作为国家道路交通安全科技行动计划的示范路段能够获得良好效果。

示范路段设计的总体原则是“主动引导、被动防护、合理保障、因地制宜”。

主动引导：对于公路坡陡弯急、平面指标偏低、部分路段视距不良等情况，应通过设置必要的交通标志、标线、反光镜等设施，及时准确地告知驾驶员，使其能做到心中有数，提前采取相应的措施。

适当防护：以减少群死群伤事故的发生为目的，对事故多发路段和隐患路段采用安全护栏重点防护，其他路段根据路侧情况适当防护。

合理保障：包括设施位置的合理性和路况信息供给的合理性。

因地制宜：应从实际出发，根据具体情况，在保证安全的前提下，最大限度地与自然环境及人文景观协调统一。

在此基础上，通过收集、分析相关的交通基础数据、现场踏勘校对、现场初步评估等多种手段，确定示范路段的设计方案。

2）一般路段技术方案

（1）指路标志

根据现有标志设置情况，补全缺失及替换小版面的公路指路标志（图 7-13），使信息更准确、合理、完整、清晰，并确保指路标志一体化。公路指路标志的信息要素应包括：对前方路线名、公路编号、地点、方向的指引和确认，目的地附近行政区域、著名地点的指引；公路沿线设施及行车安全的指引。

图 7-13　指路标志前后对比图

（2）线形诱导标志

线形诱导标志用于引导车辆驾驶员按照正确方向行驶，促使车辆安全运行。在受山体、树木或房屋等遮挡，及易发生交通事故的小半径弯道外侧，可视具体情况设置一定数量的线形诱导标，如图 7-14 所示。

图 7-14　线形诱导标设置图

(3)警告标志

在急弯路、连续弯路、下陡坡和村庄等路段前，设立警告标志，以提示驾驶员减速行驶，如图 7-15 所示。

a)下陡坡警告标志　　b)村庄警告标志

图 7-15　警告标志

(4)道路中心线

由于现有路面没有道路标线，本着安全、有效的原则，在急弯路处施画路面中心线，如图 7-16 所示。

图 7-16　道路中心线对比图

(5)减速标线

在下陡坡、急弯路等路段前，设置振动减速标线，提醒驾驶员降低行车速度，如图 7-17 所示。

图 7-17　振动减速标线效果图

(6)视错觉标线

在急弯路中心线两侧施画视错觉标线，使得道路线形更加清晰，确保驾驶员行车安全，如图 7-18 所示。

图 7-18 视错觉标线效果图

3)重点路段

事故多发路段是指在较长的一个时间段内，发生的交通事故数量或特征与其他正常位置相比明显突出的某些位置。对此类路段需根据实际道路情况采取处置措施，举例说明如下：

(1)K3248＋700 路段

该路段线形呈“几”字形，为连续弯路绕过障碍物的典型线形，在“几”字的顶部位置有一处砖厂遮挡视距，路段两侧线形比较平顺，车辆速度很快，驾驶员必须在进入回头曲线前急剧操作方向盘，并同时制动，对驾驶能力要求很高。由于视距(40m)的限制，驾驶员不能看到另一侧的曲线。当车速过快，难以完成上述操作时，即发生转向不足，车辆翻到路外的事故，如图 7-19 所示。

图 7-19 G108 K3248＋700 处

针对该路段的安全隐患，初步采用以下处置措施：

①弯道顶端混凝土护栏设置附着式线形诱导标；

②弯道处增设混凝土护栏；

③弯道前后补充完善向左/右急弯警告标志；

④弯道路段设置中心黄色实线；

⑤进入弯道前设置振动减速标线。

(2)K3247＋900 路段

该路段为长直线接小半径曲线段，弯道处视距不好(40m 左右)。由于进入弯道的车速太快，另外路面宽度不足，大型车转弯占道的问题也很严重，每年发生 10 多起事故，如图 7-20 所示。

针对该路段的安全隐患，初步采用以下处置措施：

①直线段设置振动减速标线；

②弯道顶端设置线形诱导标；
③弯道前后补充完善向左/右急弯警告标志；
④弯道路段设置中心黄色实线。

图 7-20　G108 K3247＋900 处

3. 新技术与新设施应用

1)村庄减速标线

对于示范路段中路侧村镇沿公路分布较广、居民出行活动对行车干扰有较大影响的路段，设置限速设施及安全设施。如路侧只有较少居民房屋及较少的出行活动，除设置限速标志外，设置路面减速设施。

考虑村镇路段的特殊性，为更强烈地控制驶入村镇处车辆的行驶速度，使用具有明显振动效果的物理限速设施，在村镇路段的入口，设置如图 7-21 所示的路面减速设施。需要连续设置 3 组。用固定颜色及标线组合的形式，来表示前方穿村路段，物理振动提示车辆减速行车。该种设施采用热熔型防滑标线涂料，实施效果如图 7-22 所示。

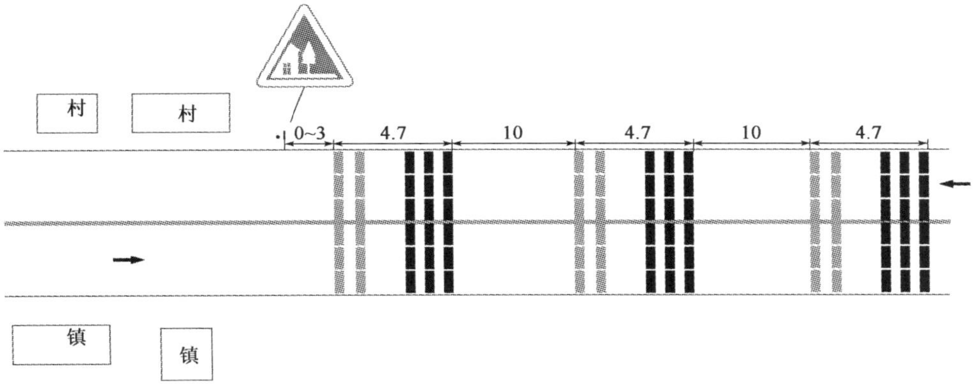

图 7-21　村庄减速标线设计图(尺寸单位：m)

2)视错觉标线

速度是山区双车道公路交通安全的关键。视错觉减速标线设置在需要车辆减速行驶的路段，如视距不良和急弯路路段。标线由黄色三角形组成，由于人眼的视错觉作用，可达到提高驾驶员注意力、减速行驶的效果，设计图和效果图如图 7-23、图 7-24 所示。

图 7-22　村庄减速标志实施效果图

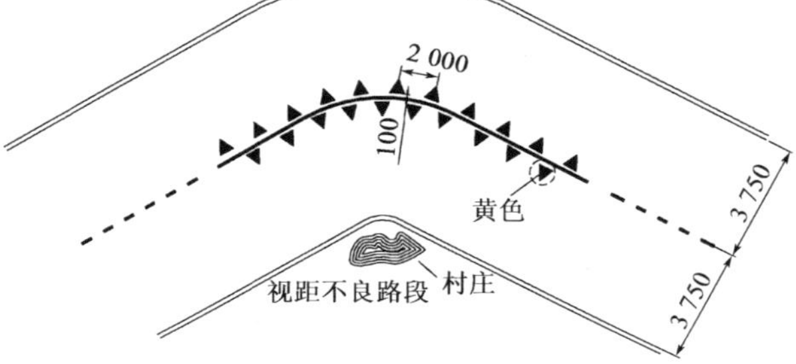

图 7-23　禁止超车视错觉标线设计图(尺寸单位：mm)

图 7-24　视错觉标线实施效果图

3)新型百米桩

为降低施工成本，在示范路段使用了新型的百米桩，设计图和效果图如图 7-25、图 7-26 所示。

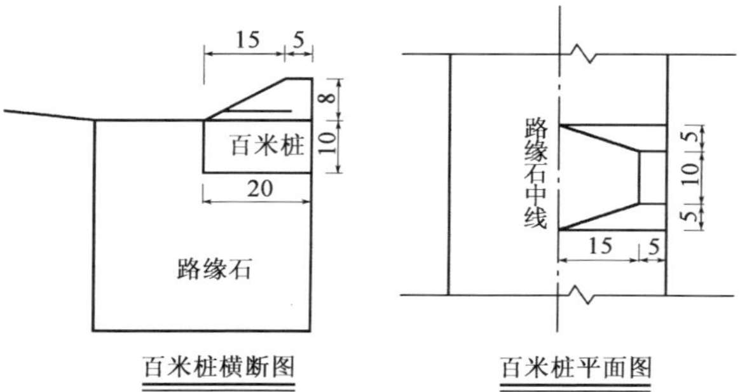

图 7-25　百米桩设计示意图(尺寸单位：cm)

图 7-26　百米桩实施效果图

4)新型标志结构

为降低施工成本，项目组结合课题成果，使用了双面标志，即一根立柱悬挂两块标志版面，设计图和效果图如图 7-27、图 7-28 所示。

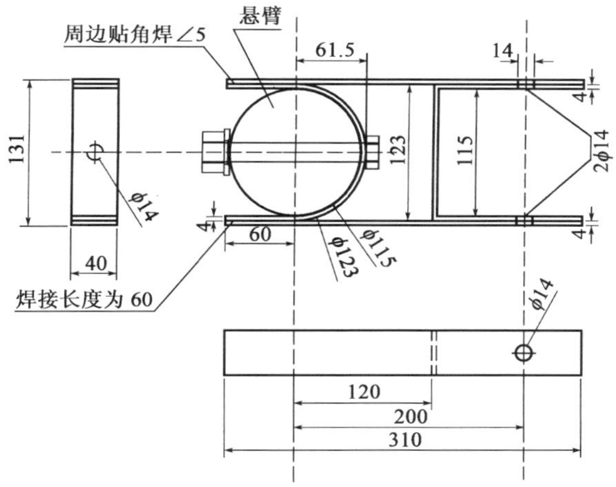

图 7-27　双面标志抱箍设计示意图(尺寸单位:mm)

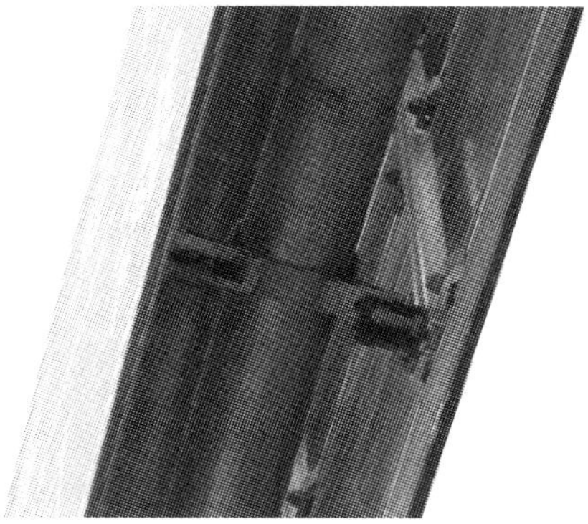

图 7-28　双面标志实施效果图

第二节　贵州省示范工程

一、示范工程概况

三部委项目云、贵、川、渝示范工程贵州示范段选取的是 G320 贵州关岭段,起讫桩号为 K2241+700～K2310+000,长 68.3km。此示范路段为山岭重丘区公路,多为急弯、陡坡、视距不良、临崖路段,恶劣天气下,多雾、路面结冰、易滑路段交通事故发生率较高,事故形态严重;沿途穿越村镇较多,交通秩序混乱;客运车辆和货运车辆占有较大运营比例。尽管从 2004 年开始就已经在示范路段上开展实施了公路安全保障工程,与实施之前相比,沿线交通安全设施的设置日趋完善,道路交通事故、死亡人数、受伤人数下降趋势明显,交通安全状况也得到了极大改善,但是,鉴于其在国防战备、经济、运输、旅游开发等方面的重要性,改进、完善道路交通安全状况仍是一项艰巨而持久的工作。

示范工程的设计项目组成员通过现场踏勘调研、交通事故资料收集、与当地相关管理部门座谈了解情况等手段,掌握了较丰富的设计所需的资料。在此基础上,对相关数据资料进行了分析研究,项目组通过现场走访结合现场调研情况及掌握的相关数据资料,筛选出了事故多发点和安全隐患点,并分别对其进行了针对性的研究,在满足相关标准规范的前提下,运用已有的成熟可行的技术并结合本课题的研究成果,完成了一套适合示范路段的设计方案。经过专家评审,在听取了相关专家和管理部门意见的基础上,对设计方案进行修改完善,最终形成了施工图设计文件。本示范工程是对“山区公路网基础设施安全保障能力提升技术”的示范应用,结合本地实际状况,本着“主动引导,被动防护”的设计原则,因地制宜地应用了一些新型交通安全设施。作为对课题研究成果的检验,并在可能条件下,尽量就地取材以降低造价,提高安全设施养护管理的便利性,并减小安全设施被偷盗的可能性。

二、实施内容

本示范工程着重对事故多发段进行了处置,另外对一些事故隐患路段也加强了安全处置措施，主要体现在以下几方面：

1. 事故多发段综合处置

设计人员对搜集到的示范路段的交通事故资料进行了统计分析，确定了事故多发点段位置，根据对事故数量、事故类型、事故车型的统计，结合相关事故资料和现场实地踏勘调研，分析得出导致事故发生的原因，主要有以下几方面：

(1)标志标线设置不完善；

(2)超速行驶；

(3)视距不良；

(4)缺乏线形诱导设施。

对此，在事故多发段进行了相关完善整治措施：

1)完善交通标志、标线

增设相关禁令、警告、告示标志，向道路使用者提供准确及时的信息，进行路径指引；在部分弯道路段设置了禁止跨越对向车行道分界线标线，明确路权，规范驾驶员驾驶行为。

2)运行速度控制

增设相关速度限制的禁令、告示标志；在部分弯道路段设置黄色三角块禁止超车视错觉标线，给驾驶员带来较为强烈的视觉冲击感，提醒驾驶员注意控制车辆运行速度；另外，还在进入部分弯道前设置了条状薄层铺装标线，此种标线为防滑标线，由粘贴在双组分胶水上的骨料组成，标线颜色为暗红色，较为醒目，当车辆行驶在标线上时，有明显的振动感，能给进入弯道前的驾驶员带来较为明显的警示作用，如图 7-29 所示。

a)禁止超车视错觉标线

b)条状薄层铺装

图 7-29　警示性减速标线

3)改善视距

修剪曲线段影响视距的植被，开挖曲线内侧影响视距的山体、土坡，改善弯道段视距，如图 7-30 所示。

a)修剪植被　　　　b)清理土方

图 7-30　改善视距

4)设置线形诱导设施

在弯道事故多发路段曲线外侧设置线形诱导标，帮助驾驶员更好地判断公路走向。

5)典型处置案例

此路段为一个事故多发段，从 A 处弯道到 C 处弯道，为连续弯路、下坡路段，A、B 弯道处有山体和植被，视距受限。据事故资料统计显示，此处事故密度较大，多为侧翻、对撞、刮蹭，尤其是弯道 C 处，事故多发，事故严重程度高。通过现场线形测量、车速观测、车辆运行轨迹观测、与相关公路管理人员座谈等，得知这一路段事故多发的原因多与线形有很大关系。从 A 处弯道下来的车辆，由于连续下坡的缘故，车辆运行速度得不到有效控制，尤其是对于大型重载、超载车辆来讲，行驶至 C 处弯道时，容易出现转弯车辆方向失控，碰撞路侧护栏、侧翻和对撞来向车辆的事故，如图 7-31 所示。

图 7-31　C 处弯道发生车辆对撞事故图

经分析，造成此路段事故多发的因素主要有以下几方面：

(1)下坡车辆普遍存在超速现象；

(2)占道行驶现象严重；

(3)C 处弯道圆曲线半径为设计极限值。

针对上述情形,考虑到 C 处弯道改造拓宽或是裁弯取直所造成的工程量较大,经济成本较高,可操作性不强的因素,决定放弃线形改造这一处理方式,通过控制车速、规范车辆行驶行为、增大弯道处路面摩擦系数等综合处置措施进行实施,如图 7-32 所示。具体处置措施如下:

a)纵向减速标线

b)改进型钢筋混凝土护栏

c)C处弯道设置的薄层铺装

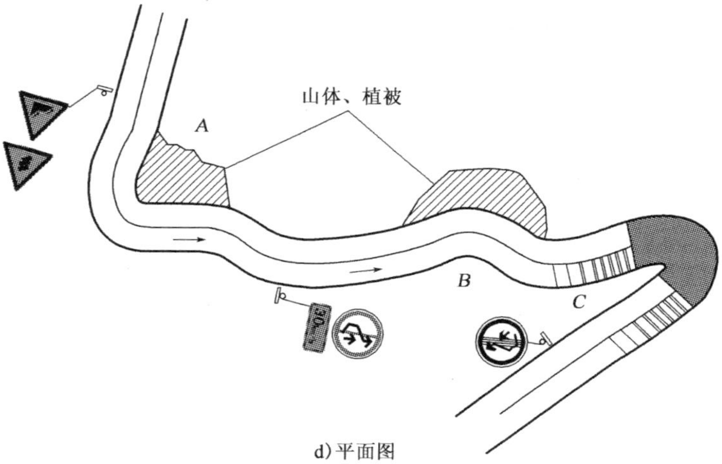

d)平面图

图 7-32　事故路段处置

(1)设置警告标志,提前告知驾驶员前方道路状况;

(2)连续弯道下坡路段设置禁止跨越对向车行道分界线标线,增设、补强路侧防护设施;

(3)在进入C处弯道前适当位置设置纵向减速标线；

(4)在进入C处弯道前适当位置设置禁止超车标志和建议速度警告标志；

(5)C处弯道路段满幅路面设置薄层铺装(路面防滑标线)，增大路面摩擦系数；

(6)在弯道结束路段设置解除禁止超车标志。

2.安全隐患处置

尽管近年来安全保障工程在持续实施，也取得了一定成效，给当地带来了极大的社会效益和经济效益，但是，由于受资金投入有限和其他方面的制约，示范路段中潜在的安全隐患还有很多，部分危险路段防护设施防护能力不足或是缺乏防护设施；事故多发段、易发段车辆运行速度有待进一步加强控制；部分事故多发弯道路段在路面潮湿的情况下，极易发生车辆失控情况，且事故形态较为严重，急需对此类弯道进行路面防滑处理。为此，对此类存在安全隐患的点段实施了相应的安全处置措施。

1)完善路侧防护设施

在部分路侧危险路段，根据公路类型、设计车速和设置区间的不同设置不同等级的护栏；针对路段中无外展的直立端头容易引发护栏板穿透车窗的恶性事故，对护栏端头进行专门设计，即在有路侧余宽条件下，采用外展护栏，在无路侧余宽条件下，设置警告标记；对于混凝土护栏与波形梁护栏连接处进行过渡搭接处理，如图7-33所示。

2)运行速度控制

为提高居民密集或交通流交织复杂路段安全性，采用课题研究成果，设置限速标志和减速标线，包括村镇路段振动减速标线、交叉口减速提示标线、禁止超车视错觉标线、车行道纵向减速标线等，对运行速度进行控制。

3)路面防滑处理

本示范路段急弯陡坡路段较多，特别是在雨天，部分弯道路段经常出现车辆侧滑或追尾事故。为了消除和降低这一安全隐患，在部分此类型事故多发段设置了彩色防滑路面。

彩色防滑路面主要设置在弯道路面容易打滑路段，弯道处满幅路面铺装，进入满铺路段前设置条状薄层铺装，提前予以警示。其采用双组分黏结剂将彩色防滑骨料粘在路面上，使路面变得粗糙，增大了路面摩擦力，能有效缩短制动距离。

彩色防滑路面有如下特点：

(1)黏结性强，能牢固地黏结在沥青、混凝土、碎石、金属与木制表面；

(2)抗拉性、弹性、延展性好，不易脆化、松脱，在极端温度下，性能依旧出色；

(3)防水性好，完全将原有的沥青或混凝土路面与水隔离，增强了路面的抗车辙性，防止路面开裂，延长了道路使用寿命；

(4)防滑性能高，抗滑值不低于70，雨天时，减少溅水，减少40%以上制动距离，减少75%的打滑现象；此外，重型卡车在转弯处制动不会产生抱死现象，减少交通事故；

(5)耐磨性强，使用寿命长；

(6)色彩鲜艳，具有良好的视觉和听觉效果，增强警示性；

(7)夜间具有反光效果，提高了夜间可视性；

(8)常温下即可施工，施工方法简易、效率高，意味着低工时成本，同时减少因施工引起的交通延误，特殊配方的黏合剂保证了持续施工；

a）单坡面砌石护栏

b）改进型护栏

c）延展式护栏

d）塑料护栏

e）护栏端头外展

f）护栏端头处理

g）波形梁护栏与混凝土护栏端头搭接处理

图 7-33　完善路侧防护设施图

(9)减少工作场地面积,一条单行路的面积就可以施工;

(10)清洗方便,维护成本低。

其施工工艺如下:

(1)平整、清洁施工区路面;

(2)选定彩色防滑路面区域,用牛皮纸贴出想要的形状,用于做出规划好的彩色防滑路面形状;

(3)搅拌、摊铺黏结剂;

(4)撒铺骨料到设施区黏结剂上;

(5)撕掉彩色防滑路面周边的牛皮纸;

(6)施工完毕,清理现场。

施工工艺如图 7-34 所示。

注意事项:

(1)当路表潮湿或环境温度、路表温度超出 5～40℃及天气情况多变时,不应当施工;

(2)确保施工路面干燥、干净,无任何油脂、泥土、水泥浆等污染物,否则使用清洁剂清洗路面,之后用清水冲洗,最后使用热压缩空气机干燥路面;

(3)清洁,并用密封剂密封不超过 6mm 的裂缝;超过 6mm 的裂缝,可用黏合剂与骨料搅拌后的混合物修补;

(4)20℃时 3h 可开放交通,6℃时 4h 才可开放交通;

(5)对于橡胶耙子难以刮到的边缘区域,可使用毛刷刷均匀,防止出现露底现象;

(6)未被黏合剂黏结的骨料必须清扫干净,否则开放交通后,骨料出现散落,易造成交通事故。

3. 完善标志、标线设置

对路段中缺失的、非标准的标志进行增补和修改完善,补画道路中心黄实线。

4. 校区门口安全处置

处在村镇路段中的校区,学校门口紧邻路侧,进出校区的师生和路上交通相互影响,交通流交织复杂。考虑到保护校区师生安全,专门对校区门口进行了安全处置,如图 7-35 所示。

(1)进入校区前设置相关校区的警告标志;

(2)进入校区前路面上施画“校区慢行”路面文字标记和人行横道线。

5. 改善视距及景观绿化

现场有两处回头曲线,弯道内侧有山石土堆,植被丛生,遮挡视线,影响视距,容易发生对撞事故,如图 7-36 所示。

对此,采取了如下处置措施:

(1)清理土方、植被,放缓边坡;

(2)平整场地;

(3)种植部分适合当地气候、易成活、易养护的植被。

采用此种处置措施,既改善了视距,提高了行车安全性,形成的景观绿化也为单调的公路景观增添了几分美景,如图 7-37 所示。

a)平整、清洁路面

b)选定施工区域

c)撒铺黏结剂

d)撒铺骨料

e)撕掉牛皮纸

f)清理现场

图 7-34　彩色防滑路面施工工艺流程图

图 7-35　校区门口路面标线

图 7-36　弯道处视距不良

图 7-37　改善视距绿化景观图

6. 观景台和小型停车区

图 7-38　坝陵河大桥路段

示范路段中有号称亚洲第一大公路桥的坝陵河大桥，桥体雄伟、壮观，坝陵河峡谷从桥下穿过，沿岸两侧风景秀丽，常有路经此处的车乘人员在桥头路侧驻车赏景，挤占了本就不宽裕的道路，且停车处正好位于弯道处，存在着极大的安全隐患，如图 7-38 所示。

经现场勘察，在进入弯道路段前有一处车道拓宽段，拓宽段外侧有一定的路侧空间，考虑到此处有观景、停车的需求，结合现场地况，设计实施了观景台和小型停车区，如图 7-39 所示。

图 7-39　观景台和小型停车区

三、新技术与新设施应用

1. 新型路侧防护设施

护栏是山区公路的基础安全防护设施之一，其主要作用是通过管理、警告、引导和诱导交通，降低事故发生率，减轻事故严重度，疏导交通，提高道路服务能力和美化路容，从而提高山区公路的安全性和舒适性。

本示范工程中所应用的新型护栏是在“针对高性价比路侧安全防护技术研究”的基础上开发出的，主要包括塑料荧光护栏、单坡面砌石护栏、箱式填石护栏、改进型钢筋混凝土护栏和延展式基础护栏五种形式。本次示范工程所示范的 4 种新型护栏的防护等级均达到《公路交通安全设施设计规范》(JTG D81—2006)所规定的 A 级(160kJ)防护等级，但是每种护栏所适用的路肩宽度、基础类型和最小设置长度不同。

新型护栏的设计依据(规范、标准及科研成果)：

(1)《公路交通安全设施设计规范》(JTG D81—2006)；

(2)《公路交通安全设施设计细则》(JTG/T D81—2006)；

(3)《高速公路护栏安全性能评价标准》(JTG/T F83-01—2004)；

(4)《公路交通安全设施施工技术规范》(JTG/T F71—2006)；

(5)《公路工程技术标准》(JTG B01—2003)；

(6)《公路路基设计规范》(JTG D30—2004)；

(7)“十一五”国家科技支撑计划“重特大道路交通事故综合预防与处置集成技术开发与示范应用”，课题二“山区公路网安全保障技术体系研究与示范工程”专题四“山区公路路侧净区保持与高性价比安全防护技术研究与应用”科研成果。

设计过程中选择了示范路段中适合每种新型护栏实施的路段进行示范工程实施，具体施工工序如下：

1)塑料荧光护栏

塑料荧光护栏为新开发的一种路侧防护设施(图 7-40)，与常规波形梁护栏相比，区别之处在于护栏板的结构设计，其护栏板材料由 PVC 工程塑料和钢带组成，钢带外裹 PVC 工程塑料，利用 PVC 工程塑料在碰撞过程中的破碎来吸收碰撞能量，使其在碰撞初期积蓄的应变能以材料发生本质性破坏的形式释放出来，并保证失控车辆在碰撞后不会变道，避免给后面车辆造成危险。树脂破碎之后，结构形式由原来的梁变成索。依靠纵向钢带受拉来拦阻车辆，保证失控车辆不会冲出路外。护栏板耐腐蚀，几乎不需要日常养护。

图 7-40　塑料荧光护栏图

2)单坡面砌石护栏

单坡面砌石护栏适用于山区低等级公路路肩宽度大于 60cm 的危险路段。护栏每延米材料费低于 200 元，造价较低。石材结构便于就地取材，砌石用的片石部分采用开挖挡墙时挖出来的片石，节省了石料，减少了材料与运输成本，有利于资源节约和环境保护。

(1)结构设计说明

单坡面砌石护栏设计防撞能力 160kJ，护栏结构采用砌石护栏墙体，外罩砂浆面层。迎撞面坡面形式为单坡面 11°，护栏底宽 0.6m，护栏基础采用管钢桩基础。施工工艺采用人工砌石、砂浆面层抹面的工艺，砂浆罩面 50mm 厚；砂浆面层每 4m 设置一道假缝，护栏每 20～30m 设置一道伸缩缝，伸缩缝处护栏采用两根 ϕ30mm 传力杆连接。单坡面砌石护栏结构示意图如图 7-41 所示。护栏最小设置长度为 30m。

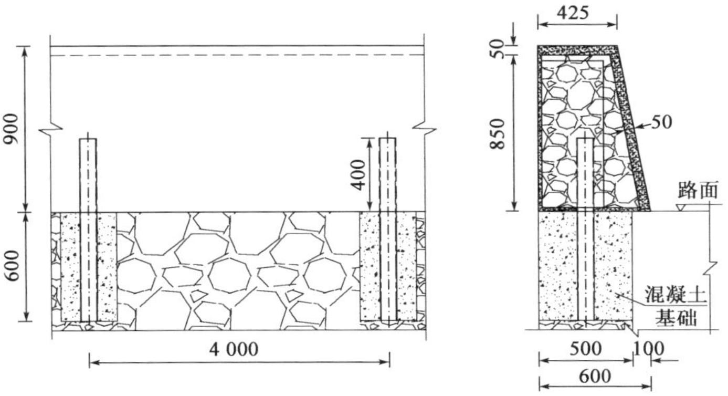

图 7-41　单坡面砌石护栏立面示意图(尺寸单位：mm)

经实车碰撞试验验证，单坡面砌石护栏防撞等级达到 A 级(160kJ)，车辆运行轨迹、乘员加速度、护栏破坏形态等各项安全性能指标均满足《高速公路护栏安全性能评价标准》(JTG/T F83-01—2004)的要求。

(2)单坡面砌石护栏施工工序

现场施工中，基础部分按照图纸尺寸进行挡墙开挖，采用埋桩工艺。护栏墙体按照先砌石后抹面的顺序，保证了钢丝网的功效和线形的协调。砌石用的片石部分采用开挖挡墙时挖出来的片石，节省了石料。单坡面砌石护栏施工工序及施工过程如图 7-42 所示。

a）埋桩　　b）浇筑基础

c）支护钢丝网　　d）砌石

e）砂浆抹面　　f）护栏成型

图 7-42　单坡面砌石护栏现场施工工序图

3）箱式填石护栏

箱式填石护栏适用于山区低等级公路路肩宽度大于 90cm 的危险路段。箱式填石护栏主要依靠自身重力来抵抗车辆碰撞。箱体采用预制工艺，设置路段现场开挖嵌固槽，箱体吊装，最后填石并抹顶面。预制箱体工艺可减少混凝土运输造成的材料损耗与环境污染，且施工进度不受气候条件影响。毛石材料便于石料丰富的山区就地取材，减少了钢筋用量和运输成本。

箱内填石法与企口连接施工工艺简便，可不断路施工。

(1)结构设计说明

箱式填石护栏设计防撞能力 160kJ，护栏结构采用箱式填石护栏墙体，施工工艺采用预制工艺，先进行混凝土箱体预制，再进行现场填石施工。护栏迎撞面坡面形式为单坡面 11°，护栏底宽 0.7m，混凝土箱体壁厚 10cm，预制段长度 4m。预制段护栏箱体之间采用企口连接。护栏基础为嵌固式基础，嵌固深度 25cm。箱式填石护栏结构示意图如图 7-43 所示。护栏最小设置长度为 52m。

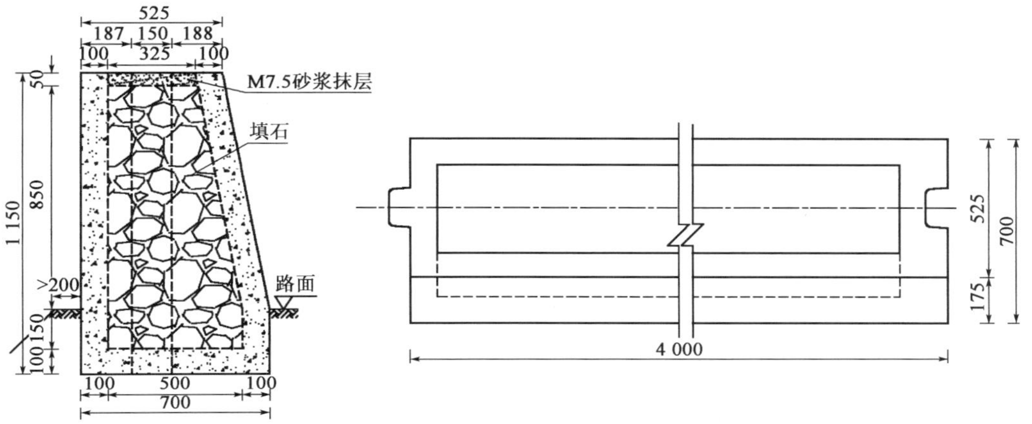

图 7-43　箱式填石护栏结构示意图(尺寸单位：mm)

经实车碰撞试验验证，箱式填石护栏防撞等级达到 A 级(160kJ)，车辆运行轨迹、乘员加速度、护栏破坏形态等各项安全性能指标均满足《高速公路护栏安全性能评价标准》(JTG/T F83-01—2004)的要求。

(2)箱式填石护栏施工工序

箱式填石护栏主要依靠自身重力来抵抗车辆碰撞。箱体采用预制工艺，设置路段现场开挖嵌固槽，箱体吊装，最后填石并抹顶面。减少了钢筋用量和运输成本，填石工艺中需要的毛石可就地取材，节约建设成本。箱式填石护栏施工工序及施工过程如图 7-44 所示。

4)改进型钢筋混凝土护栏

改进型钢筋混凝土护栏适用于山区低等级公路路肩宽度大于 80cm 的危险路段，护栏采用嵌固式基础，基础埋深较浅，施工工艺简单。护栏钢筋用量少，每延米材料费低于 200 元，造价较低。护栏结构美观大方，可用于对景观要求较高的山区公路。

(1)结构设计说明

改进型钢筋混凝土护栏设计防撞能力 160kJ。护栏结构为钢筋混凝土护栏墙体，迎撞面坡面形式为改进型坡面，上端设有阻爬坎，可防止小型车沿护栏坡面爬升或大型车翻越护栏，非迎撞面采用斜面，施工工艺为现场浇筑工艺。护栏底宽 60cm，顶宽 32cm，地面以上高度 1m。基础采用嵌固式基础，嵌固深度为 15 cm。钢筋混凝土护栏墙体每 20～30m 设置一道伸缩缝，伸缩缝处护栏采用两根 ϕ30mm 传力杆连接。改进型钢筋混凝土护栏结构如图 7-45 所示。护栏最小设置长度为 65m。

a) 钢筋绑扎　b) 模板支护

c) 基础浇筑　d) 箱体浇筑

e) 预制箱体　f) 吊装

g) 基础嵌固　h) 护栏成型

图 7-44　箱式填石护栏现场施工工序图

经实车碰撞试验验证，改进型钢筋混凝土护栏防撞等级达到 A 级（160kJ），车辆运行轨迹、乘员加速度、护栏破坏形态等各项安全性能指标均满足《高速公路护栏安全性能评价标准》（JTG/T F83-01—2004）的要求。

（2）改进型钢筋混凝土护栏施工工序

改进型钢筋混凝土护栏的施工工艺简单，基础采用嵌固式，埋深较浅，且钢筋用量少，节省材料费。护栏外观美观大方。改进型钢筋混凝土护栏施工工序及施工过程如图 7-46 所示。

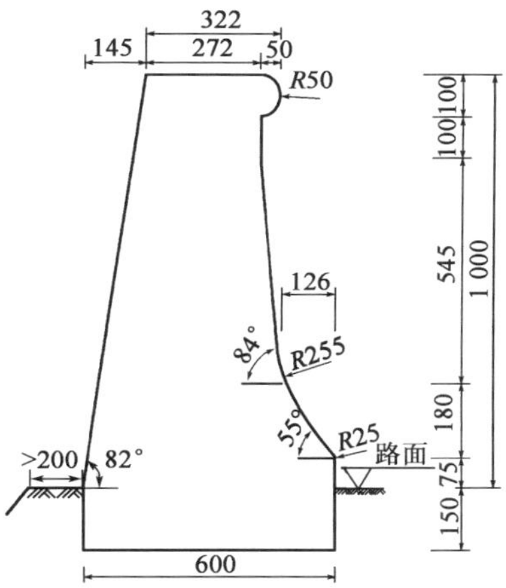

图 7-45　改进型钢筋混凝土护栏立面示意图（尺寸单位：mm）

5）延展式基础护栏

延展式基础护栏适用于山区低等级公路路肩宽度较小的危险路段。延展式基础护栏路面以上基础底部较窄，护栏基础可协同路面共同受力。该护栏设计要求路肩宽度不小于 50cm。

延展式基础护栏底部宽 50cm，占用路肩宽度少，底部延展出来的 50cm 基础跟路缘带浇筑在一起，可同时作为硬路肩，依靠自身的重力来达到防护车辆的目的。延展式基础护栏施工工艺简单。

（1）结构设计说明

延展式基础护栏设计防撞能力 160kJ。护栏结构采用钢筋混凝土护栏墙体，施工工艺采用现场浇筑工艺，护栏迎撞面坡面形式为单坡面 11°，护栏地面以上基础底宽 0.3m，护栏基础采用延展式混凝土基础，厚度为 24cm，护栏基础的 50cm 延展至路缘带底部。延展式基础护栏墙体每 20～30m 设置一道伸缩缝，伸缩缝处护栏采用两根 ϕ30mm 传力杆连接。延展式基础护栏结构示意图如图 7-47 所示。护栏最小设置长度为 67m。

经实车碰撞试验验证，延展式基础护栏防撞等级达到 A 级（160kJ），车辆运行轨迹、乘员加速度、护栏破坏形态等各项安全性能指标均满足《高速公路护栏安全性能评价标准》（JTG/T F83-01—2004）的要求。

本方案从节约土地资源、减少占用路基宽度的角度体现出护栏的“资源节约型”设计理念。

（2）延展式基础护栏施工工序

延展式基础护栏施工工艺简单，节约土地资源。延展式基础护栏施工工序及施工过程如图 7-48 所示。

6）主要技术指标

新型护栏采用的各种材料应符合以下各项规定：

（1）基础钢管、传力杆、套管、连接螺栓、波形梁板、立柱及端头所用普通碳素结构钢（Q235），其技术条件应符合《碳素结构钢》（GB/T 700—2006）的规定。

（2）混凝土和钢筋应符合《公路桥涵施工技术规范》（JTG/T F50—2010）的规定。

（3）护栏基础压实度应满足《公路工程技术标准》（JTG B01—2003）的要求。

e) 拆除模板

f) 护栏成型

a) 基础开挖

b) 钢筋绑扎

c) 模板支护

d) 墙体浇筑

图 7-46　改进型钢筋混凝土护栏现场施工工序图

(4)传力杆、套管、立柱、螺栓等构件均应采用热浸镀锌处理，镀锌量要求除螺栓、螺母、垫圈为 350g/m^2 外，其余构件均为 600g/m^2。螺栓和螺母等紧固件采用热浸镀锌处理后，应清理螺纹或做离心分离处理，如有条件也可以采用粉镀锌处理。

7)施工注意事项

(1)测量放线

按照设计图纸及护栏施工安装要求在路基上确定护栏及桩的位置。

(2)场地平整

要求对护栏施工范围内场地进行清理,保证无杂物。

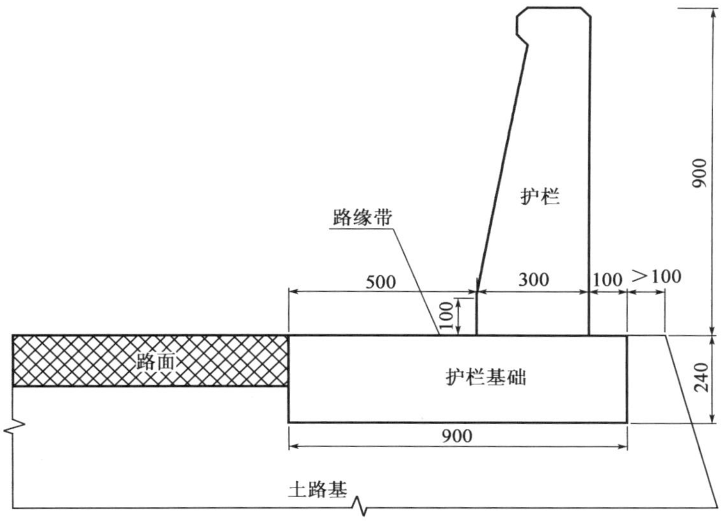

图 7-47　延展式基础护栏结构示意图(尺寸单位:mm)

(3)基础开挖

在基坑开挖前,应根据设计图纸及护栏位置放样,撒白灰线确定基坑开挖上下口的位置。对于土质基坑,基坑开挖后要检查土体压实度和基底平整度,基底采用 M10 砂浆找平;对于浆砌片石挡墙,需要埋入单坡面砌石护栏钢管桩的基坑周围不需要光滑,不应为了开挖钢管桩基坑而破碎整块片石;对于浆砌片石挡墙,如果开挖后需要嵌固改进型钢筋混凝土护栏、箱式填石护栏或延展式基础护栏,基底需用 M10 砂浆找平。

(4)预制块混凝土施工

根据箱式填石护栏尺寸及施工规范要求对模板、钢筋进行加工,钢筋绑扎满足规范要求,模板安装牢固,不得漏浆。捣固混凝土时不能漏捣和过捣,表面无麻面和较大气泡眼。脱模时混凝土强度不得低于设计强度的 70%,不得损坏混凝土棱角。脱模后及时养护,采用湿麻布或湿草袋覆盖混凝土,保证麻布或草袋处于湿润状态,养护时间不得少于 14d。

(5)预制块吊放

预制块吊放采用吊车或其他吊放设备,必须按测量放线位置吊放,保证护栏顺、直、平。

(6)现浇混凝土施工

模板必须光滑平顺,灌注混凝土之前对模板打油。模板架立牢固,严防跑模和漏浆,灌注混凝土时分层捣固,保证混凝土质量,不得出现较大气泡眼和露骨现象。

拆模时混凝土强度不得小于设计强度的 70%。拆模后及时对现浇段进行养护,养护采用湿麻布或湿草袋覆盖混凝土,保证麻布或草袋处于湿润状态;对现浇段有缺陷的地方及时进行修补,修补使用的混凝土强度应高于原浇筑护栏混凝土强度。

a) 基础开挖

b) 基础钢筋绑扎

c) 基础浇筑

d) 墙体钢筋绑扎

e) 模板支护

f) 拆除模板

g) 护栏成型

图 7-48　延展式基础护栏现场施工工序图

(7)单坡面砌石护栏施工

单坡面砌石护栏桩基础定位埋置好，且基础混凝土达到设计强度的70%后，开始砌筑护栏墙体。

砌筑时首先固定钢丝网，两钢丝网片加钢筋支撑并用铁丝连接后，竖立成无顶盖的U形槽。钢筋支撑方法：在两竖向网片之间加直径6mm或8mm的钢筋棍作支撑，沿护栏长度方向间距为每米两根，沿护栏竖直向布置为顶面、中线、底面各一根。砌筑前可用钢筋、木条或竹条做好护栏两端的框架，施工时在框架上拉上线。由下往上砌筑时，每砌筑一层，线往上挪一定高度，由此来控制迎撞面的斜面及非迎撞面的直面的水平(顺直)度。

砌筑方法为先砌一层钢丝网外部的石头，再砌一层网内部的石头，然后铺一层砂浆，再砌筑一层。砌筑时钢丝网内外的砌筑高度尽量保持一致。对于非迎撞面，为避免砌筑时钢丝网漏浆，可贴着钢丝网先布石块。砌筑过程中钢丝网有少量外鼓属正常现象，可适当控制，但不应影响钢丝网整体强度，不应出现网断开、破裂现象。砌筑完成后，迎撞面及非迎撞面均需用砂浆抹面。

(8)基础嵌固护栏的施工

对于基础嵌固的新型护栏——改进型钢筋混凝土护栏、箱式填石护栏或延展式基础护栏，施工时护栏摆放位置应尽量靠近路面一侧，即护栏背部所留宽度应尽量大，且回填土的压实度应满足《公路工程技术标准》(JTG B01—2003)的要求。

新型护栏弥补了山区低等级公路路侧缺乏合适的安全防护设施的不足。示范工程的实施对减少山区低等级公路车辆冲出路侧，降低交通事故死亡率起到重要作用，可大幅提高山区低等级公路的安全防护水平。

2. 减速标线

本示范路段中事故多发段类型复杂，本着主动引导、被动防护的设计理念，在此次设计中，结合不同路段的实际路况，设置了不同类型的警示性减速标线。此类标线在视觉上有较强的冲击感，使机动车驾驶员在很远的地方就能看到前方道路上的标线带，对机动车驾驶员有较强的警示作用，有助于驾驶员在行至此路段时，谨慎驾驶、控制车速，从而达到安全行车的目的。

此路段中共设置有4种形式的减速标线，分别为：村镇路段振动减速标线、交叉口减速提示标线、禁止超车视错觉标线、车行道纵向减速标线。

1)村镇路段振动减速标线

此类标线设置在进入村镇路段前适当位置。其标线带由标线块组成，标线带有黄色和白色两种，沿行车方向横向满铺于行车道中。标线带醒目，警示效果强。标线带由防滑骨料铺装而成，车辆经过标线带时有明显的振动感，兼具一定的防滑作用和夜间反光功能，如图7-49所示。

图7-49　村镇路段振动减速标线

2)交叉口减速提示标线

此类标线设置在进入交叉路口前主路上的适当位置，沿行车方向纵向分布于行车道两侧，在视觉上有车道被压缩的感觉。标线带由方形标线块组成，颜色为白色，用防滑骨料铺装而成，兼具一定的夜间反光功能，如图 7-50 所示。

图 7-50　交叉口减速提示标线

3)禁止超车视错觉标线

此类标线设置在禁止超车路段，如急弯和视距不良处，标线形状为等腰三角形，施画在禁止跨越对向车行道线两侧，错向交叉排布，顶角指向车道内侧，标线颜色为醒目的黄色，其材料为热熔反光涂料，如图 7-51 所示。

图 7-51　禁止超车视错觉标线

4)车行道纵向减速标线

此类标线多设置在需要车辆减速行驶的路段前，为一组平行于车行道分界线的菱形块虚线，顺着行车方向，菱形块尺寸宽度逐渐增大，在视觉上车道有逐渐变窄的感觉，标线为白色热熔反光型，如图 7-52 所示。

3. 标志

针对目前柱式标志造价高、结构笨重等情况，课题组研究开发出了一种新型多柱式交通标志，意在解决标志设置成本过高、标志杆件过于突出等问题。

1)多柱细杆新型交通标志

多柱细杆交通标志结构是一种实用新型，是具有自主知识产权的交通标志结构。本结构设计方法有效解决了原有双柱式交通标志支撑立柱直径、壁厚大，结构笨重，成本高的问题。

本设计的有益效果是：

(1)在同等标志版面、相同设置条件下，本实用新型结构形式的支撑立柱直径缩小近 80%，可节约钢材 30%；

(2)由于立柱变细，使得整体结构更为轻便，质量减少近 30％，运输与安装更为方便；

(3)降低了原有较粗的钢立柱对于周边环境产生的突兀影响，新型结构更加美观，对环境的影响降到最低。

总体上更加符合我国目前实施的“安全、经济、环保、和谐”的交通发展理念，如图 7-53 所示。

图 7-52　车行道纵向减速标线

图 7-53　多柱细杆新型交通标志

2)指路标志系统化

根据三部委项目成果《双车道公路指路标志设置指南》及国省干线公路指路标志系统化设置方法成果，针对 G320 关岭段所处路网环境与架构，提出了指路标志的信息选取方法、交叉口指路标志信息的响应方法以及交叉口指路标志配置的具体方法，从而完整地构建了示范路段指路标志系统。

第三节　四川省示范工程

一、示范工程概况

国家道路安全行动计划课题二四川省示范工程包括 G108、G213、G319、S106、S205 和 S301 等路段，总里程为 2 654km，具体范围见表 7-2。示范工程实施路段基本上涵盖了四川省主要的国省干线，如图 7-54 所示。因此示范工程的实施能够切实提升四川省全省公路主干网的交通安全水平，为国家道路安全行动计划目标的实现做出重要贡献。

四川省示范工程实施路段　　表 7-2

公路编号	起　点	终　点	桩　号
G108	广元	攀枝花	K1820＋000～K3074＋386
G213	川主寺	新市镇	K616＋248～K1386＋734
G319	资阳境内		K2525＋424～K3697＋685
S106	资阳高寺	眉山	K387＋457～K528＋618
S205	九寨沟	绵阳	K0＋000～K295＋363
S301	九寨沟	川主寺	K12＋117～K156＋218

四川省示范工程的实施条件与其他省份存在十分明显的区别，由于5·12汶川地震自然灾害的发生，四川省的公路交通系统遭到了严重破坏，特别是在震中附近区域的公路几乎被全部摧毁，而且作为灾后重建的一部分，灾民和移民安置工程在全省范围内实施，大量的自然村和部分乡镇进行了整体搬迁，这些都导致四川省路网结构也随之发生了重大变化。而且，作为重要的基础设施，公路交通系统是四川各地实施灾后重建工作的重中之重，进行了大批公路新建和改建工程，因此四川省很多公路与地震前相比在线位、线形和标准上都出现了根本性的变化，因此历史交通事故数据并不适用于灾后重建的现有道路。同时大量的道路经过灾后重建之后，技术标准和道路线形状况有很大的提升，大量原有道路存在的视距不良、急弯陡坡、曲线半径过小、一致性不良和横断面设置不合理等问题得到了彻底的改观，由公路线形等导致的交通安全问题较少。因此，交通安全保障要解决的主要问题是对公路上车辆的控制和对出行人的有效管理。

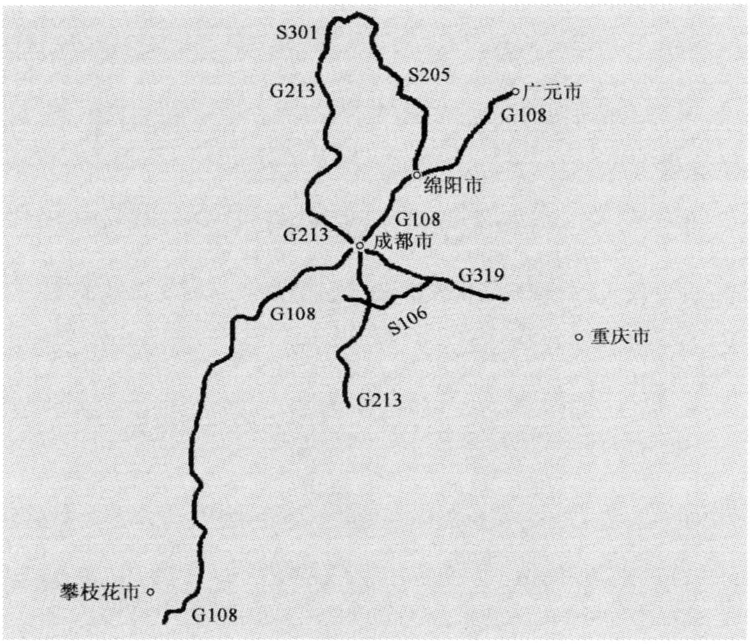

图7-54　四川省示范工程实施路网图

课题示范工程实施过程中，选择了G213川主寺至汶川镇路段和G108石棉至汉源段作为重点实施路段，在所有的示范工程中起到技术示范的作用。选择这两个路段作为重点实施路段的原因是，这两个路段涵盖了二级和三级两个主要的山区公路技术等级，而且都具备典型的山区公路特征，具有代表性和示范性。G213川主寺至汶川公路是一条灾后重建的公路，而G108石棉至汉源段也是一段更改线位后改建道路，这两条公路示范工程的实施能够更好地指导四川省大量灾后重建公路工程安全保障水平的提升，同时其实施经验对于“十二五”期间实施国省道公路的提级改造工作也有重大的借鉴意义。

示范工程作为重点实施样板路路段，然后将样板路采用的技术方案和针对性策略向全省其他示范工程路段推广实施。

二、示范路段交通安全现状分析

1. 路段概况

G213 川主寺至汶川段是《汶川地震灾后公路恢复重建规划》(交通运输部 2008 年 7 月)中规划的“一环、三纵、四横、十联”生命线公路网布局中的“成都—都江堰—汶川—茂县—松潘—九寨沟—平武—北川—安县—绵竹—什邡—彭州—成都”环线的一段，是西部大通道 G213 兰州—磨憨段的重要组成部分，是四川、重庆、云南、贵州等西南地区通往甘肃、青海、宁夏、新疆等西北地区的交通捷径，是九寨沟环线公路的主要组成段落，亦是通往九寨沟、黄龙寺、若尔盖大草原等著名风景旅游区的主要通道，在国家和地方公路网中占有十分重要的地位。拟建项目的建设，将为灾区群众生产生活提供基本出行条件，为恢复重建和经济社会发展提供交通保障，为灾区建设安居乐业、生态文明、安全和谐的新家园奠定坚实基础。

G213 川主寺至汶川段路线起于松潘县川主寺镇接建成的郎川路止点，沿 G213 线顺岷江而下，经松潘县境内十里回族乡后利用松潘县城段，经安宏乡、镇江乡，在茂县境内两跨岷江绕避太平乡、在叠溪海子段改建废弃的 G213 临河低线，过石大关、飞虹乡进入茂县县城，利用茂县县城新建禹羌大道后继续顺岷江而下进入汶川境内，通过汶川县雁门乡后，止于汶川县城郊，接建成的都汶路止点。路线全长 192. 191km，南北贯穿松潘县、茂县及汶川县。

全线采用二级公路标准建设。其中起点至太平乡段、茂县至南新镇段共 104. 4km，设计速度 60km/h，路基宽度 10m；其余路段设计速度 40km/h，路基宽度 8. 5m。项目路网位置如图 7-55 所示。

G108 汉源至石棉段属于四川大渡河瀑布沟水电站库区公路复建工程，起点为 K2517＋200，终点为 K2572＋683，路线全长 55. 4km，路线经过了萝卜岗、丰乐乡、马富村、宰羊乡、狮子坪集镇、迎政乡等众多乡镇。G108 汉源至石棉段为震后复建公路，建成于 2009 年，公路等级为二级，汉源县唐家至萝卜岗隧道设计速度 60km/h，路基宽度 12m，萝卜岗隧道至石棉设计速度 40km/h，路基宽度 8. 5m。项目路网位置如图 7-56 所示。

这两条公路都是典型的山区双车道公路，均是沿河布线，G213 沿岷江蜿蜒南下，G108 的沿线是大渡河水系，因此公路基本上一侧是高山陡坡，另一侧是陡崖河谷，同时这两条公路纵断面设计都需要克服较大的高差，沿线陡坡路段较多，局部路段还存在连续下坡。因此这两条公路是我国西南地区最典型的山区公路类型，作为示范工程的重点路段和样板路段是十分合理且具有科技示范作用的。

2. 交通安全状况分析

1)G108 汉源至石棉段

G108 汉源至石棉段在示范工程实施前已经完成全部灾后重建工程，该路段线形连续顺畅，横断面设置合理，而且安全设施较为齐全，通车至示范工程实施前未发生重特大交通事故，道路上尚没有发现明显的事故多发路段。G108 汉源至石棉段路况如图 7-57 所示。

G108 汉源至石棉段存在的主要交通安全隐患是交通特征比较复杂，接入管理比较混乱，支路口过多，横向干扰严重，部分交通安全设施细节处理不够精细。

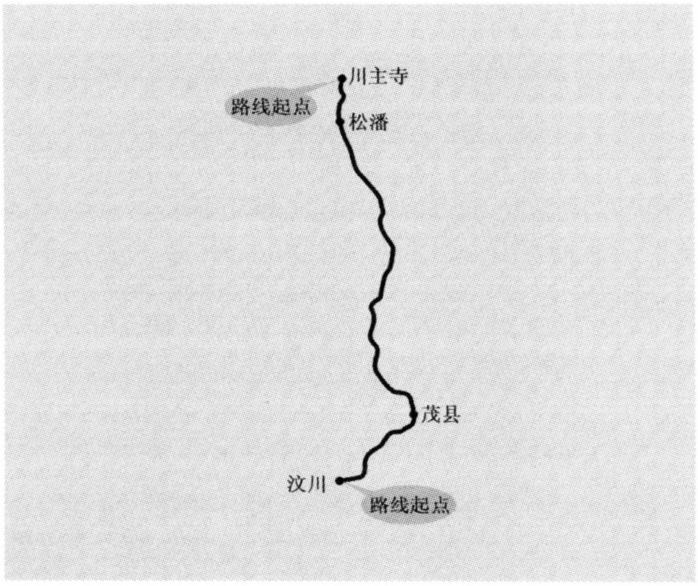

图 7-55　G213 川主寺至汶川段路网位置图

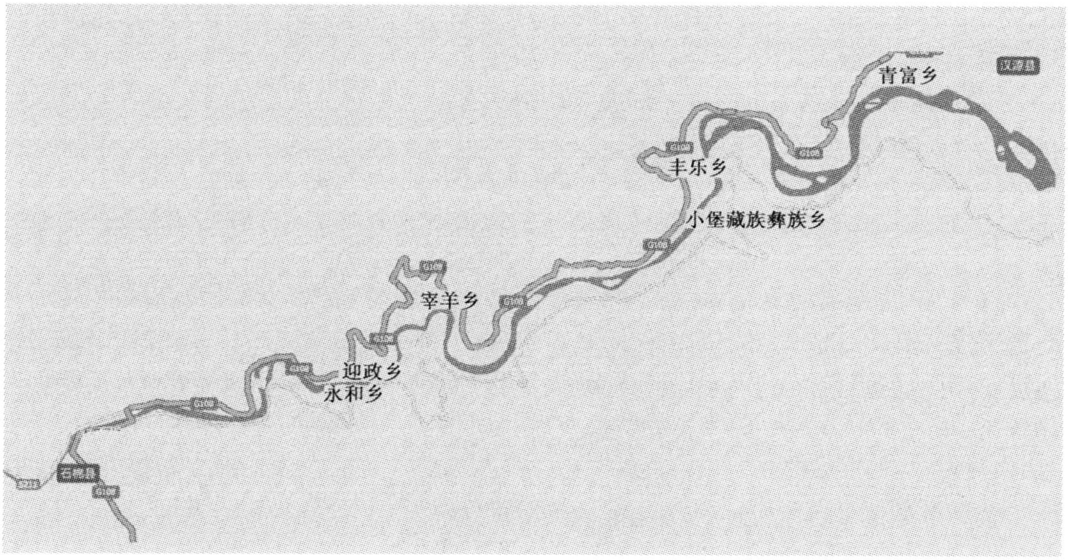

图 7-56　G108 汉源至石棉段路网位置图

(1)横向干扰严重

路段上村镇密布，穿村镇路段很多，沿线村民随意增设出入支路，而且绝大多数支路口未进行规范化处置，缺乏提示和警示设施，行人随意横穿现象严重，导致穿村路段横向干扰严重。

如图 7-58 和图 7-59 所示，大部分支路口被房屋遮挡，而且支路大部分采用白色混凝土路段，混杂在村镇背景之中，在主线上不易发现，特别是在夜间驾驶员很难识别支路口的存在和位置。部分村民安全意识不强，进出支路时不注意观察主线交通状况，特别是驾驶摩托车进出时对于主线车辆而言较为突兀，容易发生交通意外。

图 7-57　G108 汉源至石棉段路况

图 7-58　G108 汉源至石棉段隐蔽的支路口

沿线路段行人出行频率较高，路段上未设置人行道，因此大量行人随意在公路上行走，甚至横穿，对主线交通干扰十分严重(图 7-60)。

有部分沿线居民在路侧设置摊位售卖水果等物品(图 7-61),也有部分摩托车在沿线随意停车拉客(图 7-62),这些都对主线车辆的安全行驶造成了不利影响。

图 7-59　G108 汉源至石棉的支路口未经任何处理

图 7-60　行人随意在公路两侧行走

图 7-61　村民在沿线设置摊位图

(2)交通组成复杂,驾驶人行为不规范

G108 汉源至石棉段既是四川省的国省干线,同时也是满足当地居民短途出行的主要通道,因此同时具有干线公路和集散公路的特性,其交通组成十分复杂,既包括重载货车、远途客运车辆等大型车辆,也有摩托车、农用车和畜力车等慢速本地车辆(图 7-63),因此车辆之间的速度差异很大,车速离散性很高,容易发生交通事故。同时部分驾驶员的驾驶行为不规范,占道行驶、逆向行驶等违法行为屡见不鲜。

2)G213 川主寺至汶川段

G213 川主寺至汶川段是一条灾后重建公路，在示范工程实施时仍然处于施工期，因此示范工程实施的主要工作是对原有设计的完善和提升，并根据该公路的实际安全状况，选择课题研究成果中适用性和针对性较强的部分应用于示范工程。

图 7-62　摩托车沿线停车拉客图

图 7-63　大货车、农用三轮车和摩托车混行

G213 川主寺至汶川段公路设计标准和设计指标运用比较合理，因此线形的连续性和一致性都比较好，因线形组合导致的交通安全隐患很少，但是同样也存在着需要进行进一步完善和提高的地方。

(1)连续纵坡

沿线的地形地貌变化剧烈，为了克服高差，路线纵断面设计虽然满足标准规范的要求，但是难以避免地出现了连续纵坡的情况，在叠溪海子路段存在一段长度接近 10km 的连续纵坡路段(图 7-64)。

虽然该公路是一条二级公路，车速相对高速公路而言比较慢，但是由于路段上弯道较多，纵坡更大，驾驶员制动的频率更高，所以双车道公路上长大纵坡的危害并不亚于高速公路。

(2)平交路口

根据公安部 2005 年度公布的相关数据，公路平面交叉口发生的交通事故约占公路交通事故总量的20%。而课题研究证明，山区公路平面交叉口发生的交通事故（含与平面交叉口相关的交通事故）约占该区域交通事故总量的30%。因此，如何正确设计平面交叉口，组织好交通流汇入分流，对于提高平面交叉口的通行能力和减少交通事故都具有重要意义。G213川主寺至汶川段公路与四川省多条省道、县道和旅游公路衔接，存在多个平面交叉口（图7-65）。由于这些平面交叉口地处山区，地形狭窄，其规模和设计标准偏低，因此这些平面交叉口需要进行专项的渠化设计和交通安全综合处置。

图7-64　完成路面工程的连续纵坡路段

图7-65　与主线相交的山区小型平面交叉口

3.交通安全设施设置情况

在示范工程实施过程中，G213川主寺至汶川段公路虽然部分交通安全设施已经施工，但是尚未竣工验收，而G108汉源至石棉段已经建成通车，所有交通安全设施全部完成施工并且投入使用，因此下面主要分析G108汉源至石棉段交通安全设施的设置情况。

1）防护设施

G108汉源至石棉段的路侧防护设施比较完善，在路侧环境比较危险的路段均设置了护栏（图7-66），路基护栏的防撞等级一般为A级，在填土高度较高或者较为危险的路肩墙等路段采用的是SB级。填方段的护栏形式是双波波形梁护栏，挡土墙路段设置的是混凝土护栏。

波形梁护栏采用圆形立柱、防阻块结构，护栏的结构形式（图7-67）符合现行标准规范的要求，能够满足对失控车辆进行有效防护的要求，同时设置的轮廓标能够对驾驶员的视线给予很好的引导。

a)A级波形梁护栏　　b)SB级护栏

图 7-66　波形梁护栏

图 7-67　波形梁护栏的结构形式

混凝土护栏(图 7-68)采用了 F 形截面，现浇施工，具有很好的防撞能力和比较低的养护费用。

图 7-68　混凝土护栏的结构形式

桥梁路段，小桥上采用波形梁护栏，与路基护栏直接连接；中桥和大桥上则采用了组合式混凝土护栏(图 7-69)。由于桥梁上未设置人行步道，因此桥梁安全防护也未考虑对行人的保护。

考虑到沿线居民步行出行需求，在隧道内设置了专用的人行步道，护栏设置在行车道和人行步道之间，采用了金属栏柱式护栏(图 7-70)，因此隧道护栏兼具车辆防撞和行人保护的功能。

虽然路段上的护栏设置较为完备，形式也比较合理，但是在护栏设置的细节上还需要进一步提升。特别是不同形式护栏之间的衔接过渡不顺畅，出现了刚度中断等现象(图 7-71)；同时在护栏端头的设置和处理上比较简单，没有充分考虑护栏端头的安全要求(图 7-72)。

图 7-69　桥梁护栏的结构形式

图 7-70　隧道内护栏的结构形式

图 7-71　不同形式护栏之间的衔接过渡图

图 7-72　未经处理的护栏端头图

2)交通标志

G108 汉源至石棉段在危险路段前设置了必要的警告标志和禁令标志(图 7-73)。

图 7-73　警告标志和禁令标志

指路标志、旅游标志、地点距离标志以及地名标志等标志的设置比较完整和系统(图 7-74)。

图 7-74　指路标志

但是一些非公路标志设置的位置和形式不是很合理,对主线的交通有一定影响,需要进行治理(图 7-75)。

图 7-75　非公路标志

3)减速设施

G108 汉源至石棉段除了限速标志外未设置有效的速度控制和减速设施,在部分存在安全隐患的路段不能有效地控制车速。

三、主要实施内容

1. 实施原则

将三部委项目研究成果应用于实际工程之中通过实际应用，验证研究成果的有效性与科学性并提高示范路段的安全性能。为了更好地实施四川省示范工程，建议采用“安全、服务、经济、环保”的设计理念。

(1)“安全”是指秉承安全至上的理念，为多种类型的道路使用者(包括旅游者、大型货车驾驶员、沿线短途出行居民等)从道路基础设施的角度提供安全的交通环境。

一般而言，虽然影响交通安全的因素很多，但是驾驶员的错误是最主要的因素，因此从满足驾驶员需求的角度出发，示范工程中考虑的安全包含三方面的内容：

①尽可能降低驾驶员出现错误的可能性。力争让驾驶员能够更准确地了解前方道路的情况，降低驾驶员判断失误而导致的风险。

②尽可能为驾驶员出现的错误提供宽容的防护，降低事故的严重程度。

③不忽视道路弱势群体的交通安全风险，如行人、非机动车，特别是在隧道、村镇等特殊路段要充分考虑弱势群体的交通安全。

(2)“服务”是指为道路出行者提供高品质的交通服务，满足出行者特别是旅游者对快捷和舒适的需求，以适应项目本身旅游公路的定位。

示范工程中考虑的服务建议包括以下几方面的内容：

①舒适：为出行者营造优美的交通环境和优质的出行服务。结合沿线优美的自然环境，对服务区、停车区和观景台的位置、服务设施和景观进行规划和设计，满足出行者的多种需求。

②信息：示范工程路段同时具备旅游公路和货运通道属性，驾驶员和旅游者对于信息的需要是十分迫切的。这些信息包括交通标志提供的连续的地点引导信息，也包括位于观景台等处的介绍性信息。因此在交通标志和服务设施的规划上建议重点考虑提供信息服务的方式和内容。

(3)“经济”是指从工程项目的全寿命周期考虑，尽可能采取本地材料，降低后期养护和维护的费用；在同等技术条件下采用低成本的设施降低建设费用；排除事故多发地点的安全隐患，降低因交通事故导致的维护和抢修费用，实现可持续、全周期的节约。

(4)“环保”是指在建设过程中减少对自然地貌、自然植被的破坏，对取土坑和开挖边坡等采用自然的恢复措施，比如利用取弃土场建设观景台和小型停车区等，同时结合沿线的自然风光合理规划景观序列，画龙点睛地设置景观小品，起到环境和景观共同提升的效果。

2. 示范工程技术方案

四川省示范工程的实施通过现场踏勘调研、交通情况分析、与交通安全管理部门和工程管理部门座谈加深了对示范工程路段的认知和理解，并形成了示范工程设计的方案。

根据项目自身的特点，G108 汉源至石棉段由课题研究人员完成全部设计，G213 川主寺至汶川段由于尚在施工过程中，由原设计单位根据课题组提供的技术咨询建议进行了设计完善和优化。按照公路项目建设程序进行了技术方案论证和设计文件专家评审，在听取了相关专家和管理部门意见的基础上，对设计方案进行修改完善，最终形成了施工图设计文件。

设计文件针对重点示范路段存在的需要进一步提升和完善的地方进行了针对性设计，以期利用课题研究的成果大幅度提高示范工程路段的交通安全水平。具体的技术方案包括以下内容。

1)改善行车视距条件

在国省干线上，视距是保证行车安全的关键因素，特别是在山区地形复杂路段，视距不足往往是导致交通事故的主要原因。

在 G213 川主寺至汶川段公路上，利用示范工程实施时仍处于主体工程施工期的有利时机，在回头曲线处开挖视距台(图 7-76)，平整地形，在提高驾驶员视距条件的同时，也增加了行车的侧向净空，提升了公路的宽容性，从主动防护的角度改善交通安全水平。

图 7-76 回头曲线处开挖视距台

在绿化设计方案上，避免在曲线内侧设置高大或茂密的乔木或常绿植物，而是采用低矮的灌木(图 7-77)，一方面不遮挡视距，另一方面灌木发达的根系利于固定边坡，减轻转弯处流水汇集对边坡的冲刷。

图 7-77 曲线内侧的绿化植物采用低矮灌木

2)完善交通标志和标线设计

根据示范工程实施路段的线形特征和交通特性，完善交通标志和交通标线设计，具体的实施方案包括：

不易被驾驶员识别的可能导致交通安全隐患的线形或路段之前设置交通标志进行提示和提醒，如在弯坡组合路段之前设置醒目的“急弯减速”标志，如图 7-78 所示。

在有较多小学生横穿公路的学校路段设置警告标志，警告标志采用了荧光反光膜(图 7-79)，在拂晓和黄昏时段有很好的视认性，能够确保驾驶员不忽视该标志。同时通过设置横向减速标线降低车辆在学校路段行驶的速度，设置中心黄实线禁止车辆随意超车，规范驾驶员的驾驶行为，保证学生的安全。

在不适宜超车的路段设置禁止超车标线，根据视距和线形条件分别设置双向禁止超车标线（图 7-80）和单向禁止超车标线（图 7-81），避免公路上的不安全超车，规范驾驶员的行为。

图 7-78　醒目的“急弯减速”标志

图 7-79　采用荧光发光膜的学校标志

图 7-80　双向禁止超车标线

图 7-81　单向禁止超车标线

除了常规的交通标志外，根据示范工程路段沿线旅游资源丰富的特点，设置了专用的旅游标志（图 7-82）。

3)加强边坡处置和路面防护,避免落石伤害

四川省在5·12地震之后地质结构遭到了严重破坏,地表结构疏松,公路挖方路段落石情况严重,对公路上的车辆构成了严重的威胁。在示范工程落石严重的路段,设置了防落石网以保护行驶中的车辆(图7-83)。在落石严重,特别是有大尺寸落石的路段专门设置了防落石棚洞(图7-84)。

图7-82　示范工程旅游标志

图7-83　防落石网

图7-84　防范落石的棚洞

4)综合性运行速度控制措施

速度控制是保证交通安全的重要技术手段,特别是在弯急、坡陡的山区双车道公路上。四川省示范工程实施过程中综合运用了多种技术对策控制车辆的运行速度。

综合性的速度控制措施包括:增设相关速度限制的禁令、告示标志;在学校等重要路段之前设置三色块视错觉标线(图7-85),给驾驶员带来较为强烈的视觉冲击感,从心理学角度控制驾驶员的速度选择;设置横向减速标线(图7-86),通过车辆振动提醒驾驶员控制车速;进入曲线隧道之前的洞口过渡段路段设置了颜色鲜艳的路面薄层防滑铺装(图7-87),由粘贴在双组分胶水上的骨料组成,标线颜色为暗红色,较为醒目,而且具有很高的摩擦系数,不但能够提醒驾驶员注意保持车速,而且改善了路面防滑特性,防止在隧道口出现侧滑等情况。

图7-85　视错觉标线

图 7-86　横向减速标线与限速标志组合使用

图 7-87　隧道洞口的彩色防滑路面铺装

5)穿越村镇路段综合处置

根据对示范工程路段的实地调研发现，沿线存在的小支路口比较多，特别是在公路穿越村镇路段和居民点处小支路口较多，大多数支路口通向居民家庭，规模较小但对主线交通的横向干扰较严重。交叉口的控制方式决定着整个交叉口的安全水平，交叉口控制方式的选择是一个涉及众多因素的问题，如相交道路的性质、交通量的大小、车种组成、交通安全、管理条件以及自然地理条件等。在示范工程实施过程中针对支路口视距条件、路面情况(硬化与否)、是否有车辆出入进行了三大类的处治。

对于规模较小，没有车辆出入的支路口，仅在路口设置道口桩，具体的处置方式是在路口两侧各设置两根道口桩(图 7-88)。

图 7-88　支路口仅设置道口桩

对于视距较好，路面为砂石路面，并且有车辆出入的支路口，设置禁令标志——支路“减速让行”标志，告示支路车辆驾驶员进入主线时应减速慢行，同时在路口两侧设置道口桩，路口处设置减速丘(图 7-89)。在确保主线车辆优先,确保安全的前提下,支路车辆方可进入主线。若支路口路面情况具备条件,在支路上施画减速让行标线。

图 7-89　交叉口处设置道口桩、减速让行标志和减速丘组合

对于视距条件较差,支路路面有铺装,并且有车辆出入的支路口,设置禁令标志——支路"停车让行"标志,告示支路车辆驾驶员进入主线时应停车进行瞭望,同时在路口两侧设置道口桩,路口处设置减速丘(图 7-90)。在确保主线车辆优先和安全的前提下,支路车辆方可通行进入主线。

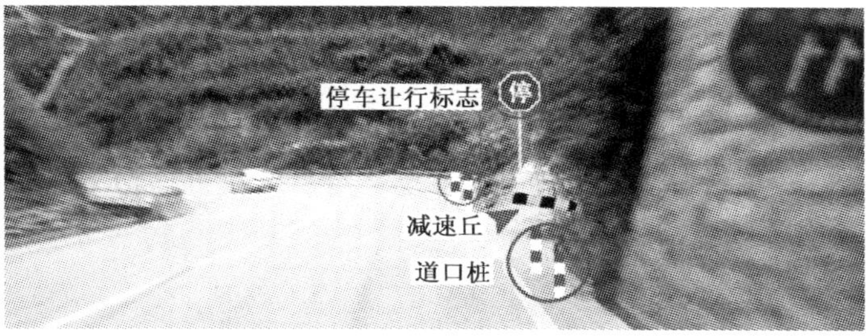

图 7-90　交叉口处设置道口桩、停车让行标志和减速丘组合

3. 新技术与新设施应用

1)高光度性能交通标线

为了改善夜间与雨天积水条件下路面交通标线的作用,课题组在示范工程路段选择部分路段作为实验示范段对高光度性能的交通标线进行了性能测试(图 7-91)和示范应用。高光度交通标线细部大样如图 7-92 所示。

图 7-91　不同标线光度性能测试

2)振动交通标线

在驾驶员容易疲劳和注意力不集中的路段，设置了振动交通标线(图 7-93)，当驾驶员不小心驶离行车道时能够通过剧烈的振动提示驾驶员，避免发生路侧交通事故。

图 7-92　高光度交通标线细部大样图

图 7-93　振动交通标线

3)新型路侧护栏

在示范工程实施过程中，结合四川省示范路段的车辆特性和交通特征，使用了课题组研发的改进型钢筋混凝土护栏(图 7-94)，特别是在高填方路堤和弯坡组合等危险路段优先使用。

图 7-94　改进型钢筋混凝土护栏

改进型钢筋混凝土护栏适用于山区低等级公路路肩较宽的路段，护栏采用嵌固式基础，基础埋深较浅，施工工艺简单。虽然护栏的设计防撞能力达到了 160kJ，但钢筋用量少，每延米材料费低于 200 元，造价低廉。在示范工程应用中，还结合公路沿线羌族民俗的色彩和文化符号对护栏坡面进行了装饰，效果美观大方。

在路肩挡土墙和石方区，为了获得牢固的基础，保证护栏的防撞性能，使用了延展式(反压式)基础(图 7-95)。这种基础形式巧妙地通过车辆的反压作用保证护栏在撞击过程中的稳定性，特别适用于在基础施工困难的路段应用(图 7-96)。

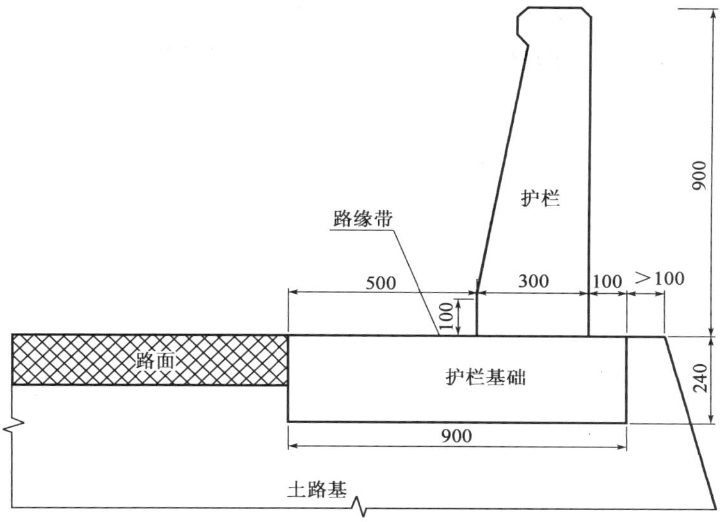

图 7-95　护栏延展式基础结构设计示意图(尺寸单位:mm)

图 7-96　路肩墙上延展式护栏基础应用

4)视错觉减速设施的应用

速度是山区双车道公路交通安全的关键,在示范工程实施过程中,应用了多种形式的减速设施,其中最主要的是视错觉标线。

视错觉减速标线设置在需要车辆减速行驶的路段,如视距不良和学校之前路段。标线由三种颜色拼接而成,由于人眼的视错觉作用使驾驶员误认为是凸起的物体,从而减速行驶(图 7-97)。

图 7-97　视错觉减速标线

第四节　重庆市示范工程

一、示范工程概况

重庆市示范工程包括 G319、G210、G326 重庆段等计 1 015km。重庆市示范工程实施路网图如图 7-98 所示。

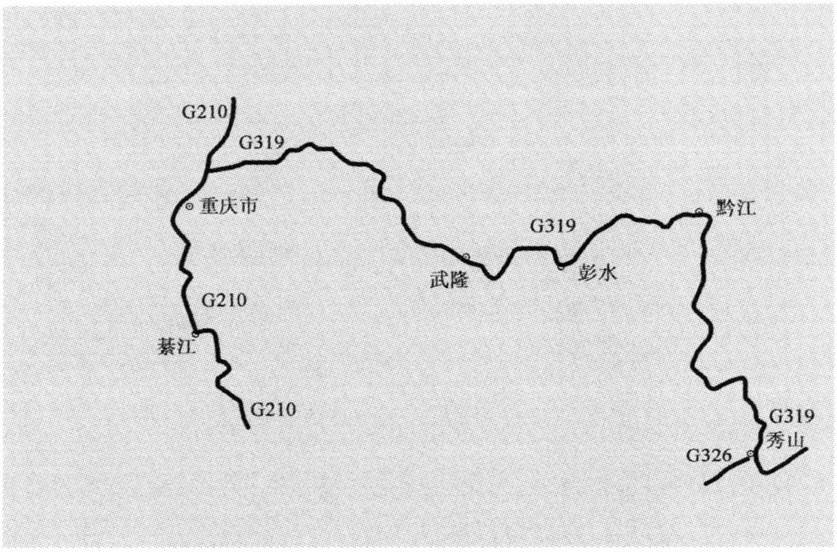

图 7-98　重庆市示范工程实施路网图

二、重点路段的选取方案

综合考虑交通量、地区经济发展、道路条件等因素，确定重庆市国道示范工程的样板路段 G319 武隆段作为重点实施路段，主要理由如下：

(1)典型的山岭重丘区路段，一侧傍山，一侧临乌江。陡坡、急弯路段多，并且岩石突出，还存在多处隧道，并有隧道群。

(2)安保工程设施主要是路侧防护，隧道等重点路段缺少系统处理和完善。

(3)该路段是 G319 重庆全部路段中事故最集中的路段。该路段仅占重庆 G319 全段长度的 2.5%，但交通事故造成死亡人数占全段 11%，受伤人数占 8%。

三、示范路段交通安全现状分析

1. 路段概况

G319 武隆段起点桩号为 K2138＋700，终点桩号为 K2207＋200，全长 68.5km。该路段道路条件较好，绝大部分路面为沥青路面。全线为沿溪线双车道公路，其中武隆县城、白马县城周边路段路基宽度 12m，路面宽度 9m；其余路段路基宽度 9m，路面宽度 7.5m，属于比较典型的山区二级公路，主线方向左侧临山，右侧临乌江。全段设计速度 60km/h。

该路段总体纵曲线变化较为平缓，路线走向比较平直，弯道半径较大，连续弯道等不利线形在条件允许的情况下通过架设桥梁、开凿隧道的方式减少了弯道数量，增大了曲线半径，但在桥头引线和隧道洞口段存在一些相对不良的平面线形，如弯道接桥、弯隧道等。

G319 武隆段对于当地经济和社会发展具有重要的社会和经济意义。G319 武隆段旅游资源丰富，沿线有芙蓉洞、仙女山、天沟、地缝等旅游景区，是重庆市境内不可多得的一条旅游公路，同时该路段与包茂高速公路存在多个接入点，是武隆县与重庆市及周边省份往来交通的重要通道，如图 7-99、图 7-100 所示。

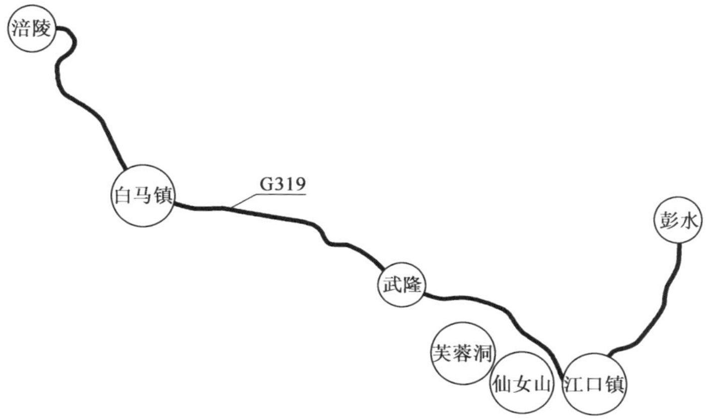

图 7-99　G319 武隆段走向图

图 7-100　G319 武隆段的优美景色

2. 事故情况分析

收集近五年来发生在示范段的近150起一般以上交通事故，对其进行详细分析。

交通事故按时间分布趋势如图7-101所示。从图中可以看到，1月、5月、6月、7月是示范段一般以上交通事故的多发时间。项目组认为，这与该路段的旅游公路性质有关，以上4个月份是学生放假或重庆市民到城外避暑纳凉的时间，也是交通量较大的时间段。

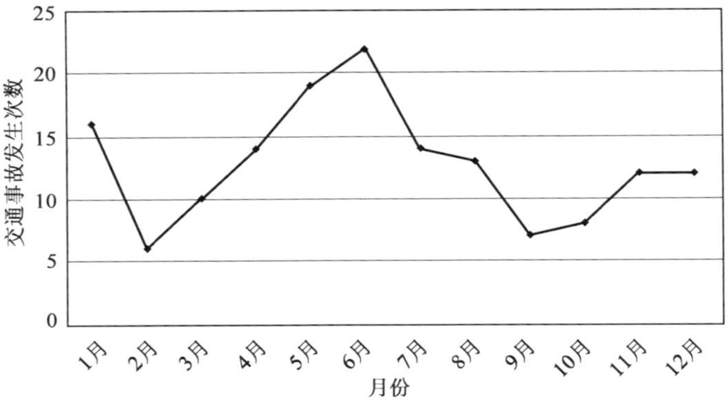

图7-101 示范段一般以上交通事故按时间分布图

将交通事故按发生的路段性质进行分类，选择其中分布最为集中的三类路段，如图7-102所示。从图中可以看出，连续弯路路段、交叉口路段、村庄路段是发生一般以上交通事故最多的路段。

从构成一般以上交通事故的事故形态分析，正面相撞、侧面相撞、刮撞行人排在前三位，分别占29%，17%和13%，如图7-103所示。

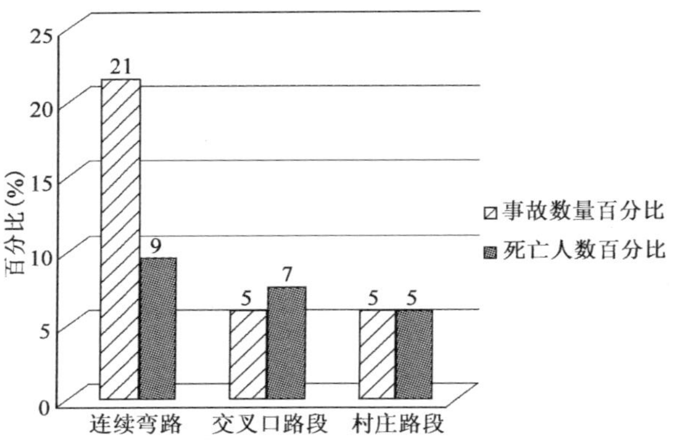

图7-102 示范段一般以上交通事故按路段类型分布图

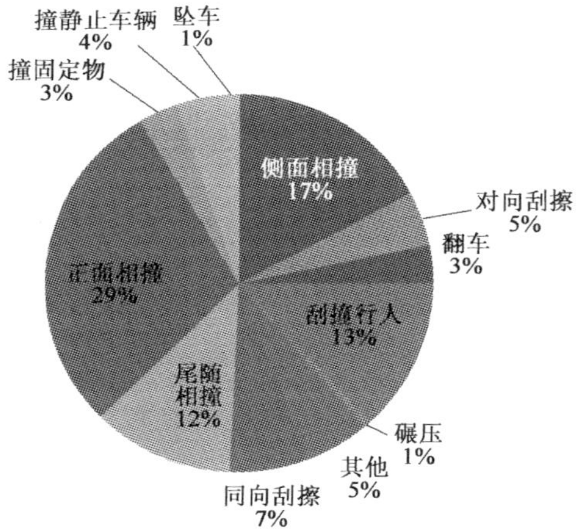

图7-103 示范段一般以上交通事故按事故类型分布图

从各种不同事故形态造成的伤亡人数分析，正面相撞、侧面相撞、尾随相撞以及刮撞行人排在前几位，分别占35%，16%、9%和8%，如图7-104所示。

示范段共存在16座隧道，其中1km以上的隧道有5座，最长的隧道为银盘电站隧道，全长近3km。此外，K2193～K2194.5存在3座连续的隧道。项目组针对隧道发生的交通事故进行了单独统计,发现发生在隧道路段的交通事故占事故总数的 14.8%,这说明隧道路段是交通事故发生集中的路段。

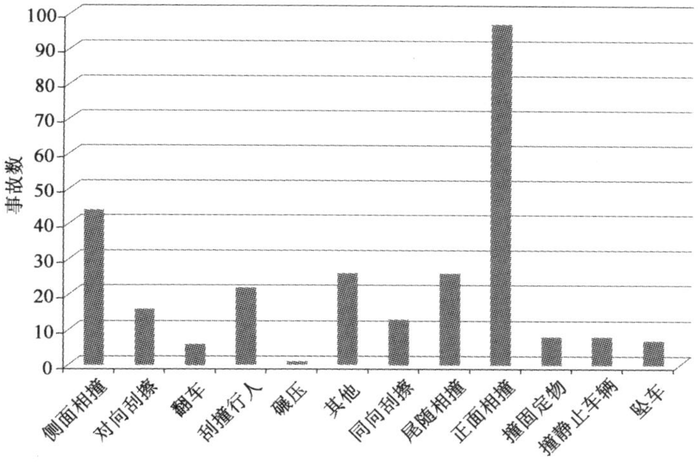

图 7-104　不同事故类型造成的伤亡人数统计图

3. 交通安全设施设置情况

1)防护设施

通过 2004 年的重庆市"生命工程",G319 沿线路侧大于 3m 的路段基本上设置了波形梁护栏。路侧防撞护栏以 B 级波形梁护栏为主,立柱间距为 4m,弯道和危险路段立柱间距 2m,防阻块连接立柱与护栏板,局部路段护栏板采用浸塑工艺处理。护栏基础为埋入式护栏基础,下部为块石、混凝土浇筑或砌筑,上部为素混凝土罩面,基础强度较弱,如图 7-105 所示。

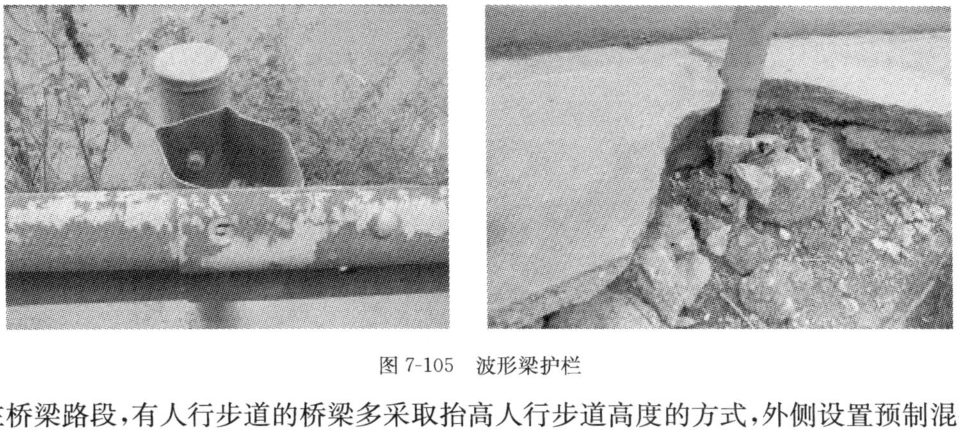

图 7-105　波形梁护栏

在桥梁路段,有人行步道的桥梁多采取抬高人行步道高度的方式,外侧设置预制混凝土桥梁栏杆,栏杆高度符合行人栏杆标准,栏杆内有结构钢筋,整体结构不具备承受车辆撞击的能力。部分桥梁双侧人行步道与行车道间设置了波形梁护栏,部分桥梁在行车道与人行步道间设置了带状混凝土挡块,只有个别桥梁设置了混凝土桥梁护栏,如图 7-106 所示。

2)交通标志

在危险路段前设置了必要的警告标志和禁令标志,如图 7-107 所示。但一些交通标志已经无法满足反光要求,存在标志设置不规范的情况,如图 7-108 所示。

a）预制混凝土桥梁栏杆

b）带状混凝土挡块

c）设置车用护栏的桥梁

d）设置混凝土护栏的桥梁

图 7-106　桥梁护栏现状

图 7-107　现有警告标志与禁令标志图

图 7-108　设置不规范的交通标志

指路标志数量较少，信息连续性不强，标志字体较小，视认性不佳，无法形成系统的指引，如图 7-109 所示。

a）旅游标志　　b）指路标志

图 7-109　指路标志现状

3）交通标线

示范段路面施画了中心线、边缘线，线宽 15cm，为热熔反光标线。路侧轮廓标采用护栏立柱贴膜的形式，桥梁段轮廓标设置于桥梁护栏立柱上，隧道内设置于隧道侧壁上，如图 7-110 所示。

图 7-110　隧道内轮廓标设置图

4）减速设施

事故多发位置前一定距离设置了振动减速标线，全横断面铺设，通常设置两三组，如图 7-111 所示。

4. 路段情况小结

该路段情况的基本总结：

图 7-111　振动减速标线

（1）示范段周边景色优美，是重庆市重要的旅游公路，同时是当地经济发展的主要经济命脉，具有重要的社会、经济意义。

（2）示范段是 G319 重庆段中事故较多的路段，车速快，事故以碰撞事故为主，存在较明显的事故多发段。

(3)示范段存在多条隧道,且事故多发。

(4)对于该路段现有交通安全设施,目前设置了B级波形梁护栏,但部分路段防护等级明显不足。标志设置不系统。处置措施单调,缺乏对事故多发段的综合处置。

四、主要实施内容

1. 实施原则

将三部委项目研究成果应用于实际工程之中,通过实际应用验证研究成果的有效性与科学性并提高示范路段的安全性能。

总体设计原则:安全、科学、和谐、以人为本。

(1)“安全”是指通过增加视线诱导与速度管理设施,完善防护措施,变被动防护为主动预防,降低事故发生率。

(2)“科学”是指将科研成果应用与实际之中,结合驾驶员驾驶需求与预期,通过合理设置有限的、低廉的交通安全设施,取得最为实用的效果,有效降低速度差和交通事故率。

(3)“和谐”是指通过合理设置交通安全设施,使其与周边环境相协调。变交通安全设施等的钢制材料为与环境相协调的设施,降低交通安全设施对周边环境的影响,利用周边环境的视线诱导功能提升交通安全水平,使其交相辉映,相互协调。

(4)“以人为本”是指从驾驶员的操作规律和驾驶期望出发,通过科学、合理地设置交通安全设施,提升驾驶员操作的顺畅性,通过设置合理的降速设施,使车辆速度在危险点段前以协调的速率降下来,从而起到提升道路安全性能、降低事故率的作用。

2. 主要实施内容

根据以上实施原则,重点示范段的安全完善包括以下内容:

(1)对原有设施中不符合新标准、规范之处进行规范化设计与改进。

(2)根据交通事故情况和车辆运行特征,完善交通标志、标线系统。

首先对全路段的交通标志进行规范化处置,包括按《道路交通标志和标线》(GB 5768—2009)要求进行交通标志设计。同时,警告标志边长采用1 100mm规格,禁令标志直径采用1 000mm规格,指路标志字高采用40cm。

在此基础上,应用三部委项目课题二专题2“山区高速公路及国省干线公路指路标志设置技术研究”的研究成果构建路网指路标志系统,对路网相关信息进行技术分层,按照信息重要度科学选取、发布信息,形成完整的指路标志系统。

对平交路口进行渠化处理,同时采用新型交通标线,起到警示驾驶员、降低车速的目的。

此外,利用课题研究成果,对路段存在的危险隐患路段、事故多发路段进行交通标志、标线的综合处置。

(3)根据《公路交通安全设施设计规范》(JTG D81—2006),结合示范路段现场情况,设置相应等级的护栏:

①一般路段采用A级防护等级的波形梁护栏;

②桥梁上设置钢管护栏;

③视距不良,存在有碰撞事故的局部危险路段,设置三波波形梁护栏;

④发生过重大坠车事故、路侧存在民房等局部路段设置混凝土护栏。

(4)针对事故多发段事故成因，采取综合处置手段。

根据事故数据统计，科学判断事故多发路段。通过测速、采集车辆行驶轨迹等数据，结合事故案例分析，研究事故多发段成因与机理，根据三部委项目研究成果，采取综合处置手段，多管齐下，从视线诱导、车速控制、危险警告、被动防护等多角度提出综合处置手段。

(5)根据三部委最新研究成果，将新型交通安全产品应用到示范工程之中，提升全路段的交通安全水平。

G319 武隆段作为重庆市示范路网的国道重点示范路段，应用的研究成果包括以下几方面：

①塑料荧光护栏的应用；

②各类减速标线的应用(村庄路段减速标线、交叉口减速标线、弯坡减速标线)；

③事故多发段的综合处置方法；

④多柱形式的标志结构；

⑤可解体消能交通标志；

⑥环岛安全处置；

⑦系统化的指路标志设置体系。

3. 具体实施方案

1)交通标志

(1)规范化处置

①按《道路交通标志和标线》(GB 5768—2009)要求进行交通标志设计。

②警告标志边长采用 1 100mm 规格，禁令标志直径采用 1 000mm 规格，指路标志字高采用 40cm。指路标志版面调整方案如图 7-112 所示。

图 7-112　指路标志版面调整方案

(2)构建指路标志系统

根据周边路网架构对该道路相关指路信息进行分层，见表 7-3。

根据交叉口交叉公路的行政等级，提出指路标志信息选取的方法，见表 7-4。

根据以上指路标志设置方法，构建完整的指引系统，如图 7-113 所示。

(3)采用新型交通标志结构

双柱式交通标志结构是我国公路上特别是高速公路两侧广泛使用的一种标志结构。采用双柱式支撑结构的标志版面一般较大，面积在 4～10m^2。在交通标志结构设计中，为保证结构强度，需要进行结构稳定性验算，以满足标志版面风荷载、标志板重力荷载的要求，保证标志立柱、横梁、连接件的设计达到足够的强度。由于所承载的标志版面较大，为达到足够强度，双柱式结构交通标志的立柱直径均在 159mm 以上，200mm 以上直径的立柱也非常常见，且立柱壁厚较大。这往往造成三个方面的问题：第一，双柱式标志支撑立柱非常粗，对公路周边环境带来负面影响，给驾驶员以突兀、笨重的感觉；第二，由于支撑立柱单位质量大，不便于运输和安装；第三，用钢量较大，钢材损耗多，不符合建设节约型社会的要求；第四，由于支撑结构用钢量较大，双柱式标志的造价一般较高。

指路标志信息分层表　　表 7-3

序号	信息分类	A 层 信 息	B 层 信 息	C 层 信 息
1	路线名称信息	高速公路编号	国道、省道	县道
2	地区名称信息	省会或直辖市（如昆明、贵阳、成都、重庆），地级市、含有高速公路接入口的县	县、省会或计划单列市的市中心；城市内行政区划； 市政府、大型会议中心、市级商业中心区	县、乡镇、重要集镇、著名村庄
3	旅游景区信息	国家 AAAA 级旅游景点、自然保护区、国家级大型文体设施	市级旅游景点、自然保护区、博物馆	县级旅游景点、博物馆、纪念馆
4	交通枢纽或交叉结点	飞机场、火车站	火车场站、长途汽车总站、大型环岛、大型立交桥	重要路口
5	重要地物	国家级产业基地、所在省或直辖市标志性建筑物	市级产业基地、市级文体场馆、科技园	县级产业基地和企业、县级文体中心

指路标志信息选取表　　表 7-4

主线方向道路等级	主线方向信息	交叉道路方向		
		国道	省道	县、乡道
国道	A 层、(B 层)	A 层、(B 层)	(A 层)、B 层	(B 层)、C 层
省道	(A 层)、B 层	A 层、(B 层)	(A 层)、B 层	(B 层)、C 层
县、乡道	(B 层)、C 层	A 层、(B 层)	(A 层)、B 层	(B 层)、C 层

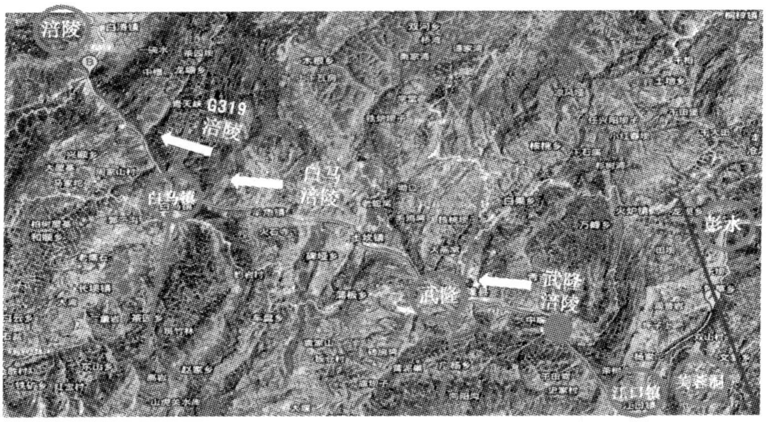

图 7-113　示范段指引系统示意图

在本次示范路段安全完善工程设计中，项目组研发了细杆多柱式交通标志结构（图7-114）并申请了专利。该结构包括立柱、横梁、斜撑、基础连接件和基础件，所述基础件埋在地表以下，基础件通常为钢筋混凝土材料，保证整体结构的稳固性，基础件的上部固定有基础连接件，基础连接件通常浇筑在基础件上，与基础件形成不可分割的整体，基础连接件的上部与立柱、斜撑通过螺栓连接，斜撑另一端与立柱焊接。标志板通过抱箍固定在立柱上。

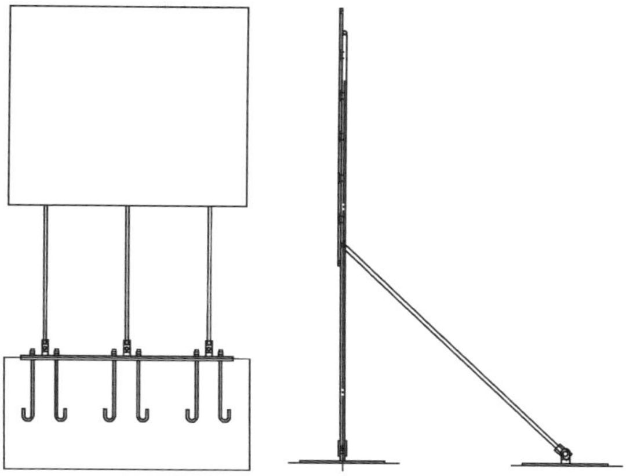

图 7-114　多柱细杆交通标志结构示意图

在同等标志版面、相同设置条件下，本实用新型结构形式的支撑立柱直径缩小近85%，可节约钢材 80%；由于立柱变细，使得整体结构更为轻便，质量减少近 80%，运输与安装更为方便；降低了原有较粗的钢立柱对于周边环境产生的突兀影响，新型结构更加美观，对环境的影响降到最低；开发了新型的基础连接方式，使连接方式更加轻巧，施工更加方便。总体上更加符合我国目前实施的“安全、经济、环保、和谐”的交通发展理念。多柱细杆交通标志结构与以往双柱标志结构对比如图 7-115 所示。

图 7-115　多柱细杆交通标志结构与以往双柱标志结构对比图

2)交通标线

事故分析结果显示，碰撞事故是该路段造成人员伤亡的主要事故类型，特别是对撞事故和刮擦事故所占比例较高。在交通标线的设计中，对道路中心线进行改造，在路面宽度为 9m 且对撞事故多发路段通过施画鱼肚皮标线（图 7-116）等新型标线，拉大对象车辆之间的距离。

在路面宽度有限，但对撞事故较多的路段，施画双黄实线，如图 7-117 所示。

3)减速设施

(1)穿村镇路段

对于示范段路侧村镇沿公路分布较广、居民出行活动对行车干扰有较大的影响路段设置限速设施及安全设施。如路侧只有较少居民房屋及较少的出行活动，除设置限速标志外，设置路面减速设施。

考虑到村镇路段的特殊性，为更强烈地控制驶入村镇处车辆的行驶速度，使用具有明显振动效果的物理限速设施，在村镇路段的入口范围，设置如图 7-118 所示的路面减速设施。需要连续设置 3 组。用固定颜色及标线组合的形式，来表示前方穿村路段，物理振动提示车辆减速行车。该种设施采用热熔型防滑标线涂料。

图 7-116　鱼肚皮形道路中心标线

图 7-117　道路中心双黄实线

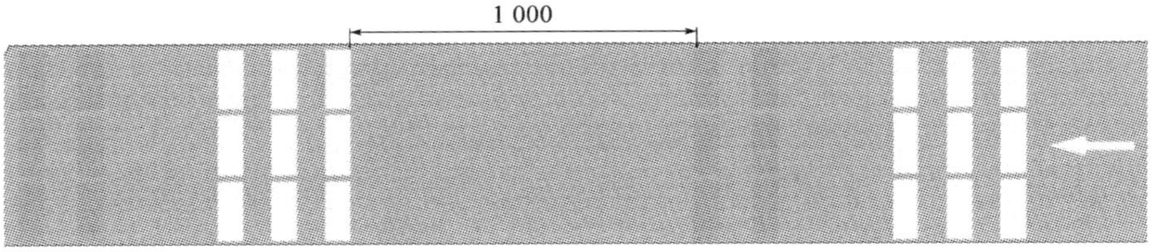

a) 组间距

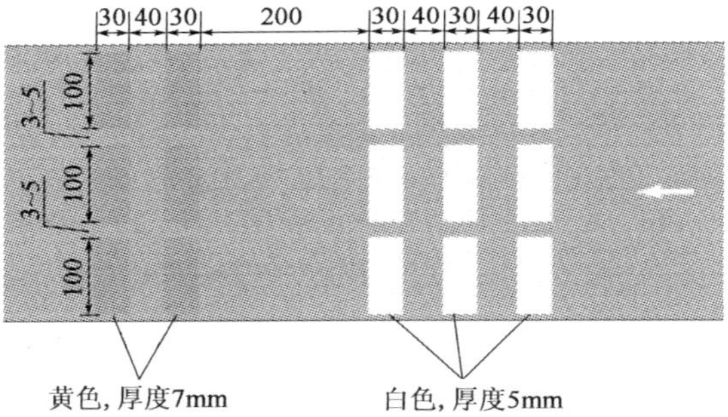

b) 每一组具体设计尺寸

图 7-118　村庄路段减速标线图(尺寸单位：cm)

(2)急弯路段

①在弯道前设置车行道纵向减速标线，如图 7-119 所示。

图 7-119　车行道纵向减速标线

②设置导向箭头，如图 7-120 所示。

③综合设置方法如图 7-121 所示。

(3)连续弯路路段

连续弯路路段标志、标线综合设置方法如图 7-122 所示。

(4)弯下坡路段

车辆在公路路段运行过程中，弯下坡路段往往成为事故多发的路段。在弯下坡路段出现交通事故的主要原因是行车速度相对较快，侧向离心力较大，往往会造成行车不稳定。因此，在弯下坡路段设计梯形抗摩擦的减速振动带。具体弯下坡路段梯形抗摩擦的减速振动带结构设计如图 7-123 所示。

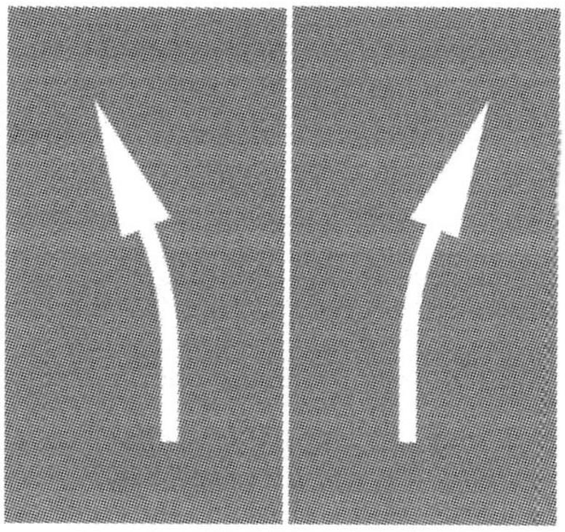

图 7-120　导向箭头图

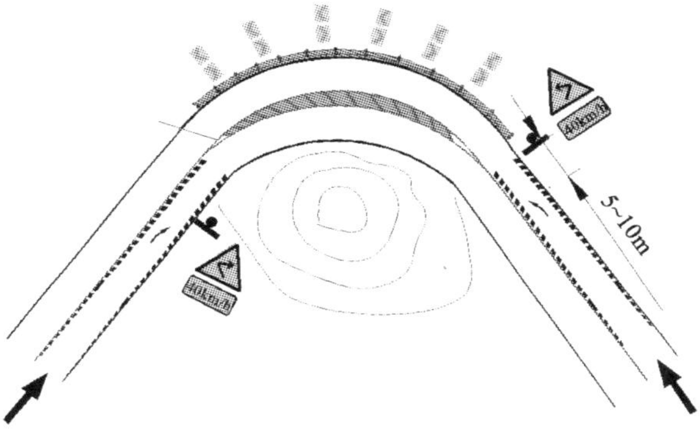

a)综合设置方法一

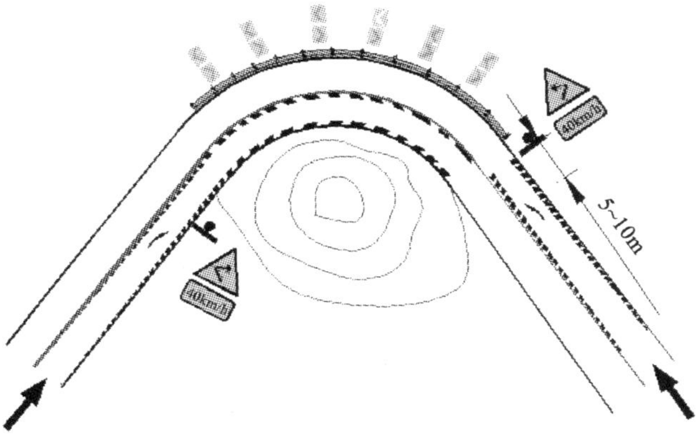

b)综合设置方法二

图 7-121　综合设置方法

注：①综合设置方法一：弯道处如果横断面宽度足够，在中央留出可以施画标线的宽度。可采用如图标线设置方式进行诱导。纵向减速标线按照国标规定指标设置到急弯入口，或急弯路段也设置。

②综合设置方法二：急弯入口及急弯路段设置纵向减速标线，设置标准参照国际。

梯形减速带设置在弯下坡路段的下坡方向，窄面宽度为 20cm，距离路侧边缘线的距离为 15～20cm，梯形斜边与半径法线方向的夹角为 3°～5°，设施厚度在 0.5～0.7cm 之间，颜色为暗红色，采用 CRM 薄层环氧抗滑层材料。该种设施应用在弯道处平均下坡坡度在 3%以上，平曲线半径在 100～30m 的事故多发弯下坡路段。事故特征为冲出路侧、对向碰撞等。

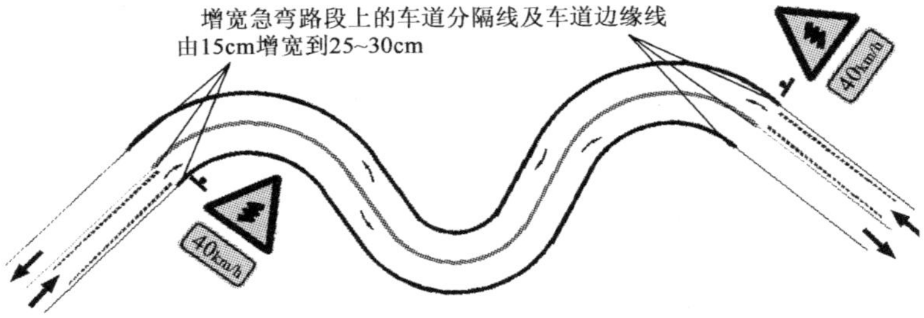

图 7-122　连续弯路路段标志、标线综合设置方法

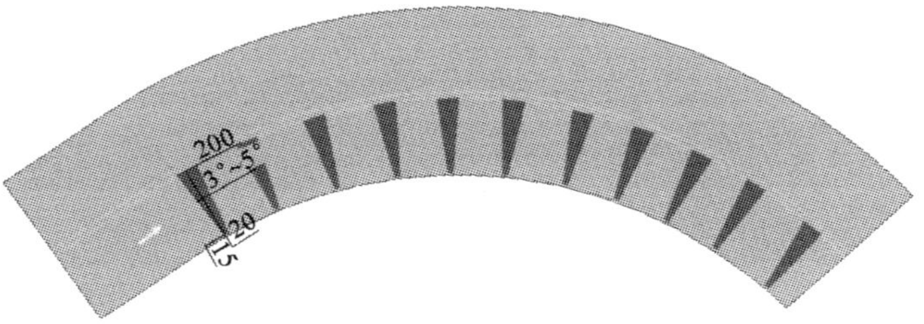

图 7-123　弯下坡路段减速标线设置方法图（尺寸单位：cm）

如果符合上述设置条件的弯下坡路段同时也是急弯路段，则应按照急弯路段的要求设置其他相关安全设施。

(5)交叉口路段

①在小型交叉口的接入段设置减速丘，材料使用水泥混凝土，可以有基础，如图 7-124 所示。

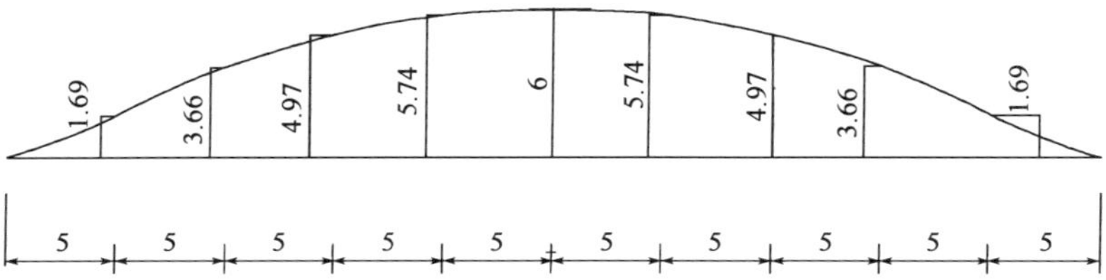

图 7-124　减速丘截面结构图（尺寸单位：cm）

②T 形交叉口所用的视错觉减速设施及支路所用的减速丘设置示例，如图 7-125 所示。

(6)窄路窄桥路段

窄路窄桥路段需要通过交通标线诱导驾驶员视线，避免发生碰撞驶入，如图 7-126 所示。

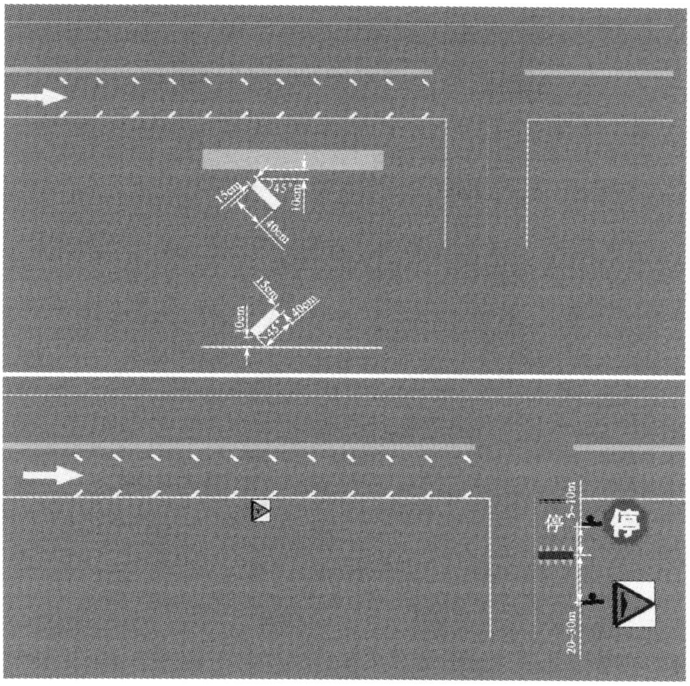

图 7-125　T 形交叉口视错觉减速设施及支路减速丘

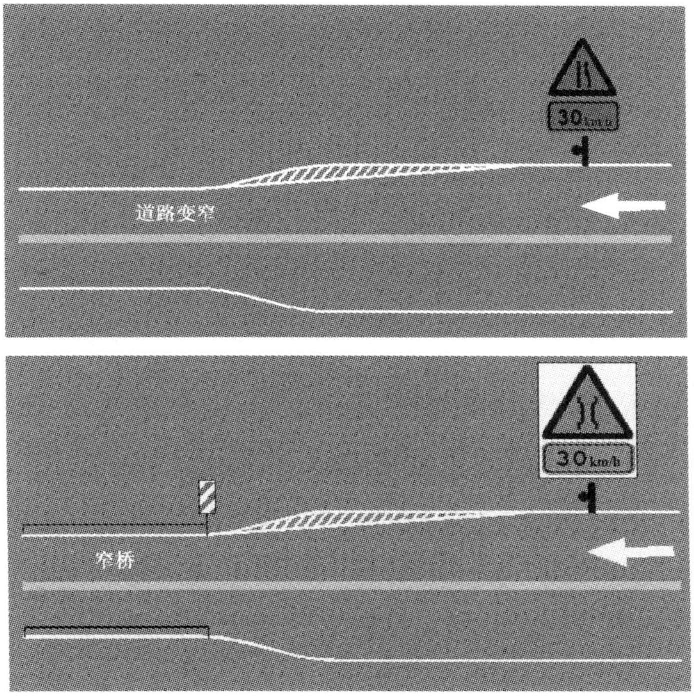

图 7-126　窄路窄桥路段交通标线设置方法

(7)隧道路段

隧道是示范段事故多发的路段，为提高驾驶员警惕性，宜在隧道前设置相应的减速标线，如图 7-127 所示。

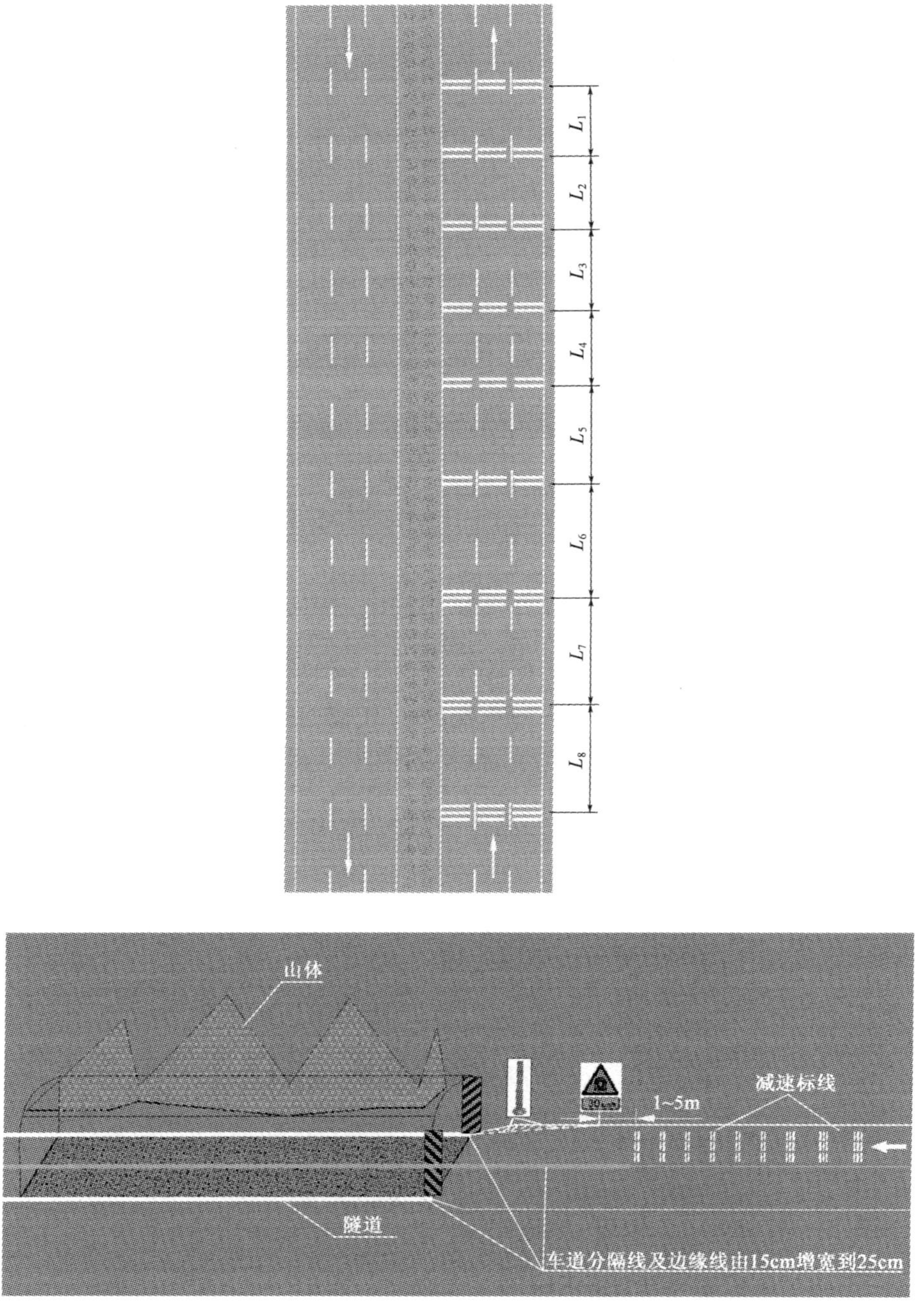

图 7-127　隧道路段减速标线设置方法

4)规范化处置

根据《公路交通安全设施设计规范》(JTG D81—2006),结合示范路段现场情况,设置相应等级的护栏:

(1)一般路段采用A级防护等级的波形梁护栏;

(2)桥梁上设置钢管护栏;

(3)视距不良、存在有碰撞事故的局部危险路段,设置三波波形梁护栏;

(4)发生过重大坠车事故、路侧存在民房等局部路段设置混凝土护栏;

(5)观景台周边设置塑料彩色护栏。

5)创新性设计

本次设计中应用了彩色塑料护栏,与周围景色相融合,如图7-128所示。

图7-128　改造后效果图

参 考 文 献

[1] Lave L. Health and Safety Risk Analyses: Information for better Decisions. Seience. 1987.

[2] Transportation Research Board Managing Speed: Review of Current Practices for Setting and Enforcing Speed Limits . TRB Special Report 254, 1998.

[3] Jack Stuster, Davey Warren. Synthesis of Safety Research Related to Speed and Speed Management. PUBLICATION NO. FHWA-RD-98-154. 1998.

[4] Virginia P. Sisiopiku, Richard W Lyles. Study of Speed Patterns in Work Zones. The 78th Annual Meeting Transportation Research Board, Washington D. C. , revised. 1999: 978～992.

[5] James Migletz, Jerry L Graham, Ingird B Anderson, et al. Work Zone Speed Limit Procedure. The 78th Annual Meeting Transportation Research Board, Washington D. C. , revised. 1999:584～596.

[6] Paul Schonfeld, Steven Chien. Optimal Work Zone Lengths for Two-Lane Highways. Journal of Transportation Engineering. 1999(9):21～29.

[7] Partrick S Byrd, Geza Pesti, Daniel S Jessen, et al. Traffic Flow Characteristics of the Late Merge Work Zone Control Strategy. The 78th Annual Meeting Transportation Research Board, Washington D. C. , revised. 1999:1023～1046.

[8] Institute of Transportation Engineers . Traffic Calming State of the Practice . FHWA-RD-99-135, 1999.

[9] 加拿大联邦政府,安大略省和 BC 省交通部. 标准的交通标志与标线手册(Manual of Standard Traffic Signs and Pavement Markings)2000.

[10] Fitzpatr Ick K, Elefter Iadou L, Douglasw, et al. Speed Prediction for Two-lane Rural Highways, FHWA RD2992171. Washington D. C.. FederalHighway Administration (FHWA), 2000.

[11] Municipality of Anchorage Traffic Department. Traffic Calming Protocol manual. 2001.

[12] Steven Chien, Paul Schonfeld. Optimal Work Zone Lengths for Four-Lane Highways. Journal of Transportation Engineering. 2001(3):124～131.

[13] Asad J Khattak, Aemal J Khattak, Forrest M Council. Effects of Work Zone Presence on Injury and Non-injury Crashes. Accident Analysis&Prevention. 2002(4):19～29.

[14] Steven Chien, Yimin Tang, Paul Schonfeld. Optimizing Work Zone for Two-Lane Highway Maintenance Projects. Journal of Transportation Engineering. 2002(3):145～155.

[15] 陈艳艳, 刘小明, 任福田. 交通路网灾害风险系统影响分析. 公路交通科技,2002,19(4):79-86.

[16] City of Sarasota Engineering Department. Traffic Calming Manual. 2003.

[17] Harwood D W, Council F M, Hauer E, et al. Prediction of the Expected Safety Performance of Rural Two-Lane Highways. FHWA-RD-99-207. 2003,11: 33-40.

[18] 交通控制设施手册(MUTVD). 美国国家公路与交通运输协会(AASHTO), 2003.

[19] Twisk JWR. Applied Longitudinal Data Analysis for Epidemiology. A Practical Guide. Cambridge. Cambridge University Press. 2003.

[20] 中华人民共和国行业标准. JTG H30—2004 公路养护安全作业规程. 北京:人民交通出版社, 2004.

[21] 任志平. 大中型穿越河流输油管道的风险评估. 大庆:大庆石油学院, 2004.

[22] 王金梅, 王兆安, 杨建国. 信号交叉口碰撞冲突分析及风险评估模型研究. 西安交通大学学报. 2005,39(12):1396-1400.

[23] Gheorghe A V, Birchmeier J, dan Vamanu Ioannis Papazoglou, et al. Comprehensive Risk Assessment for Rail Transportation of Dangerous Goods: A Validated Platform for Decision Support. Reliability Engineering & System Safety, 2005,88(3): 247-272.

[24] 刘新立. 风险管理. 北京:北京大学出版社, 2006.

[25] 交通部公路科学研究院. 西部地区公路交通安全评价研究报告——双车道公路安全性评价模型研究. 2006.

[26] 唐琤琤, 何勇, 等. 公路安全保障工程实施技术指南. 北京:人民交通出版社,2006.

[27] Wang Xuesong, Mohamed Abdel-Aty. Temporal and Spatial Analyses of Rear-end Crashes at Signalized Intersections. Accident Analysis and Prevention. 2006 (4): 1137-1150.

[28] 何寿奎. 基于证据融合的城市交通安全风险综合评估. 华东公路, 2007(3):63-66.

[29] Kim J K, Kim S, Ulfarsson G F, et al. Bicyclist Injury Severities in Bicycle-motor Vehicle Accidents. Accident Analysis and Prevention, 2007,39(2):238-251.

[30] 交通部公路科学研究院. 公路交通安全手册研究报告. 2007.

[31] 周蔚吾. 道路交通标志标线设置技术手册. 北京:知识产权出版社, 2007.

[32] Bahar G, Masliah Maurice, Wolff Rhys, et al. Desktop Reference for Crash Reduction Factors. Washington D. C. Federal Highway Administration , 2008.

[33] 周蔚吾. 公路交通标志标线综合设置技术手册. 北京:人民交通出版社, 2008.

[34] 赵震. 城市道路交通安全风险分析与风险管理研究. 长春: 东北师范大学, 2008.

[35] 李冬梅. 铁路隧道风险评估指标体系及方法研究. 成都:西南交通大学, 2008.

[36] 马海红, 郭继孚, 孙壮志. 奥运交通风险评估与实例分析. 城市交通,2008,6(3):47-49.

[37] 施伯杰. 以故障树与事件树分析法探讨平交道事故风险. 台中:成功大学交通管理学系, 2008.

[38] iRAP. http://www.irap.org/toolkits. 2008.

[39] 统一交通控制设施手册(Manual on Uniform Traffic Control Devices). 美国联邦交通部, 2009.

[40] 中华人民共和国国家标准. GB 5768—2009 道路交通标志和标线. 北京:中国标准出版社,2009.

[41] 唐琤琤,侯德藻,姜明,等. 道路交通标志和标线手册. 北京: 人民交通出版社,2009.

[42] Eric T, Richard J, Venkataraman N, et al. Estimating the Safety Effects of Roadway

Lighting at Intersections A Cross-sectional Study Approach. The 90th Annual Meeting of the Transportation Research Board, Washington D. C. , 2010.

[43] 白刃利. 渤中 3-2 油田井口平台工程建设项目风险评估研究. 天津：天津大学，2010.

[44] 全永燊，马海红，姚广铮，等. 北京奥运交通规划与组织经验. 北京：城市交通，2010，8(2)：31-41.

[45] 吴义虎，喻丹，王正武，等. 控制动作响应延迟下的汽车追尾风险评估. 长沙. 交通科学与工程. 2010，26(2)：92-97.

[46] 姜明. 一般公路区域路网指路标志系统构建方法研究. 公路，2010(8)：115-119.

[47] Ozlem Yanmaz-Tuzel，Kaan Ozbay. A comparative Full Bayesian Before-and-After Analysis and Application to Urban Road Safety Countermeasures in New Jersey. Accident Analysis and Prevention. 2010(42)：2099-2107.

[48] Qin Xiao，Hao Shuguang. A Safety Decision Support System for Rural Highways. The 89th Annual meeting of the Transportation Research Board. 2010.

[49] Søren Underlien Jensen. Safety Effects of Intersection Signalization：A Before-After Study. TRB 2010 Annual Meeting. 2010.

[50] Karim El-Basyouny，Tarek Sayed，P Eng. A Full Bayes Approach to Before-After Safety Evaluation with Matched Comparisons. TRB 2010 Annual Meeting. 2010.